创 造 论

关于人类创造活动的本质与逻辑关系的论述

THE NATURE AND LOGIC

AN INQUIRY
INTO
THE NATURE AND LOGIC
OF
HUMAN CREATIVE ACTIVITIES

靳北彪　著

辽宁教育出版社

© 靳北彪 2017

图书在版编目（CIP）数据

创造论：关于人类创造活动的本质与逻辑关系的论述 / 靳北彪著. --沈阳：辽宁教育出版社，2017.11（2018.6 重印）

ISBN 978-7-5549-1729-9

Ⅰ. ①创… Ⅱ. ①靳… Ⅲ. ①创造学—哲学 ②经济学 Ⅳ. ①G305②F0

中国版本图书馆 CIP 数据核字（2017）第 294295 号

购书网址：Logic0.cn 购书电话：（010）58246611

出版发行：辽宁教育出版社（地址：沈阳市和平区十一纬路 25 号 邮编：110003）

责任编辑：王 宾

装帧设计：熊 飞

开 本：787×1092 1/16

印 张：32

字 数：350 千字

出版时间：2017 年 11 月第 1 版

印刷时间：2018 年 06 月第 2 次印刷

印 刷：沈阳航空发动机研究所印刷厂（地址：辽宁省沈阳市沈河区江东街中段）

书 号：ISBN 978-7-5549-1729-9

定 价：800.00 元

作者语句

创造活动、科技创新与创造活动经济学

■ 创造活动是世间最为艰苦卓绝、绞尽脑汁的人类活动，是常人无法坐穿的人间第一炼狱，是没有坚韧不拔、浴火重生的钢铁意志根本无法趟过的河，是没有极其独特的先天所赋根本无法趟过的河，是一般意义上优秀的水兵无法过的河。

■ 选拔出具有高超创造力、为超越颠覆而生的人，重金培育他们，重金放纵他们，他们就会以天文倍率回报世界。

■ 科技创新工程实质是人类驾驭自然的斗争，对任何企业、国家和全人类来说，科技创新工程都不是请客吃饭，而是生死攸关的斗争。科技创新工程主沉浮，不主沉浮者，必被沉浮。

■ 亚里士多德、牛顿和爱因斯坦肯定都不是最伟大的，今天的人类社会中一定存在许多更伟大的人，只要实施创造活动独立化，放纵创造活动，更伟大的科技巨匠一定会辈出。

■ 任何世界强国和任何世界强企，都不是不可超越的，只要

实施创造活动独立化，放纵创造活动、量化非创造活动，就一定会超越它们。而只要世界强国、世界强企实施创造活动独立化，放纵创造活动、量化非创造活动，世界一定会变得更美好。

■ 洛克菲勒、亨利福特和乔布斯肯定都不是最了不起的，只要你能找到自己的擅长所在并持之以恒行之，你就可能成为更了不起的。选拔擅长所在和使人知其擅长所在是教育的第一使命，而找到自己的擅长所在并持之以恒行之是人生的第一要务。

■ 气候与环境问题、能源与资源问题、贫穷与疾病问题、社会需求快速增长问题、社会生产力短缺问题和企业竞争力欠缺问题等一切问题都不是问题，只要能实施创造活动独立化，放纵创造活动、量化非创造活动，一切问题都将得到解决。

■ 人们错了，都以为逢考必胜者一定具有高创造力，其实，高创造力与逢考必胜并不等价，与知识海量也并不等价。因为创造力与智力截然不同，逢考必胜与知识海量仅仅是高智力的体现，并不是高创造力的体现。高智力仅仅是高创造力的必要条件，而不是高创造力的充分条件。

■ 任何真正的大家一定是哲学家，科技巨匠的欠缺根源于科学家的逻辑能力与哲学能力的欠缺。知识固然重要，固然不可或缺，实验固然重要，固然不可或缺，但如果一个科学家不能实现逻辑性突破与哲学性理清，就不能有大贡献，更不能成为大家。

■ 软件比硬件硬，逻辑比软件硬，思想则无坚不摧，思想在手，战无不胜。思想上的差距是最根本的差距，思想上的落后是最根本的落后，没有思想上的追赶根本无法追赶，没有思想上的领先永远都不可能领先。任何领先无不根源于思想上的领先。任何一个落后的企业、机构和国家，其思想一定是落后的。

■ 从根本上讲，一个企业、一个国家及全人类，无论如何生产、无论如何制造、无论如何建设，更无论如何泡沫，如果不能创造，都将没有前途。

■ 已知是少量的，未知是海量的，一切已知都不完美，一切未知都魅力无穷，一切未知都比已知更重要。对于今天的世界来说，$M = E/C^2$ 比 $E = MC^2$ 更重要，更伟大。

■ 如果已经发现一种方法能够解决某一问题，那么一定存在解决这一问题的另一种方法，也一定能够找到另一种方法来解决这一问题，只要你拥有足够的创造力。另一种方法的显性化往往是一种超越与颠覆。

■ 人类实践性活动可划分为创造活动与非创造活动，其中非创造活动包括智力活动和体力活动，所谓创造活动是指超越颠覆已知的思想性活动及其表达，所谓智力活动是指在已知范畴内的信息工程性活动及其表达，其本质是信息已知、信息可知和逻辑已知的信息工程。

■ 创造活动就是想象与逻辑的相互撞击与相互交融，就是催生逻辑芽使逻辑系统不断丰富与拓展的工程，就是在旧逻辑上催生逻辑芽，再使逻辑芽成为新逻辑的工程。形象地讲，想象就是逻辑芽的催生素，逻辑就是修理逻辑芽的剪刀。

■ 想象是一种回顾，是想象者对其直至远古的隐性经历的一种回顾，想象是一种追溯，是想象者对其直至远古的造者的隐性寄存的一种追溯。

■ 想象是高高举起的锄头，逻辑是毫厘不差的下行轨迹。想象是朦胧逻辑下的前行，是对逻辑的振荡性撞击。逻辑是对想象松紧有度的振荡性回拢，是想象的断断续续的轨道，而灵感是在这断断续续轨道的空段上的级越。如果这条轨道不存在，那么想象也不存在，如果这条轨道完整、坚实，那么想象不论持续多久或到达哪里，都会按部就班地回到原点或者到达某个已知的地点，形不成创造。

■ 人类数千年农耕文明和数百年工业文明的根本就是试图通过科学技术战胜人类所面临的挑战。为此，人类开始大量建设高等教育机构，大量建设研发机构，大规模增加研发投入和大幅度提高科技工作人员待遇。但迄今为止，科学技术产出提升的速度，依然远远滞后于为满足日益快速增长的人类社会需求所必须面临的严峻挑战的增长速度。其根本原因，就是长期以来人类并没有从科技创新工程体制机制模式的高度，寻找革命性提升科学技术产出的根本抓手与根本途径，人类现在所做的，无非就是对陈旧的科技创新工程体制机制模式进行翻版，而关于对革命性提升科学技术产出具有决定性作用的科技创新工程体制机制模式的研究与创新却一无所有。

■ 科技创新需要重金投入，也必须重金投入，然而科学技术的发展与进步的根本是人类的创造活动。这就意味着，仅仅注重科学技术本身根本无法实现科学技术产出的革命性提升，而必须研究、认知、理解并尊重人类创造活动的本质与逻辑关系，从提升人类创造活动水平入手，才能实现科学技术产出的革命性提升。对人类创造活动的本质与逻辑关系的研究、认知、理解与尊重的缺失，必然导致科技创新工程进展缓慢。

■ 创造力具有不可叠加性和就高性，所以，与其数量相比，科学技术工作人员的质量具有决定性。一个世界一流的科技巨匠胜过千百万个二流三流者，是一种普遍真理。如果一个国家拥有数百个一流科学家，其中数十个为世界顶尖者，那么，这个国家肯定是世界科技强国、世界经济强国和世界军事强国。

■ 人类创造活动是唯一不形成商品的人类活动，因此，创造活动成果（例如专利与科技成果等）不是商品，其具有与商品完全不同的属性，即反品性。对科技成果、技术和知识产权的反品性认知的缺失是科技成果转化工程、技术转移工程和专利运营工程之所以成为世界性难题的根本原因。

■ 创造力的基本属性、创造活动的基本属性、创造活动成果的反品性、创造活动成果交易的特殊性与创造活动主体的特殊性的被发现和创造活动的本质与逻辑关系的被理清意味着在创造活动领域对传统经济学的颠覆，也意味着创造活动经济学这一崭新学科的诞生。在创新驱动发展成为人类社会主旋律的今天，创造活动经济学的诞生具有极其重大意义。

■ 事实上，在数千年的人类发展史中，人类创造活动的价值一直被严重低估与严重掠夺。人类设置的现行体制机制模式使社会对卓有贡献的科技工作人员的回报，远远不如对商人和艺人的回报，对资本拥有者的回报难以估量地高于对创造活动成果拥有者的回报。有人通过疯狂做广告一夜成了超级富豪，有人通过搞房地产开发一夜成了超级富豪，有人通过一部电影一夜成了超级富豪，与这些富豪相比，卓有成就的科学家几乎全部贫困潦倒，卓有成就的创造家几乎全部一生惨淡，卓有成就的工程师几乎全部艰难度日。所有这些都是古今中外的常态，但是，如果这种常态不能一去不复返，人类面临的挑战将愈演愈烈。作者并不质疑各行各业的贡献性，而是质疑体制机制模式层面的公平性。

■ 卖炒饭的，不可能把自己炒饭的锅卖掉，这是不言而喻的逻辑。核心技术买不来，仿造不来，用市场换不来，化缘不来，只能自己创造，期待用自己创造以外的方式获取真正核心技术，与期待天上掉馅饼无别。真正一流的科学家也买不来，最好自己培育，真正一流的科学家都是有情怀的，事业所迫、正义所迫或无力回天的国家沦丧所迫是能使其流动的唯一力量。期待仅仅用付钱的方式获取别国真正一流的科学家，与期待神仙下凡无别，除非他本来就是你自己的或本来就是你们国家的。

■ 核心技术和真正一流的科学家是世界上最为珍贵的战略资源，一切别人的核心技术都必定使你付出惨痛的代价，一切别国的真正一流的科学家都必将成为你的强劲对手。

■ 西方发达国家对人类科技文明的贡献是不可估量的，西方是伟大的，但目前西方发达国家的科技创新工程体制机制模式都是在短视的实用主义主导下自然而然形成的，自然而然形成的体制机制模式，可能具有低层次的合理性，但一定缺乏科学性、高效性和满足未来发展要求的前瞻性。作者受过西方教育的系统性培育和西方文化的深广浸泡，也深知西方对人类文明的伟大贡献，作者深爱西方，但更深爱真理，所以就实事求是地阐述了自己的研究结论。不学习西方的伟大，自己无法前行，不理清西方的错误，世界无法前行。

■ 目前世界各国的科学技术领域都过于封闭、过于因循守旧故步自封、过于任人唯亲、过于嫉贤妒能、过于针扎不透水泄不通、过于科霸林立，以至于许多现代文明无法渗透（例如哲学性和逻辑性的新成果、社会分工与量化管理等），整个科技研发领域实际上已经藩篱簇簇。这些藩篱严重阻碍着科学精神、创新精神和工程精神的树立与发挥，严重阻碍着真正科学家特别是科学大家的辈出，更严重阻碍着科技进步与世界的进步。

■ 将科技研发工程项目的申请、论证、审查、评审，科技人才的选拔与评选（研究员、教授和院士等的评选等）和科技成果的评审等一切与科学技术相关的材料和现场音像等信息全部公开让社会监督，是严格、有效、科学的管理方式，更是破除科学技术领域簇簇藩篱的根本手段。

■ 包括发达国家在内，目前全世界的科技创新工程领域基本上均属于科技研发人员独自"勘探"、独自"设计"、独自"施工"的三独状态，没有相关的专业主体，而且科技研发工程均属于家庭作坊，充其量是一种导师制下的家庭作坊，还没有进入大生产时代，从社会劳动组织形式方面讲都处于人类社会野蛮时代的中期阶段，古今中外，概莫能外。在社会分工的进程中科技创新工程领域已经成为被遗忘的领域，目前科学技术领域是全世界所有领域中效率最低的。因此，实施科技创新工程领域的社会分工，实施创造活动独立化、放纵创造活动、量化非创造活动、重新构建科技研发工程评价体系等体制机制模式性变革势在必行。

■ 在科技研发工程领域，从事非创造活动所需的人员数量远远大于从事创造活动所需的人员数量，为此，如果对非创造活动进行量化，就会革命性地提高科技创新工程的效率和产出投入比。这将从根本上改变科技研发人员上不着天下不着地的现状，进而彻底改变整个科技创新工程领域的面貌。

■ 盲目地翻版不具科学性和高效性的自然而然形成的发达国家现行科技创新工程体制机制模式，必然导致效率低下，甚至徘徊不前。因此，重新构建科技创新工程体制机制模式已势在必行，且已迫在眉睫。

■ 世界本无公司，公司的发明给世界带来了难以估量的重大进步。公司的本质就是选对人，放纵他。只要选对人，放纵就是最严格的量化管理，就是最严格的责任赋予，就是最高效的体制机制模式。公司的历史无可辩驳地证明了选与纵（选人与放纵）是资源配置的最大科学化，无可辩驳地证明了选与纵是成就辉煌的根本途径，无可辩驳地证明了选与纵是人类具有决定性意义的重大进步。亚当斯密无形手是放纵的社会贡献性的铁证之一。

■ 所谓放纵，就是信任、遵从、赋予资源，而选与纵的科学性、可行性、高效性和不可或缺性具有物理性根据，是社会活动组织形式的高级负熵工程，放纵该放纵的人是社会分工的升华。创造活动独立化就是要实现科技创新工程领域的选与纵。

■ 众多不具备从事创造活动的能力与素质的人占据着教授、研究员和研发工程师等从事创造活动的岗位，是隐性且严重的世界问题，将现有科技工作人员的绝大部分实验师化与制造师化且使其被量化，对革命性地提升科学技术产出具有重大作用，且这一部分人员也会因此真正实现其人生价值，其经济待遇和社会地位也会得以根本性提升。不需要也不可能存在如现存这般庞大的科学家和研发工程师队伍，今天的现象其实是鱼目混珠。

■ 本科生、硕士生无需赘言，博士生的绝大多数也都不具备从事创造活动的能力和素质，应予以分流并制造师化和实验师化。现行体制机制模式中没有对高等教育毕业生进行分流的措施，这造成许许多多不具备从事创造活动能力和素质的高等教育毕业生在从事创造活动的岗位上既不能出思想又不能独立地完成动手性工作，上不着天下不着地、无所适从的局面，也造成从事制造性工作和实验性工作的一线人员几乎全部没有受过高等教育，而优秀的制造师和优秀的实验师严重短缺的局面。这种局面不仅导致社会资源的巨大浪费，更严重地阻碍着科学技术产出的提升和社会生产力的提升。分流高等教育毕业生，并将他们制造师化和实验师化，对革命性地提升科学技术产出与革命性地提升社会生产力均具有革命性作用。

■ 一个既不能出思想又不能从事高水平制造、高水平实验的所谓的科学家或所谓的工程师的社会贡献都远不如一个踏踏实实工作的工人，更远不如一个工匠。其实，他们是社会的剥削者，因为他们没有产出待遇却很高。当然这不完全是他们个人原因所致，而是科技创新工程体制机制模式错乱所致。

■ 培养一个优秀工匠的代价，往往不亚于培养一个教授或一个研究员，其作用也往往毫不逊色，应大幅度提升实验师和制造师等工匠的待遇和社会地位，对制造师和实验师等工匠的待遇和社会地位的提升具有革命性，因为这将推动生产系统人力资源配置的科学化，进而推进生产系统的高效化。

■ 人类社会是一个极其复杂的系统，每一类工作都是人类社会得以运行的串联支撑，都是不可或缺的。串联的必然是不可或缺的，不可或缺的必然是平等的，这是不言而喻的逻辑。因此，人无高低贵贱之分，只有社会分工不同而已。

■ 选拔顶级科学家的办法应该是，选拔具有评审科学家不懂又不能否定的观点、思想和理论的人，至少选拔具有评审科学家从未认知的观点、思想和理论的人，而选拔顶级工匠（例如制造师等）的办法应该是，选拔具有评审人员理论上懂但实践上做不到的能力的人。

■ 打造科技创新世界高地对建设科技强国不可或缺，但是，只有实现科技研发工程、知识产权工程和科技成果转化工程的三位一体，才能打造真正的科技创新世界高地。因为，只有这三大工程的三位一体才能形成完整的创造链和完整的价值链。

■ 评价科学家和科技贡献应当用 $E=MC^X$ 这一公式来进行，其中，E 是评价结果，M 是数量（即论文、专利和技术等的数量），C 是水平，X 是远远大于2的数。作者称之为位价方程。特别是对顶级科学家的评价，位价方程更为不可或缺。位价方程符合负熵指向。形象地讲，在科技评价工程中，水平比质能方程中的光速更具决定性。

■ 对科技创新工程项目的评审是要判断可能性与不能性，而不是判断可行性与不行性，只有产品开发和建设项目才有可行性与不行性问题，在这一方面全世界都错了。对科技创新工程项目的预期结果可行性的少数服从多数的专家评审有悖逻辑，是一种逻辑错乱的制度设计，应予以废除。因为，少数服从多数的专家评审的基本逻辑就是假设多数优秀，这显然是逻辑错乱的。此外，科技创新工程是一种发散逻辑，而少数服从多数的专家评审是一种收敛逻辑，这两者恰恰相反。

■ 很多企业和国家，不做真正意义上的自己的科技研发工程，不以超越或颠覆对手为目的，只专注于从国际巨头那里买来先进设备、技术或图纸，生产出质量优良的产品，一时受益，就以为在科技创新上有了成就。殊不知，这恰恰帮了对手，会使自己更加落后，甚至大难临头。这是科技创新工程领域中的一个看不见、听不到的恶性循环，作者将其定义为反向手魔咒圈，它在不知不觉中帮了对手，害了自己，使追赶越来越困难。反向手魔咒圈是挡在追赶型国家和追赶型企业前进路上的魔鬼之手，如不予以规避，不但追赶越来越困难，而且很可能会越追赶越落后。

■ 世界各国现行的专利制度都问题严重、逻辑错乱至极，都是海市蜃楼。专利制度的根本是科学性、上向性和智物同权性，而发明创造专利性判据的根本是科学性、上向性（即负熵性）和解题性，但西方专利制度的造者们在对这些一无所知的前提下，就稀里糊涂地制定了专利制度，而且其他各国不分青红皂白盲目翻版，所以导致当今世界各国的专利制度都处于逻辑错乱状态。因此，重新构建专利制度已势在必行，且已迫在眉睫。

■ 由于信息具有不可完全知晓性，所以专利具有不可真理确权性，专利只能社会性确权。因此，现行的专利审查确权制度不仅是社会资源的巨大浪费，更是一种逻辑错乱。

■ 在科技创新链要素中，教育是最为基础性的。把人培养成机器，可能是世界上最简单的事，把人培养成逢考必胜的机器，也不是什么难事，但把人培养成一个创造力趋近其内在极限的、有血有肉的、完整的人，才是真正的艰难事。因此，社会必须用教育家从事教育，只有在教育方面最优秀的人才能从事教育，并不是在科学方面优秀的科学家就能从事教育，更不是只要能识字读书的人就可以从事教育。

■ 无论从创造力提升的角度讲，还是从哪个角度讲，学前教育比小学教育重要、小学教育比中学教育重要、中学教育比大学教育重要，这都是不言而喻的逻辑。事实上，如果不能把学前教育、小学教育和中学教育置于与大学教育同等或更高的位置上，与苗期不施肥或少施肥种庄稼无别。

人性与创造性人才

■ 人天生，且永远，是自私的动物；人天生，且永远，是自由弃责的动物。这是人性，人性不可抗拒，也不应被责备，因人性与生俱来，融于人的每个细胞与基因之中，无法剔除，但人性终究可以被疏导，终究可以被利用。设置体制机制模式的根本逻辑就是通过对人性的疏导与利用形成上向力量，使人类个体与人类社会都得以发展，使人类个体与人类社会的需求都得以满足。

■ 事实上，人天生，且永远，是自私的动物之论并不是根本的根本，而人天生，且永远，是上向动物，这才是根本的根本，上向是人的最最基本的属性，任何人都具有为上向可放弃自私、放弃自由、放弃存在的基本属性。自私的目的是自由，自由高于自私，而上向居于自由之上，这才是人性的基本规律。构建崇尚上向的体制机制模式，人就可以为之奋不顾身。人天生，且永远，是甘心贡献创造活动的动物，这就是上向动物的例证。

■ 世间一切过程都是正熵过程，而人类的使命是逆流而上、竭尽可能地创造负熵过程。世间一切过程都是下向的，而人类的使命就是创造上向性，世间万事万物都在走向消亡的路上，而人类的使命就是延长寿命。

■ 人天生，且永远，各有所长，擅长做什么事是先天所赋决定的，不是后天能改变的。任何能力的内在极限都是先天所赋决定的，后天提升，如学习、训练和锻炼等，都只是对内在极限的趋近，而不是极限的再造。但是，由于要素逻辑的存在，先天所赋并不意味着世袭性，且某一方面的高极限者并不意味着在其他方面也具有高极限，而某一方面的低极限者并不意味着在其他方面也具有低极限。不同方面的能力的差异性、无世袭性和需求的统一性决定了人无高低贵贱之分，都具有天然的平等性和不可或缺性。但对于教育而言，选拔擅长所在比教授知识更具决定性。

■ 科学家与运动员一样，如果先天所赋不足，无论多么重金投入，都将付之东流。如果不是为超越颠覆而生者，无论如何培养与投入，都不可能成为真正意义上的科学家，也不可能在科学技术领域有可观的成果。

■ 真正的创造性人才必须具备五个外在特质，称为五外在，也称为五者，所谓五者，是指通道关闭者（为思考能够关闭所有感知通道的人）、身边笔纸者（笔纸随身、笔纸床头以记录清醒与梦境思考的人）、凌晨破门者（凌晨破门而入实验室大门验证思想的人）、特振偏好者（思考时需要音乐、滚滚车轮声等振动背景的人）和工作狂者。

■ 是五者不一定是真正的科学家，但不是五者者绝对不可能成为真正的科学家。工作狂者不一定能成大家，但如果非工作狂者能成大家，天理难容。不曾经常忘记吃饭者、不曾每日绞尽脑汁者、不曾每周超80小时工作者、不曾在必要时两天两夜不吃、不喝、不眠仍正常工作的工作狂者，能够成为大家，天理难容。

■ 创造性人才还必须具备五个内在特质，也称为五内在或五先天，即：一是为超越和颠覆而生，具备超群的超越与颠覆的先天所赋特质；二是为逻辑和哲学而生，具备超群的逻辑思考与哲学思考的先天所赋特质；三是为好奇和解题而生，具备超群的好奇心和超群的解决问题欲望的先天所赋特质；四是为真理而生，具有实事求是、一丝不苟、坚忍不拔、永不言败的先天所赋特质；五是为求知而生，具有广泛的学习兴趣与深刻的认知能力的先天所赋特质。

■ 政府、社会、机构和企业应当终止对非五者们和非五先天们在创造活动领域的支持与投入。因为，在创造活动领域，无论如何投入，无论如何支持，他们不可能有真正的成就，都将付之东流，而且这种支持与投入也会湮灭他们从事自己擅长的工作实现人生价值的可能性。

■ 逻辑能力与哲学能力来源于高傲灵魂，而高傲灵魂来源于先天所赋、无后顾之忧的经济基础与引以自豪的社会地位的合，或来源于先天所赋与存亡压力的合。当下中国具有高傲灵魂的科学家数量不足就是中国钱学森之问的解。

■ 人人都有创造力是毫无疑问的，不是人人都具有可观的创造力也是毫无疑问的，只有极少数人才能够具有或经过培育后才能够具有可以推动社会进步的创造力也是毫无疑问的，试图把每个人或试图把多数人都培育成高创造力的拥有者以从事创造活动是错误的，这也是毫无疑问的。

■ 从事创造活动（如科技研发工程）其实不是一种工作，而是一种上向追逐，是对人生价值的一种追逐，是一种没有兴趣和没有中瘾成性就无法完成的追逐。运动员为了夺冠可以遍体鳞伤，战士可以为国捐躯，老板可以废寝忘食，领袖和统帅可以为国日夜操劳，如果一个科技工作人员不能艰苦卓绝、绞尽脑汁地追逐，那么，即便你很优秀，你也应该退出，否则，你将没有前途。但是，如果你做别的工作，你可能会大有作为。

■ 绝不要怕真正的科学家富有，更不要怕真正的科学家社会地位高，因为他们天生，且永远是越富贵越奋勇直前的物种。真正的科学家绝对是为超越颠覆而生的物种，他们的高傲灵魂无法忍受坐享其成与步他人后尘的耻辱，因此，如果能够让真正的科学家富有、高贵，世界一定会更美好。

技术逻辑企业与社会生产力

■ 社会分工的本质是热力学上的负熵对口梯级利用的增效原理在经济学中的体现，社会分工之所以能够提高效率，就在于社会分工是一种负熵工程，其效率提升作用具有物理性根据。

■ 在科技研发板块和生产制造业板块之间，存在着两者均难以跨越的鸿沟。构建专门负责从0.5做到1的技术逻辑企业作为跨越这一鸿沟的桥梁，使科技研发板块（从0做到0.5）、技术逻辑企业板块（从0.5做到1）和生产制造业板块（从1做到 N）形成串联业态，就将使人类有史以来第一次实现科学技术与产业的关系格局的科学化。所谓0.5，是指经过原理验证，但未经产品验证的创造活动成果，所谓1，是指经过产品验证的创造活动成果，即产品原型，所谓 N，是指由1产生的各类衍生产品。技术逻辑企业是新一轮社会分工的必然产物，是人类社会发展的必然要求。

■ 生产制造业企业建非自负盈亏的技术创新研究院实质上是一种不科学的制度设计，应当组建专门从事创造活动的技术逻辑企业，使其成为技术创新主体，生产制造业企业专门负责从1做到 N 及 N 之后的事宜，这样创造链完整，价值链完整，责权利清晰，这种技术创新工程模式科学而高效，生产制造业企业可以通过与技术逻辑企业建立合作关系或通过对技术逻辑企业投资，来确保自己的技术来源，确保自己的竞争力。

■ 技术逻辑企业必将成为最具竞争力的企业，必将成为财富积累最快的企业。在今后十年左右，必将有许多技术逻辑企业成为巨无霸和世界500强，技术逻辑企业发展到一定程度后将形成第零产业，即创造活动产业，第零产业是唯一不会被空气化的产业，其具有史无前例的发展空间，将成为国家间竞争的主战场。

■ R&D 问题的根本是 R&D 文化问题，而 R&D 文化问题的根本是社会创新文化问题，不解决社会创新文化问题就不可能解决 R&D 问题。仅仅引进人才和增加投入，显然难以解决社会创新文化问题，当然也就无法在短时间内解决固有的 R&D 问题。

■ 在现有研发群体之外，以超越、颠覆与穷尽可能的先进的 R&D 文化，重新构建科技研发工程团队是解决 R&D 问题的根本性解决方案。这会使超越、颠覆与穷尽可能的先进的 R&D 文化处于绝对主导地位，使本土的落后的 R&D 文化难以作祟，这样才能快速彻底解决 R&D 问题，进而革命性地提升创造活动水平、科学技术产出和科技研发工程水平。所谓超越、颠覆与穷尽可能的 R&D 文化，是指超越竞争对手、颠覆竞争对手、穷尽未知、穷尽已知和穷尽细节的 R&D 文化，这是最先进的、最具创新性的 R&D 文化。

■ 生产制造业企业的技术领导在生产领域都是非常优秀的，否则不可能成为技术领导。但在科技创新方面，众多企业技术领导搪塞企业老板是家常便饭。企业老板考虑的是企业的明天，无论如何都要创新，而众多企业技术领导考虑的却是只要能生产就无需创新，因为创新有风险。事实上，没有不想创新的老板，很少有想创新的企业技术领导。但这并不完全是企业技术领导的个人问题，而是企业创新文化长期缺失和未实施创造活动独立化的必然结果。

■ 技术逻辑企业的诞生使科技研发板块和生产制造业板块的产业格局得以科学化，使社会生产力的创造链和价值链分别得以环环相扣，因此，技术逻辑企业的诞生必将使社会生产力得以革命性提升。真正的企业家的经营活动的核心部分属于创造活动，应当放纵真正的企业家，不要怕真正的企业家富有，因为通过创造活动获得的个人财富都具有社会贡献性。

负熵坐标系、宇宙的本质与人类命运共同体

■ 所谓负熵差，是指负熵位高间的差，是具有矢量属性的差值。宇宙中，任何存在间都存在相互作用，而相互作用根源于负熵差，负熵差是相互作用的根，是存在的基本属性，不存在不存在负熵差的存在，除非处于熵等于零的状态。在熵等于零以外的时空地带，在极度微观视野下，存在都是独特的，存在间无不存在负熵差。

■ 事实上，负熵差是宇宙样相的根，是宇宙的根本动力，是运动的根，是存在的基本属性，是熵洋的根，是宇宙如此多娇的

根，负熵差无处不在。负熵差是差异性的根，差异性是负熵差的表征。负熵差是自然、生命、社会、思维和意识的根本动力。

■ 差异性是事物的基本属性，是事物发展的根，差异性是万事万物相互关系的基本样相。而负熵差是差异性的根，差异性是负熵差的表征。在社会领域，差异性必然导致相互斗争、相互合作和相互趋同。所谓相互斗争就是相悖行为的总合，如相互对立、相互竞争、相互对抗等等。所谓相互合作就是相向行为的总合，如相互依存、相互利用、相互促进、相互不可或缺等等。所谓相互趋同，是指差异缩小，共同提升，整体向好。斗争性、合作性和趋同性是社会的基本属性。

■ 相悖、相向、趋同和融同的出现、交替与轮回这一由负熵差导致的相互作用的根本形式是宇宙演进的基本规律，也是唯物辩证法对立统一规律的根本。这意味着负熵差这一存在的基本属性是唯物辩证法对立统一规律的根，这意味着唯物辩证法对立统一规律具有物理性基础。唯物辩证法对立统一规律的物理性基础的被发现是人类思想领域的重大进步。

■ 负熵坐标系是宇宙中最基本的自然坐标系，宇宙的整体与部分、万事万物及其千变万化、自然的任何问题、生命的任何问题、社会的任何问题、思维的任何问题、意识的任何问题，都在负熵坐标系下有自己的坐标与轨迹。然而，在极度微观视野下，负熵坐标系中不存在与负熵坐标相垂直的直线，任何存在都是独特的。负熵坐标系的存在与作用具有物理性基础，无可置疑。

■ 把控负熵坐标系，就是对所有问题的根的把控，就将从根本上理清各个领域的本原和基本规律，就将理清各个领域重大问题的来龙去脉及其内在联系。

■ 哲学是科学的探照灯，科学是哲学的收敛态，哲学是科学的灵魂，科学是哲学的载体。哲学应该划分为三大分支：一是上向哲学（或称负熵哲学），是研究事物负熵工程的哲学；二是平向哲学（或称熵态哲学），是研究事物状态及其要素关系的哲学，即认知哲学；三是下向哲学（或称正熵哲学），是研究自发状况下事物发展趋势和未来状态的哲学。

■ 哲学家与科学家是智慧者的昼态与夜态，任何真正的哲学家不可能不涉及哲学的收敛，进而踏入科学家范畴，任何真正的科学家不可能不使用哲学这一探照灯，进而踏入哲学家范畴。

■ 宇宙中只存在物质和物质的序，物质是宇宙的本质，物质的序是宇宙的表征的根，或者说，宇宙中只存在物质和熵。物质天生，且永远，是宇宙唯一的存在，负熵天生，且永远，是宇宙唯一的动力。任何动力均根源于负熵差，意识力是物质的高位负熵的势，意识是物质及其序的一种独特的表征，意识只是物质的一种特殊形态，即物质的高位负熵物逻态。

■ 一切运动的，一定是物质的，一切能工作的，一定是物质的特定逻辑态（简称物逻态）。思维、意识、灵魂等等都是物质的特殊形态，都是具有高位负熵的物逻态。意识是生命这一系统的一部分对其以外事物的认知及其表达。意识过程是与生命中至高无上的判据的对标及其表达，意识通过学习得以扩张与提升。

■ 哲学上的物质实质上是质体与序1构成的物质基本单元，

而非哲学上的物质是复数个物质基本单元的合。物质基本单元是特定宇宙中的最基本部件，其质量与尺度不可由实验直接测量，只能推断，因如不存在比 A 小者，则 A 不可测量，只能推断。

■ 宇宙总质量决定原始粒子的尺度，宇宙的总质量越大，原始粒子的尺度越小，反之亦反。原始粒子的尺度决定宇宙绝对底温和绝对顶温的高低，决定绝对底温和绝对顶温之间的温距大小。原始粒子的尺度越小，绝对底温越低，绝对顶温越高，绝对底温和绝对顶温之间的温距越大，反之亦反。

■ 宇宙总质量决定宇宙绝对底温和绝对顶温的高低，决定绝对底温和绝对顶温之间的温距。宇宙总质量越大，绝对底温越低，绝对顶温越高，绝对底温和绝对顶温之间的温距越大，反之亦反。宇宙的规律与规律系统是由宇宙总质量决定的，宇宙的一切规律与表征都是由宇宙总质量超越临界质量所致。

■ 宇宙中存在条件过量属性，即若要使某一事件一定发生，其充分必要条件无论在深度方向上还是在广度方向上都必须过量；或者说，如果要确保某一事件发生，必须使其充分必要条件过量；或者说，一个必定发生的事件，其充分必要条件必然过量；再或者说，任何连续发生两次或两次以上的同一事件其充分必要条件都是过量的，无论它的概率多么小。这就是过量定律。

■ 过量定律是对条件过量属性的阐述，过量定律将导致科学原理与实验验证之间的逻辑关系发生重大变革，过量定律也是对归纳法的颠覆，因此，条件过量属性的被发现和过量定律的被创造是思想领域的重大进步。

■ 条件过量属性的存在，意味着任何事件都需要条件，任何规律都需要条件，任何定律都需要条件，因为规律的存在是一种事件，定律的成立也是一种事件。这就是说，任何规律都可以被湮灭，任何定律都可以被抗拒，只要我们能够改变其条件。这还意味着任何定律都不是放之四海而皆准的真理，任何规律与任何定律都只是某一条件下的规律与某一条件下的定律，但是，由于规律和定律的条件极其深广，往往难以逾越，所以，规律和定律的条件的改变性往往可忽略不计，因此，规律才称为规律，定律才称为定律。

■ 爱因斯坦在提出相对论时，其实是不知道牛顿定律系不是放之四海而皆准的，所以相对论的创造实质上是无指向性创造活动，如果爱因斯坦知道牛顿定律系不是放之四海而皆准的，那么，他创造相对论的创造活动就会变成有指向性创造活动。由无指向性创造活动过渡到有指向性创造活动，将决定性地推动创造活动的进程。因此，过量定律是人类思想的一次重大升华。

■ 宇宙中存在广义惯性属性，因此，处于任何状态的存在，不可能改变其状态，除非有外界作用介入。这就是广义惯性定律。广义惯性定律还揭示了一个新规律，即任何定律都可被短时性违反，任何规律都可被短时性湮灭。

■ 宇宙中存在广义振荡属性，因此，任何过程都是振荡性过程，都具有振荡性。这就是广义振荡定律。广义振荡定律揭示了另一个新规律，即任何定律都可被振荡性违反，任何规律都可被振荡性湮灭。

■ 广义惯性定律和广义振荡定律揭示了化学领域的 B-Z 反应的根，这使 B-Z 反应为何存在这一世界之问得以回答。

■ 一个孤立体系的内在规律是在这个孤立体系形成时就已经被确定了的，即一个孤立体系的内在规律是由外部决定的。这就是孤立体系定律。这意味着本体不能决定本体的内在规律，这也意味着宇宙不能决定宇宙的内在规律，这还意味着宇宙是由宇宙之外之物造的。

■ 因与果是互相联系的、互相表达的、在负熵差矢量方向上的一对存在。如果 A 是 B 唯一的因，那么 B 一定是由 A 决定的。如果 A 是 B 唯一的因，B 是 C 唯一的因，那么 C 一定是由 A 决定的。

■ 有正必有反，有反必有正，正是反存在的伴生，反是正存在的伴生。如果正是反的唯一的正，反是正的唯一的反，那么，这个正与这个反必然大小相等方向相反。

■ 创造力是民族闪光与辉煌之根本，世界每个民族的历史都有闪光和辉煌之处，一个不能主动述说自己闪光点和辉煌历史的民族一定会步履艰难，不能述说自己闪光点和辉煌历史，必然导致民族自信水平降低，久而久之，必然导致自信缺失、妄自菲薄，最终必然步履艰难。全世界每个民族都应昂首挺胸、灵高魂傲、震强扶弱、大家风范。

■ 在社会中相互作用称之为斗争性与合作性，任何人类社会都是斗争性和合作性共存的系统，斗争和合作是双方发展进步的必经之路。斗争与合作的最终结果必然是整体向好，人类社会无可置疑地具有整体向好性，所以人类命运共同体时代的到来具有物理性根据。

■ 终极社会分工必然导致社会生产力的极大提升，必然导致人类社会需求得以充分满足，这必然导致人类社会向人类命运共同体时代升华。

■ 纵观从原始社会到奴隶社会、封建社会、早期资本主义社会和现代社会的人类社会发展历程，你就会发现唯一一个永恒不变的逻辑，那就是：随着时间的推移，社会组织形式会不断科学化，社会生产力会不断强劲化，人类社会会不断整体向好化，国家间与民族间的相互依存会紧密化。这不可辩驳地证明了创造力节点关系系统的进化属性，也证明了人类社会的整体向好性。

■ 人类文明与生物系统类同，多样性是其发展进步的前提。一个生物系统如果不能实现多样性，就无法发展进步，就必然消亡，同样，人类文明如果不能实现多样性，也就无法发展进步。因此，世界各民族的文明都能得以发展繁荣的世界新时代的到来是一种必然。

■ 人类命运共同体将聚集世界各国各民族更多的智慧，将为人类文明做出更伟大的贡献。因为，人类命运共同体更具文化的包容性、文明的互鉴性和制度与民族的互尊性。人类社会必将进入人类命运共同体时代，这是根源于生物多样性的人类文明多样性所决定的人类社会发展的必然规律。

■ 人类社会必将进入创造力革命时代、大知识产权时代和人类命运共同体时代，这是不可抗拒的必然规律。

前　言

　　地球人口在时间坐标上是一条快速上扬的曲线。目前，地球人口已经高达75亿，2050年前后将达到100亿之众，其后会更加快速地增长。在目前的地球人口中，虽然有超级富豪存在，但是绝大多数人还在为有尊严地活着挣扎着，数十亿人还在温饱线的上下挣扎着，十数亿人还在饥饿中挣扎着。75亿的人口数量，已基本接近人类现有创造活动水平下的地球人口承载极限。不仅如此，随着全球化、信息化和智能化等超级现代化的不断发展，人均需求会飞速增长，这将导致人类社会需求更加快速地增长，进而导致社会生产力更加突显严重不足。不仅如此，能源问题、环境问题、气候问题、荒漠化问题、基因变异问题、疾病问题和贫穷问题等众多难以解决的问题均已迫在眉睫。不仅如此，人类社会的贫富差距已经十分极端化且日趋更加极端化，这种极端化正在加速人类社会的分裂及不同群体间的决裂，进而导致极端主义和恐怖主义层出不穷。事实上，人类正面临着日益严峻的挑战。

　　众所周知，人类的创造活动是战胜人类所面临的日益严峻挑战的根本。如同200多年前人类迫切需要一本《国富论》揭示国家财富积累的根本途径一样，如同100多年前人类迫切需要一本《资本论》揭示推动人类社会发展的根本途径一样，今天的人类迫切需要一本《创造论》判明人类创造活动的本质与逻辑关系，进而揭示战胜人类面临的日益严峻挑战的根本途径。是你写、他写还是作者写，并不重要。重要的是，如果没有一本判明人类创造活动的本质与逻辑关系的《创造论》，人类将难以革命性地提升创造活动水平，进而将难以战胜这日益严峻的挑战。作者恰好在过去二十余年里，用巨大的投入淋漓尽致地领略了创造活动的本质与逻辑关系，因此，作者就先于大家写了这本《创造论》。

人类数千年农耕文明和数百年工业文明的根本，就是试图通过科学技术战胜人类所面临的挑战，为此，人类一直在为科学技术产出的提升进行着不懈的努力。例如，大量建设高等教育机构，大量建设研发机构，大规模增加研发投入和大幅度提高科技工作人员待遇，等等。这些努力都不同程度地推动了科学技术产出的提升，也都不同程度地促进了人类社会的发展。但迄今为止，科学技术产出提升的速度，依然远远滞后于为满足日益快速增长的人类社会需求所必须面临的严峻挑战的增长速度。从根本上讲，经数千年的努力，人类并没有真正找到革命性地提升科学技术产出的根本途径，也就没有真正找到革命性地和极大地提升社会生产力的根本途径，进而也就没有真正找到战胜严峻挑战的根本途径。

事实上，科学技术产出革命性提升的根本是人类的创造活动。这就意味着，仅仅注重科学技术本身根本无法实现科学技术产出的革命性提升，而必须研究、认知、理解并尊重人类创造活动的本质与逻辑关系，从提升人类创造活动水平入手，才能实现科学技术产出的革命性提升，才能实现社会生产力革命性地和极大地提升，才能战胜为满足人类日益快速增长的社会需求所必须面临的严峻挑战，而对人类创造活动的本质与逻辑关系的研究、认知、理解与尊重的缺失，必然导致各类严峻挑战接踵而至。

《创造论》从创造关系系统入手，系统地论述了人类创造活动的本质与逻辑关系，其实质是革命性地提升人类创造活动水平、革命性地提升科学技术产出、革命性地和极大地提升社会生产力、战胜日益严峻的挑战和使人类社会更早驶向更美好明天的方法论与具体实施模式的概论。全书共分八篇，第一篇论创造活动的本质，第二篇论创造活动的价值，第三篇论创造活动的演进逻辑，第四篇论创造活动主体的特殊性，第五篇论创造活动与专利制度，第六篇论创造活动与科技创新工程，第七篇论创造活动与社会生产力，第八篇论创造活动与人类社会的未来。

不精行事，止于寄生，只精行事，止于受役。不精逻辑，不可制物，不精哲学，不可驭世，深精哲学，无不可驭。《创造论》为人类找到了宇宙中最基本、最重要、囊括所有问题的自然坐标系即负熵坐标系，认为宇宙的整体与部分、世间的万事万物及其千变万化都在负熵坐标系内有自己的坐标与轨迹，且将自然问题、社会问题和精神问题统一到负熵坐标系下予以思考与解析，进而更加深刻地理清了这些领域根本问题的来龙去脉和内在联系。《创造论》创造了多项哲学原理、科学定律和经济学原理，且回答了多项世界之问。《创造论》为人类揭开了禁锢其思想的天花板，而不仅仅是一扇窗，于读者是一场酣畅淋漓的思想洗礼，于人类是一场罕见的思想大解放，它的出版标志着负熵主义、上向哲学和创造活动经济学的诞生，也标志着人类思想领域的又一次重大进步。

践行《创造论》，人类创造活动水平会早日革命性地提升，科学技术产出会早日革命性地提升，更多更伟大的科学家、发明家和企业家必然会应运而生；践行《创造论》，生产制造业企业的竞争力提升会日新月异，经济会得以健康快速地发展；践行《创造论》，社会生产力会早日革命性地和极大地提升，社会财富会早日极大增长，人类社会需求会早日得到充分满足，人类社会将早日进入人类命运共同体时代，将早日驶向更美好的明天。

写书的人都过于谦卑，对自己的作品从不给予足量的评价，作者认为这是一种错误。因为，如果连你自己都没有审视清楚自己的作品具有价值性和真理性，那么，你为什么还要公开自己的作品呢？牛顿没有必要因为会有爱因斯坦出现而必须谦卑，更没有必要因为爱因斯坦的出现而必须羞愧。因此，作者在此就一反常规地对《创造论》的价值实话实说了。这也是一种颠覆，在创造活动日趋重要的今天，这种颠覆是一种必然。

最后，郑重感谢靳宇男先生对本书撰写工作的贡献。

作者

北京时间2017年11月2日

目　　录

第一篇　论创造活动的本质

人类活动是人类存在与发展的根本，包括实践性人类活动和非实践性人类活动。

所谓实践性人类活动，是指人类认识自身、改造自身（因为本体不能认知或改造本体，所以实际上是人这一个体的一部分对另一部分的认识与改造，具体可见第二篇第二章所阐述的孤立体系定律）与认识世界、改造世界的总合。

所谓非实践性人类活动，是指由人类的生理与心理所导致的生老病死、喜怒哀乐、羡慕嫉妒恨等人类生理性活动与心理性活动的总合。

本书所述的人类活动，是指实践性人类活动。在实践范畴内的不同的人类活动，对人类自身能力要素的要求也各不相同。根据所要求的能力要素的根本性差异，可将实践性人类活动划分为体力活动、智力活动和创造活动三大类别。

图1-1为人类活动组成图。人类的体力活动、智力活动和创造活动是人类认识自身、改造自身与认识世界、改造世界的根本性

活动。

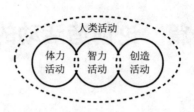

图 1-1 人类活动组成图

所谓体力活动，是指人体的力量性活动，其本质是动力性工程，即动力输出工程。体力活动的表征是力量性作用痕迹，即动力工程性成果。

所谓智力活动，是指在已知范畴内的信息工程性活动及其表达，其本质是信息已知、信息可知和逻辑已知的信息工程。例如，信息性采集、信息性存储、信息性处理和信息性输出等。这里的信息工程包括依据已知逻辑获得预知性成果的信息工程。例如，已知性再现，依据已知逻辑的控制、对比、数学运算和表达等。无论多么复杂，无论多么海量，只要其属于已知范畴内的信息工程性活动及其表达就属于智力活动。最复杂的数学性解析、分析与计算也都属于智力活动，因为，无论多么复杂的数学性解析、分析与计算，其逻辑都是已知的。然而，数学工具的创造，例如，数量关系、函数关系、微积分、各类变换、各类解析法、各类解析式和各类方程等的发现与发明则不属于智力活动，而属于创造活动。智力活动的表征是信息工程性成果，例如比对结果、解析结果、分析结果与计算结果等一切在已知范畴内的脑力活动成果。

第 一 篇
论创造活动的本质

所谓创造活动，是指超越或颠覆已知的思想性活动及其表达，其本质是想象与逻辑的相互撞击与相互交融、创造未知的工程。这里的所谓未知，是指在完成创造这一时间节点前，不为人类知晓且不可预知的、在完成创造这一时间节点后成为已知的事物。创造活动的表征是未知性和不可预知性的成果。例如，发现、发明创造等。简单地讲，创造活动就是无中生有的工程。

创造是未知的已知化，是隐性逻辑的显性化，而制造是依据已知的生产。智力是库存力，创造力是流动力，想象与逻辑的相互撞击与相互交融是流动的根本推动力。知识是入库的建筑材料，创造活动是建设万丈广厦的工程。创造活动是人类所有活动中最为重要、最为珍贵和最为不可或缺的活动。人类创造活动是对已知的超越与颠覆，是对认知边界和创造边界的突破，是现代文明的基础。试想，如果人类不能创造，世界将会怎样？答案不言自明。人类最早、最伟大的创造活动应该是对火的使用与控制，对火的使用与控制这一发明创造，彻底改变了人类的前进方向，正是这一伟大的创造活动开启了人类文明的征程。

创造活动的产物是遗传密码，是种子，是灵魂，而不是庞大的体量，从体量上讲，创造活动的产物并不大，甚至渺小，但是，它是改变世界的遗传密码，是改变世界的种子，是改变世界的灵魂。人类的每一步前行都根源于这一遗传密码，都根源于这一种子，都根源于这一灵魂，世界的每一次进步都根源于这一遗传密码，都根源于这一种子，都根源于这一灵魂。

上向性是创造活动的灵魂，没有上向性就没有创造活动，而没有创造活动人类与世界都无法前行。唯有创造活动才能上向性地推动人类文明进程，唯有创造活动才能上向性地改变世界。

在人类历史的长河中，天文遥望，就会发现世界上有一群神秘的动物，他们用硕大的缆绳牵引着世界砥砺前行，比邻而观，原来是一群独特的人，他们通过各自不同的缆绳牵引着世界向前。他们就是伟大的思想家、伟大的政治家、伟大的科学家和伟大的企业家等伟大创造者，其如此强悍之力根源于他们高超的创造活动水平。这群独特的人对人类与世界的贡献不可估量，如果没有他们，人类可能依然在原始社会挣扎着。

创造活动、创造力和创造活动成果相互联系、相互作用、相互依存，构成创造关系系统。创造活动是创造关系系统的功能，是人类的最高能力要素的表征。创造力是创造活动的基础，创造活动是创造力的表征，创造活动是创造活动成果的基础，创造活动成果是创造活动的表征。

本篇将对创造关系系统的这三大要素进行——论述。

第一章　创造力

一、创造力是极高位负熵的势

熵源于英文的 Entropy，是热力学中的一个基本概念，熵的原始定义是向系统导入的热量除以此热量的温度，即 $S = Q / T$，其中 S 为熵，Q 为热量，T 为热量的开尔文温度。后经研究发现，熵与系统的状态数（即序）有关，是系统的状态数的函数，是对系统的无序度的描述，熵越大系统越低级无序，反之亦反，熵的最小值为零。熵在用序表达时，熵 $S = k \ln \Omega$，其中，k 是玻尔兹曼常数，ln 是自然对数，Ω 是系统的状态数，即系统的序的数量。从根本上讲，宇宙只有物质和物质的序，即宇宙只有物质和物序。因此，也可以说宇宙只有物质和熵。物质是宇宙的本质，物质的序是宇宙的表征的根，或者说，熵是宇宙的表征的根。无论是所谓的信息熵还是所谓的社会熵，其本质都根源于物质的序。事实上，从上向向下向认知，可以得出熵这一序的表达，而从下向向上向认知，则可以得出负熵这一序的表达，负熵 $E = \infty - k \ln \Omega = \infty - S$，其中，$\infty$ 为宇宙熵的最大值，负熵是对系统有序度的描述，负熵越大，或称负熵位高越高，系统越高级有序。宇宙的一切运动与变化归根到底均根源于负熵。

生命的一切力，包括视力、听力、感知力、智力、毅力、耐力、认知力、意志力、意识力和创造力等均根源于负熵，均是负熵的势。但创造力是所有这些力中最高级的，负熵位高也是最高的。因此可以说创造力源于极高位的负熵，是极高位负熵的势。

事实上，热没有动力、动力没有动力、引力没有动力、排斥力没有动力，一切均无动力，只有负熵差有动力，任何动力均根源于负熵差。物质是宇宙的唯一存在，负熵差是宇宙的唯一动力，负熵差是所有动力的根，负熵差是宇宙的第一的、根本的动力。因此，负熵差是宇宙样相的根。

熵和负熵与温度、逻辑、软件、语言、思想、意识等一样既是形式概念，又是物质的特殊形态。事实上，任何质量为零的都不是独立的真实存在，而是与其具有相同特征的质量不为零的某一物质特殊形态的概念。

物质天生，且永远，是宇宙的唯一存在，负熵差天生，且永远，是宇宙的唯一动力，创造力天生，且永远，是极高位负熵的势。生命的一切力都是为维系生命负熵位高而产生的，但除创造力外的生命的一切力都是间接地、迂回地、螺旋上升式地维系负熵位高的推动力，只有创造力是根本性地、直接上向地、跳跃式地维系生命负熵位高的推动力（如图1-2所示）。然而，生命的创造力的高低不仅仅取决于生命负熵位高的高低，还取决于生命结构的复杂程度。负熵位高的极高性和结构复杂程度的极大性，是隐性高创造力的充分必要条件。创造力由极高负熵差产生，其产生与消亡均为极大不可逆过程。

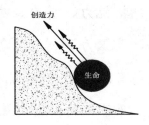

图 1-2 生命力系示意图

二、创造力与智力的区别

事实上，任何负熵位高高的存在，对于任何负熵位高低的存在而言都具有创造力，但这里的创造力包括主动创造力和被动创造力两种。所谓主动创造力，是指依据认知与目的而进行超越或颠覆已知的思想性能力与对这种思想的表达性能力，即是一种有意识的、有选择的、有目的的思想性活动能力与对这种思想性活动的表达能力。所谓被动创造力，是指无意识地、无选择地、无目的地依据内在本质创造新事物的能力。例如，火山造就火成岩，地壳运动造就山脉，河流造就河卵石，等等。

从本质讲，主动创造力是依据认知与目的对客体实施级越性负熵工程的能力，而被动创造力是以主体自发熵增换取客体出现的能力。

本书关于创造力的论述仅限定在主动创造力范围内，即限定在超越或颠覆已知的思想性能力与对这种思想的表达性能力范围之内。

所谓智力，是指已知范畴内的信息工程性活动能力及其表达的能力，智力并非生命所独有。对信息的存储能力、处理能力和表达能力是智力的三大根本要素。智力的表征是输出已知和预知的能力。简单地说，智力是对信息的存储、识别、处理、依据已知逻辑的信息再构建以及表达的能力。

创造力为生命所独有，想象力和逻辑力是创造力的两大根本要素。创造力的表征是输出未知的能力，即输出发现和发明创造等的能力。创造力是生命与非生命的根本界限。

与智力不同，创造力是与未知相关的能力。如果A能发现未知的规律，在已知逻辑以外创造出未知的、合乎更高级的逻辑的思想，或依据已知逻辑创造出解决问题的未知的方法、结构或方案，那么我们必须承认A具有创造力，无论A是基因、微生物、植物、动物还是人。

三千米高山上的雪所能做的事中，总有一些是两千米高山上的雪所不能及的，一个拥有与复杂逻辑相对应的结构的计算机所能做的事中，总有一些是只拥有与简单逻辑相对应的结构的计算机所不能及的。但生命以外的存在，即便负熵位高高，因缺乏足够的结构复杂性，所以不构成创造力。

创造力之所以为生命所独有，是因为生命负熵位高的极高性和生命结构复杂程度的极大性，两者的共存是其他存在所不能及的，这就是创造力为生命独有之独所在。

无论下围棋多么复杂，都属于智力活动，不属于创造活动，需要的是智力，而不是创造力。无论什么机器战胜人类多么了不起的棋手，都不意味着人类创造出了比人更具创造力的机器，因此，都没有新意，也都不能证明新的问题。因为，风车和蒸汽机的出现，早已证明人类的体力远远不是机器的对手，计算机的出现也早已证明人类的智力远远不是机器的对手。因此，用什么什么机器战胜什么什么棋手，不能说明任何新问题，只是一种商业炒作而已。其实，随着科学技术的进步与发展，无论多么智能化的机器理论上都可以被制造出来，但是，这些机器只能是依据已知逻辑实施信息工程的高手，而不可能具有创造力。

地球人类的创造力和宇宙其他时空地带的生命的创造力，孰高孰低仍是个未知数，因为两者还没有交手。

三、生物学创造力和行为学创造力

主动创造力分为生物学创造力和行为学创造力。

所谓生物学创造力，是指为适应环境，进而继续存在与发展，生命的一部分创造性地改造另一部分和生命创造性地改造自己下一代的能力。这种改造包括基因层面的、细胞层面的和物种层面的，当然，细胞层面和物种层面的改造也源于基因层面的改造。这种能力具有生物学特征，故定义为生物学创造力。

也就是说，为适应环境，物种基因会创造性地改造其下一代，其一部分也会创造性地改造另一部分，基因的这种改造会导致细胞层面和物种层面的进化。换句话说，基因根据环境信息和生存目的，创造出具有新结构的自己的下一代和基因一部分改造另一部分的创造力称为生物学创造力。生物学创造力就是基因的创造力，生命无不具有生物学创造力。达尔文的《物种起源》一书的核心是物竞天择、适者生存。那么竞的究竟是什么，择的又究竟是什么？从个体间和物种间的相互斗争的方面而言，物竞天择、适者生存实际上只是表象，其背后真正的规律是个体和物种的生物学创造力决定个体与物种的命运。物竞天择，竞的是个体与物种的生物学创造力，择的也是个体与物种的生物学创造力。生物学创造力是个体与物种进化的根本力量，是物种环境适应性的根源。虽然，凡生命均具有生物学创造力，但是生命种类不同，个体不同，生物学创造力的高低也完全不同。例如，蟑螂和细菌可以快速改变基因形成耐药性，而人类则完全不同。再例如，对于同样的感染，有人能产生抗体，有人则不能。

所谓行为学创造力，是指生命个体意识性地、目的性地、创造性地认识自身、改造自身与认识世界、改造世界的能力。这种能力具有行为学特征，故定义为行为学创造力。凡生命均具有行为学创造力，但生命种类不同，个体不同，行为学创造力的高低也完全不同。例如，人类的行为学创造力要远远高于其他生命。再例如，乌鸦为了喝水会发明出向瓶子里投石块的方法，狮子为了高效捕猎会发明出独特的捕猎阵，等等，而有些动物则做不到这些。凡人类均具有行为学创造力，但个体不同，其行为学创造力的高低也完全不同。

生物学创造力和行为学创造力均属主动创造力，本书所论述的创造活动、创造力和创造活动成果均限于人类行为学创造力范畴。以下将人类行为学创造力简称为创造力。

人类创造力是人类进行实践的一种推动力，人类创造力是人类创造活动的驱动力，而人类创造活动就是以人类创造力为驱动力的人类活动。

四、人类创造力的基本属性

人类创造力与人类的体力和智力完全不同，具有下述基本属性：必然性、随机性、先验性、无限性、不可叠加性、就高性、时间不可积累性、个体巨差性、娇贵性、输出不减性和正反馈性。其中，必然性和随机性的对立统一是创造力的本质属性，先验性、无限性、不可叠加性、就高性、时间不可积累性、个体巨差性、娇贵性、输出不减性和正反馈性是创造力的自然属性。

所谓必然性，是指创造力高的人总体说来必然会展示其高创造力。

所谓随机性，是指创造力高的人不可能在任何时候都展示其高创造力。

所谓先验性，是指创造力的内在极限是先天所赋，与后天无关，创造力的高低从根本上讲是由先天所赋决定的。

所谓无限性，是指在人类所能拥有需求的范围内，人类的创造力是无限的。

所谓不可叠加性，是指创造力不可叠加，群体创造力不等于个体创造力之和，也不等于群体创造力的平均值。

所谓就高性，是指群体的创造力由群体中创造力最高的成员的创造力决定，与群体中创造力最低的成员的创造力以及其他成员的创造力无关。

所谓时间不可积累性，是指创造力不具有确定的时间积累关系，增加思考时间并不意味着一定能提升创造力。

所谓个体巨差性，是指创造力在人类个体间存在巨大的差异，有人具有很高的创造力，有人则完全相反。

所谓娇贵性，是指创造力非常易于被干扰，例如心情不悦、生活琐事、环境不适，等等，都会使人的创造力大打折扣。

所谓输出不减性，是指具有创造力的主体输出创造力时，自身的创造力并不减少。

所谓正反馈性，是指具有创造力的主体输出创造力时，会提升主体自身的创造力，并形成正反馈的裂变性态势。

1905年5月的一天，爱因斯坦与朋友贝索讨论已经探索了10年的时空问题。贝索按照马赫主义的观点阐述了自己的看法，突然，爱因斯坦感悟到了时间没有绝对定义，认识到了时间与光信号的速度有一种不可分割的联系这一时间问题的核心，从而创造了狭义相对论。这个例子说明，创造力不具有时间上的积累性，而是具有随机性，如果那天没有贝索和当时的现场效应，可能至今都没有相对论，或者没有这个爱因斯坦的爱因斯坦。但是，创造力高的人总会创造出更多的新思想，爱因斯坦后来又创造了广义相对论，爱迪生、特斯拉的创造也都证明了这一点。这说明创造力具有必然性。

如果把创造力比作树，树的大小取决于两个方面，一是种子的内在极限，二是氮磷钾微。虽然氮磷钾微具有相当显著的作用，但氮磷钾微的作用仍然是辅助性的，而种子的内在极限对树的大小的作用才是决定性的。创造力的内在极限是与生俱来的，是先验层面的，是先天所赋的，且因个体不同差异巨大，后天的教育和培养等，只能起到辅助性作用。高创造力只能来源于高创造力的内在极限，因此，创造力是先验的，具有先天所赋性。

创造力是人人都有的，但个体不同，创造力的高低也完全不同。人类个体创造力的高低，属于先天所赋，是先验的，后天的作用只能是对内在极限的趋近，而不是极限的再造。但是，由于要素逻辑的存在，创造力的先验性和先天所赋性并不意味着世袭性，创造力不高的人之后代的创造力不一定低，创造力高超的人之后代的创造力也不一定高。这不仅是社会的常态，更是一种规律。这一规律根源于创造下一代时要素逻辑的存在性。

从本质上讲，人类个体的创造力是有限的，然而，在人类的负熵位高之内，人类的创造力是无限的，因为人类的负熵位高对人类自身来讲是无限的。因此，说人类的创造力无限，并不违反逻辑。

一台动力机器完成不了的任务，可以用两台，两台不行，可以用多台，总可以通过增加机器数量，在一定时间内完成任务；一个人搬不动的重物总可以通过增加人数来完成。人类的体力属于机械动力范畴，属于广延量，具有可叠加性，只要不断增加人的数量，就可以提高人的体力水平。

一台信息处理装置完成不了的信息处理，可以用两台，两台不行，可以用多台，总可以通过增加信息处理装置的数量，在一定时间内完成任务；一个人处理不了的信息总可以通过增加人数来完成。人类的智力属于信息处理能力范畴，属于广延量，具有可叠加性，只要增加人的数量就可以提升人的智力水平。

创造力属于想象与逻辑相互作用的范畴，属于强度量，不具有可叠加性。增加人数不意味着创造力就能够提升，群体创造力不等于个体创造力之和，群体创造力是由群体中创造力最高的成员的创造力所决定的（如图1-3所示）。

相互探讨、相互质疑和相互争论等外部刺激可以提升个体的创造力，但他人的作用不是提供创造力，而是提供外部刺激，进而引发被刺激者的创造力的显性化。所谓创造力的显性化，从表观上看就是创造力的提升。

体力、智力和创造力都是由先验因素决定的，都是先天所赋的，都具有先验性，但是创造力与体力和智力完全不同，不具有可叠加性，且只有创造力为生命所独有，因此创造力更加珍贵。

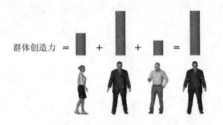

图 1-3 创造力不可叠加性示意图

创造力可不断提升、不断扩展，随着时间的推移，创造力会不断地向深度、广度和高度发展。创造力的作用是不可估量的。例如，牛顿和爱因斯坦等伟大科学家的创造力，对人类文明进程的推动作用是不可估量之大。

一切生命个体的创造力都具有个体巨差性，创造力的个体巨差性也决定了动物的群居性。群居可以使群体中高创造力成员的创造力贡献于群体和其他成员的存在与发展，其他成员的存在与发展也能为满足高创造力成员的需求提供条件。

动物的群居性就是社会性，创造力的个体巨差性也决定了动物的社会性和社会发展的整体向好性。因有差异才有相互依存性、相互利用性、相互促进性和相互不可或缺性。差异性是社会性的根，成员资源差异的适度性是社会发展动力的根。

如上所述，高创造力是由负熵位高的极高性和结构复杂程度的极大性决定的，但这只决定其具有隐性高创造力，即只决定创造力的高内在极限，要想把隐性高创造力显性化，则还需要许多条件。也就是说，通常所说的高创造力在需负熵位高的极高性和结构复杂程度的极大性二者并立以外，还需由许多附属条件构成。其中某些单一条件可能并不非常珍贵，例如知识、精力、好奇心，等等。但是，所有这些条件集中在一个人身上却是极其珍贵的，这种集中是极其小概率的，是这个人具有高显性创造力的必要条件。

具体说来，高创造力是发现规律和创造新事物的前提，是超越、颠覆已知的前提，是人类赖以存在与发展的能力要素的核心和制高点，是世间最为珍贵的资源。

人类中具有高创造力的个体只是非常少的数量，但正是这些少数个体的高创造力造就了世界文明的基础，且在不断改造着世界。这也是人类能够在极短时间里从石器时代跨越到能够进行大规模集成电路制造、核反应控制、宇宙飞船发射和基因工程的时代的根本原因。

例如，毕昇、牛顿、爱因斯坦、爱迪生、特斯拉和于敏等人的创造力，非一般人所能及。一个群体中只要有创造力高的人，无论数量多少，都意味着这个群体可以具有光明的前途。例如，牛顿一个人几乎解决了当时所有的科学技术问题，几乎凭一己之力推动了世界的进程。再例如，瓦特一个人打开了第二次科技革命的大门。

人人都有创造力是毫无疑问的，不是人人都具有可观的创造力也是毫无疑问的，只有极少数人才能够具有或经过培育后才能够具有可以推动社会进步的创造力也是毫无疑问的，试图把每个人或试图把多数人都培育成高创造力的拥有者以从事创造活动是错误的，这也是毫无疑问的。不仅如此，试图把每个人或试图把多数人培育成高创造力的拥有者从事创造活动不具科学性、不具可行性，也违反社会分工的基本逻辑，更不具必要性。创造力存在个体巨差性，是毫无疑问的，只有少数人才具有足够的创造力，也是毫无疑问的，创造力的高低具有决定性，而人数的多少不具有决定性，更是毫无疑问的。

事实上，人类创造力具有就高性和不可叠加性，因此，与其数量相比，科学技术工作人员的质量具有决定性。在科学技术领域，一个世界一流的科技巨匠胜过千百万个二流三流者，是一种普遍真理。如果一个国家拥有数百个一流科学家，其中数十个为世界顶尖者，那么，这个国家肯定是世界科技强国、世界经济强国和世界军事强国。例如，达芬奇、牛顿、普朗克、爱因斯坦、薛定谔、钱学森、郭永怀、邓稼先、于敏、杨振宁和屠呦呦等科技巨匠，哪一个不敌百万雄师？

五、人类创造力是人造逻辑物无法超越人类的唯一屏障

所谓逻辑物，是指符合某种逻辑的造物。所谓人造逻辑物，是指人工造的逻辑物。人类的创造与制造的过程，实质上是造逻辑物的过程。

人造逻辑物包括一切人造的装置、系统、机构、化合物、软

件和思想表达（如语言、文字和作品的表达等），等等。

截止到20世纪末，人类所有努力的主旋律可以概括为：用动力机器将人类从体力活动中解放出来，即把人类从执行主体变成控制主体，也可以形象比喻为将人类从拉车者变成开车者。

从21世纪开始至今，人类所有努力的主旋律可以概括为：用智能机器将人类从智力活动中解放出来，即把人类从控制主体变成控制逻辑的构建者，也可以形象比喻为将人类从开车的变成自动驾驶逻辑的构建者，使人类成为专门从事创造活动的主体。

人类的体力活动和智力活动将快速分别由动力机器和智能机器全面代劳。换句话说，在体力活动领域和智力活动领域，人类将快速被动力机器和智能机器全面取代。在不远的将来，人类将在体力活动领域和智力活动领域无所作为，但人类将在创造活动领域大有作为，且更上一层楼。

在人类创造活动面前，制造动力机器、智能机器和生命的屏障已经不复存在。这是人类某些个体的高超创造力所致。

人造逻辑物在某些方面可以远远超越人类，那么在创造力方面，人造逻辑物有没有可能超越人类呢？答案是：动力机器和智能机器是没有可能的，但人造生命不是没有可能的。

我们可以认定人类中的具有高创造力的个体是这个世界上由可获得物造出的负熵位高最高和结构复杂程度最大的负熵物，那么这些个体不可能造出比自身的负熵位高更高的、结构更为复杂的人造生命，这一点毋庸置疑。

然而，创造力具有随机性，这就意味着，创造力的随机性可能导致在某一时空地带，被造生命的创造力超越被造生命的造者的创造力。创造力也具有必然性，这就意味着，在任何时空地带，被造生命的创造力超越被造生命的造者的创造力的情形都是暂时的。尽管在某一时空地带，人类的创造力可能暂时性地被被造生命超越，但是这绝对是短暂的，因此可以认为，人类将永远主宰人造逻辑物，除非从宇宙的深处有更高位的负熵流飞来。

在创造活动领域，人类必须大有作为，必须做到人造生命无法取代的程度，否则，人类要么不复存在，要么像今天的人类主宰猪马牛羊一样被人造生命主宰。为此，提升人类创造活动水平的努力永远不可或缺。

任由机器在体力活动领域与智力活动领域自由暴长，任由人造生命在创造活动领域自由暴长，只要人类研究、认知、理解并尊重人类创造活动的本质与逻辑关系，从人类创造活动的特殊性入手，就能革命性地提升创造活动水平，就能战胜来自人造逻辑物的挑战，人类就无须畏惧。

智能机器的学习属于后天提升，属于对内在极限的趋近，但是，智能机器本身不具创造力，即智能机器创造力的内在极限为零，因此，智能机器的学习不能改变其无创造力的根本属性。

六、创造力的作用及其主导世界的必然性

火的使用、科技革命和法制体系构建，等等，任何一次世界进步的背后都有许许多多的因素，但其背后都存在着一个决定性力量，这就是人类的创造力。世界的历史其实是主导世界的力量

由人类的体力向智力和创造力发展的历史，是主导世界力量中的人类创造力成分不断增长的历史。没有人类的创造力就没有今天的世界文明，人类的创造力是世界文明的基础。

揭示普遍规律的熵原理告诉我们，世界进步的难度越来越大是不可抗拒的自然规律。只有不断提升人类的创造力，才能推动世界不断进步，世界越是进步，对创造力的要求也就越高，创造力的决定作用也就越大。

人类天生，且永远，是喜新厌旧的动物，事物天生，且永远，是喜新厌旧的动物，宇宙天生，且永远，是喜新厌旧的动物，万事万物天生，且永远，是向前发展的动物。所以，存在与发展是人类永不停歇的追求，只有创造力才能解决这一追求所遇到的挑战。因此，人类创造力决定作用的增长也必然是永不停歇的进程。

人类创造力是人、企业、社会和国家竞争的决定性力量，是世界进步的决定性力量，是大国崛起与世界霸权消长的决定性力量，是人类解决一切问题、战胜一切挑战的终极力量。

随着科学技术的进步，人类的体力和智力对人类存在与发展的作用将急剧衰减，当人类的创造力成为人类输出的最根本力量的时候，人类的创造力将成为人类主导世界的根本性力量，这就形成了创造力主导世界的态势。

创造力主导世界是人类社会发展的必然规律，而且创造力主导世界的进程已经进入快车道，十年内就会达到今天完全想象不到的程度。

第二章　创造活动与创造活动成果

一、创造活动的根本要素和想象与逻辑定律

创造活动是超越或颠覆已知的思想性活动及其表达，创造活动的脑内场面是流动的、朦胧的心智建筑群，是海阔天空的建筑工地，是有条不紊的兵阵，如浩瀚的宇宙处处朦胧、事事逻辑。

所谓逻辑是事物相互关系的抽象化表征。所谓想象是对未知逻辑的寻找，是站在已知逻辑上对未知逻辑的海钓，是对已知逻辑和未知逻辑之间的隐性联系的显性化，是穿越范畴与范畴之间隐性联系的过程。当范畴与范畴之间的隐性联系被穿越，范畴之间的隐性联系就会被显性化，就会得到新的认知、新的逻辑、新的规律或新的思想。

想象与逻辑是创造活动这一过程中的两个重叠的心智流，也是创造活动的两个根本要素。想象是一种回顾，是想象者对其直至远古的隐性经历的一种回顾，想象是一种追溯，是想象者对其直至远古的造者的隐性寄存的一种追溯。想象是高高举起的锄头，逻辑是毫厘不差的下行轨迹。想象是朦胧逻辑下的前行，是对逻辑的振荡性撞击。逻辑是对想象松紧有度的振荡性回拢，是想象的断断续续的轨道。如果这条轨道不存在，那么想象也不存

在，如果这条轨道完整、坚实，那么想象不论持续多久或到达哪里，都会按部就班地回到原点或到达某个已知点，形不成创造。

创造活动就是催生逻辑芽使逻辑系统不断丰富与拓展的工程，就是在旧逻辑上催生逻辑芽，再使逻辑芽成为新逻辑的工程。逻辑芽是人类认识文明之根，是人类物质文明之根，是人类精神文明之根。形象地讲，想象就是逻辑芽的催生素，逻辑就是修理逻辑芽的剪刀，催生与修理的相互作用使逻辑树不断扩展。

灵感属想象范畴，是想象的突破，是在断断续续逻辑轨道的空段上的级越，是想象与逻辑相互持续撞击的顿悟。顿悟是对障碍的突然穿越，就像是敲打眼前遮光蔽日的磨砂玻璃，某一时刻，磨砂玻璃会豁然而碎，让我们看到晴空万里。这就是想象与逻辑相互撞击与相互交融的美妙所在。

想象与逻辑是创造活动的两大根本要素。爱因斯坦错了，他的确是错了，他说，Logic will get you from A to B, imagination will take you everywhere. 这显然是把想象和逻辑对立起来了。其实，在创造活动中，想象与逻辑相互撞击、相互交融、相互依存且相互不可分割。作者将想象与逻辑相互撞击、相互交融、相互依存且相互不可分割这一阐述，定义为想象与逻辑定律。

二、创造活动的基本属性

对于体力活动和智力活动，只要有食物供给，只要人类想完成，就能通过时间上的积累予以完成。创造活动与这两种活动根本不同，人类无法像控制体力活动和智力活动那样控制创造活动，人类的创造活动并不受人类主观意志的明确控制。

创造活动具有时间不可积累性、不可叠加性、不可量化性、成本不可知性、愉悦性、孤独性、高耗性、破边性和裂变性。

所谓时间不可积累性，是指创造活动不具有时间积累性。增加创造活动的时间并不意味着一定会形成创造活动成果，也不意味着一定会形成更多的创造活动成果。

所谓不可叠加性，是指创造活动不具有可叠加性。增加从事创造活动的人数并不意味着一定会形成创造活动成果，也不意味着一定会形成更多的创造活动成果。

所谓不可量化性，是指创造活动不可量化。创造活动不能像体力活动或智力活动那样按人头或按时间进行量化。

所谓成本不可知性，是指创造活动的成本不可知晓。创造活动的成本无法核算，因此，创造活动的成本不可知晓。

体力活动和智力活动会令人产生厌倦感和惰性，人对体力活动和智力活动具有惰性，因此，体力活动和智力活动可以被定义为惰性活动。

创造活动则根本不同，创造活动不仅不会令人产生厌倦感和惰性，相反会令人产生无与伦比的愉悦感，即创造活动对创造力者（具有足够创造力的人）有着天然的、无与伦比的魅力。创造活动之所以对创造力者有着天然的、无与伦比的魅力，其根本原因是负熵位高层面的缘故。创造活动对维持人类的负熵位高具有内在的决定性作用，这符合生命的自私属性，即创造活动是人类维持高位负熵的内在需求。创造活动会给创造力者带来极大愉悦的自我实现感。这一心理层面的缘故，归根到底也源于维持负熵高位的内在需求。因此，创造活动可定义为愉悦性活动，即创造活动具有愉悦性。

创造活动是极具愉悦性的，也是极具孤独性的。从事创造活动时会有快乐至极、无依无靠的感觉，犹如只身一人行走于茫茫荒野，航行于一望无际的海洋，游荡于浩瀚宇宙，在心旷神怡的同时，还必须具备不可依靠外援的、强大的自信与勇气，否则，无法前行。这就是创造活动的孤独性。

创造活动的愉悦性不代表创造活动不需要艰苦卓绝的付出，有人认为创造活动是天然自发的和不需要付出努力的，这是十分荒谬的。从事创造活动时，大脑耗能极高，就像从大海中捞皮球一样，首先要费九牛二虎的"洪荒之力"锁定皮球的方位，在隐隐约约看到皮球想捞起来时，却更是需要九牛二虎的"洪荒之力"才能得以完成。

阿基米德在发现判断黄金纯度的方法后，竟然裸奔于街头告诉大家他的发现。这说明在探索判断黄金纯度方法的过程中的创造活动是多么艰苦卓绝，否则，一个没有精神病的人怎么会裸奔呢？化学家凯库勒（Kekule）梦见一只蛇咬着自己的尾巴，从而得到了他对苯分子结构的顿悟。可想而知，创造活动是需要付出巨大努力的，有时就连睡眠时也在努力思考。

所谓高耗性，是指创造活动耗费人的精力巨大，从事创造活动的人需要艰苦卓绝、绞尽脑汁才有可能完成创造活动、形成创造活动成果。创造活动是对认知边界和创造边界的撞击与突破，对认知边界和创造边界的撞击与突破是非艰苦卓绝、绞尽脑汁所不能完成的。创造活动不是天然自发的，而是在无与伦比愉悦感的驱动下艰苦卓绝、绞尽脑汁的过程。牛顿在撰写《自然哲学的数学原理》时经常忘记吃没吃饭、睡没睡觉，经常衣服穿一半就呆坐于床上苦思冥想。

非遍体鳞伤、九死一生者，不可谓真正的胜利者。

非坎坎坷坷、饱经失败者，不可谓真正的成功者。

非艰苦卓绝、绞尽脑汁者，不可谓真正的智慧者。

事实上，任何一个有伟大成就的人，无一不是在艰苦卓绝、绞尽脑汁的创造活动中淋漓尽致地砥砺前行的人。创造活动是世间最为艰苦卓绝、绞尽脑汁的活动，是正常人无法坐穿的人间第一炼狱，是没有坚韧不拔、浴火重生的钢铁般意志根本无法趟过的河，是没有极其特殊的先天所赋根本无法趟过的河。

所谓创造活动的破边性，是指创造活动具有对认知边界和创造边界进行突破的属性。

所谓创造活动的裂变性，是指创造活动具有裂变的属性，在突破认知边界和创造边界的过程中，只要一点突破，便会形成连锁反应的裂变态势，形成裂变式创造的属性。

创造活动的时间不可积累性、不可叠加性、不可量化性和成本不可知性，决定了无差别的人类创造活动是不存在的，无差别的人类创造活动不存在，就意味着创造活动不形成无差别的人类劳动。

价值和使用价值是商品的基本属性与前提，商品的价值是商品的本质属性，商品的使用价值是商品的自然属性，价值和使用价值同时具备才构成商品，价值是凝结在商品中的无差别的人类劳动。创造活动不能形成无差别的人类劳动，所以，创造活动不形成商品。

创造活动是唯一不形成商品的人类活动。创造活动虽然是唯一不形成商品的人类活动，但是商品和商品经济无一不根源于人类创造活动。在人类历史长河中无处不存在人类创造活动的痕迹，在人类社会的今天，无处不存在对人类创造活动的迫切需求，在人类社会的明天，人类唯有通过创造活动才能战胜挑战，唯有通过创造活动才能主导世界。

三、创造活动成果的反品性及其交易的特殊性

所谓创造活动成果，是指一切超越、颠覆已知的思想性活动及其表达的成果。例如，军事思想谋略、社会治理谋略、政治谋略、艺术创作、文学创作、知识产权、科技成果和技术等。

创造活动成果不属于商品。创造活动成果具有与商品不同的经济学属性，这种与商品不同的经济学属性被定义为创造活动成果的反品性。反品性是创造活动成果的基本经济学属性。

专利是人类创造活动成果的代表，所以，下面仅以专利为例，论述创造活动成果反品性的内涵与本质。

专利的反品性包括：唯一性、无品牌性、成本不可量化性、权利非稳定性、零成本复制性、信息零对称性和不可真理确权性。反品性是专利的基本经济学属性。

所谓唯一性，是指同样的专利世界上只能有一件，生产者一旦交易，生产者本身就失去了拥有和再生产这一成果的权利。而同样的商品可以有任意多件，交易后还可以再生产相同的产品。

所谓无品牌性，是指专利没有品牌，专利的使用价值和价格都不受专利生产者的商誉和名誉影响。无论是世界著名发明家的专利还是普通人的专利，专利本身的水平是决定其使用价值和价格的根本，而发明人的知名度实际上对专利的使用价值和价格并无影响。然而，商品则完全不同，例如，一个故障频发且没有倒挡的世界顶级品牌汽车的价格不知要比经久耐用且使用自如的普通品牌的汽车的价格高多少倍。

所谓成本不可量化性，是指专利的成本不可确定。因为，专利是创造活动成果，创造活动水平在个体之间存在着巨大差别，即便是同一个体的创造活动也没有时间积累性，且创造活动具有随机性，所以，凝结在专利内的无差别的人类创造活动是不存在的，此外，创造活动本身的成本也无法量化。因此，专利成本不可量化。商品则完全不同，任何商品的成本都是已知的，生产者对自己生产的商品的成本是可以量化的。

所谓权利非稳定性，是指专利权利与普通意义上的物权完全不同，不具备物权的稳定性，专利的权利不仅必须经过创造活动的评价才具有相对稳定性，而且专利权利时时刻刻都在经受着人类创造活动的挑战，一旦被挑战成功其使用价值归零，等于权利归零。比如你有一个带内胎的轮胎专利，在真空胎被发明之前，你的轮胎的专利权利稳定且使用价值很高，但当真空胎被发明后，你的轮胎的专利权利会归零。

所谓零成本复制性，是指专利被复制的成本为零。商品则不同，复制某一商品一定要付出成本代价。

所谓信息零对称性，是指专利生产方和拥有方都对专利的成本和使用价值难以判断，专利的欲使用方对专利的成本和使用价值也难以判断，专利交易双方对专利的成本、使用价值和预期价格的信息均知之甚少，几乎在零水平上对称。这与商品完全不同，对于商品来说，生产方和拥有方都对相关商品的各项信息了如指掌，且知晓程度远远高于使用方。商品的交易规律是交易双方信息越不对称越有利于交易形成，越有利于形成利润。例如，生产方说自己生产的西装是由世界最好的羊毛制成且是某某世界巨星最爱（无论事实上是真是假），只要让购买者信以为实，就可以卖个好价钱，购买者也会很高兴，下次还会出高价钱购买，尽管西装成本不高且存在这样或那样的问题。但专利交易规律却恰恰相反，交易双方必须由信息零对称状态达到信息高度对称状态，才有利于促成交易并形成利润。因为专利需要解决问题，必须货真价实，使用者不会因虚荣和感觉等非解题性原因而出高价。因此，专利交易与商品交易不同，有着特殊的经济学规律。经济学中的信息不对称理论对专利的交易并不适用，当然对其他创造活动成果的交易也不适用。

所谓不可真理确权性，是指由信息不可全部知晓性导致的专利权的不稳定性。专利不可真理确权，而商品的权利显而易见，即便需要再确权，确权的过程也不需要创造活动。如果要对 A 确权，假设 B 是对 A 的确权的可能否定，那么，确权主体要么是所有 B 的生产者，要么是所有 B 的知晓者，否则，确权主体无法对 A 进行真理确权。对于专利确权来说，确权主体既不是专利的所有可能的确权否定的生产者，也不可能是专利的所有可能的确权否定的知晓者，所以专利具有不可真理确权性，理所当然，其他创造活动成果也具有不可真理确权性。

专利的反品性是所有创造活动成果的共性。专利是由已知信息构建的能够解决技术问题的新技术方案，或者说专利是在要素逻辑指引下由已知构建的能够解决技术问题的未知。

除上述反品性外，专利还具有科学性、复杂性和决定性等属性。所谓科学性，是指专利的本质是居于硬件和软件之上的技术思想，要符合科学原理。所谓复杂性，是指对专利使用价值的判断涉及科学技术、法律、工程、产业、市场等诸多因素，十分复杂。所谓决定性，是指专利是技术型企业的命脉，甚至关乎一个国家的技术安全与国际竞争格局。

创造活动成果反品性的本质根源于创造活动成果的无形性和上向性，所谓创造活动成果的无形性，是指思想等无形物的价值是创造活动成果的根本价值的这一属性，所谓创造活动成果的上向性，是指创造活动成果的负熵性即具有向上的属性。

商品和非商品在交易过程中的本质区别是：商品交易的中间方不需要对相关商品的知识具有深刻认知就可以促成交易，而非商品交易的中间方必须对相关非商品的知识具有深刻认知才能促成交易。

例如，卖商品汽车的人不需要对汽车知识有多么深刻的了解，就可以促成交易，而卖古董汽车的人则不同，需要对相关古董汽车的知识包括生产制造特殊性、技术特殊性、相关汽车的历史和使用人的信息等有深刻的了解，才能促成交易。为什么如此？因为商品汽车是商品，而古董汽车不是商品。思想传播也是一种交易，这种交易要求交易中间方对交易思想有极其深刻的了解，否则，交易难以形成。传教士的知识背景远远高于商人，就是这个道理。

创造活动成果的知识产权、科技成果和技术等这些非商品的交易就更具特殊性，交易的中间方不仅需要深厚的知识背景，还需要具有高超的创造力，才能判断这些创造活动成果的使用价值，才能使交易双方充分认知相关交易物的使用价值，才能使交易双方由信息零对称达到信息高度对称，进而促成交易。

创造活动成果必须经过当量确值才能转化为商品。创造活动成果的交易需要当量确值工程，而当量确值工程必须由具有高超创造力的主体才能完成，这就要求交易中间方具有高超的创造力。所谓当量确值工程，是指将专利中的创造活动当量化为无差别社会平均劳动的工程，是确定专利价值及专利使用价值的工程，是将专利转化为商品的根本性工程。当量确值不是普通意义上的评估，当量确值是创造活动，是以当量确值主体的创造力为标准，将相关创造活动成果中的创造活动当量化的过程。当量确值工程的主体必须具有高超的创造力。因此，创造活动成果的当量确值工程是创造活动成果交易中最为艰难的工程。

简言之，商品交易不属于创造活动，其交易中间方不需要具有创造力，而创造活动成果的交易则属于创造活动，其交易的中间方必须具有高超的创造力。创造活动成果的反品性决定着创造活动成果的交易具有特殊的经济学规律，也决定着对创造活动成果交易中间方的特殊要求。科技成果转化和专利运营是科技创新工程和创新驱动发展的关键性内涵，但是科技成果转化和专利运营已经成为世界性难题，其根本原因就是人类对创造活动成果的基本经济学属性的研究、认知和理解缺失。换句话说，对创造活动成果交易特殊性认知的缺失，是科技成果转化和专利运营成为世界性难题的根本原因，提升对创造活动成果交易特殊性的认知，是科技创新工程和创新驱动发展所必需。

四、创造活动经济学的诞生

创造力的必然性、随机性、先验性、无限性、不可叠加性、就高性、时间不可积累性、个体巨差性、娇贵性、输出不减性和正反馈性这些基本属性，与传统经济学中的社会生产力的基本属性截然不同。创造活动的时间不可积累性、不可叠加性、不可量化性、成本不可知性、愉悦性、孤独性、高耗性、破边性和裂变性这些基本属性，与传统经济学中的生产活动的基本属性截然不同。创造活动成果的反品性，例如专利的唯一性、无品牌性、成本不可量化性、权利非稳定性、零成本复制性、信息零对称性和不可真理确权性这些反品性，与传统经济学中的商品的基本属性截然不同。不仅如此，从事创造活动的主体（见第四篇）和从事非创造活动的主体的选拔、培养、教育、使用和管理的方式也截然不同。此外，从事创造活动和从事非创造活动的方式、条件和产出的形式也截然不同。换言之，创造活动成果的生产力（创造力）的基本属性、创造活动的基本属性、创造活动成果的基本经济学属性、创造活动成果交易的经济学特殊性、与创造活动主体相关的事宜，均与商品经济活动中的完全不同，具有根本性区别。这决定了迄今为止基于对商品经济研究所发现的经济学规律在针对创造力、创造活动、创造活动成果、创造活动成果交易和创造活动主体时将湮灭，这也决定了迄今为止基于对商品经济研究所创造的经济学理论和定律在针对创造力、创造活动、创造活动成果、创造活动成果交易和创造活动主体时将失效、将可抗。

例如，创造活动的愉悦性将使熵零药（见第四篇）成为实现社会生产力提升的内在动力，而在传统经济学中人的自私与贪婪这些使社会生产力提升的内在动力将过渡到熵零药，等等。再例如，如上所述，在创造活动成果交易过程中传统经济学中著名的信息不对称理论不适用，而信息必须达到高度对称，才能有利于促成交易，形成利润，等等。还例如，在传统经济学中，为了提高社会生产力和生产效率，需要实施严格的量化管理，要让人为多获得每一份利益而穷尽可能。但针对创造活动却完全不同，创造活动不可量化，也就不可量化管理，要实施放纵，放纵该放纵的人是提升创造活动水平的根本途径。

从严格意义上讲，在传统商品经济中需要人的小气、自私与贪婪。只要其守法，人越小气越好，越自私越好，越贪婪越好，因为小气、自私与贪婪都有利于社会生产力的强劲化、生产效率的高级化。然而，在针对创造活动主体时则完全不同，创造活动的社会生产力的提升和生产效率的提升需要创造活动主体的高傲灵魂，因为必须具备高傲灵魂，创造活动主体才能有高产出，才能高效地产出。

综上所述，创造活动的方方面面都与传统商品经济活动完全不同，甚至完全相反。在创造活动对经济的决定作用日益增强的背景下，创造活动、创造活动与社会生产力、创造活动的交易等必然会成为经济学研究的主要对象，而创造活动的这些不同与相反意味着特殊的经济学规律的存在，也意味着特殊的经济学理论必然出现。事实上，创造力的基本属性、创造活动的基本属性、创造活动成果的反品性、创造活动成果交易的特殊性与创造活动主体的特殊性的被发现和创造活动的本质与逻辑关系的被理清，意味着在创造活动领域对传统经济学的颠覆，也意味着创造活动经济学这一崭新学科的诞生。

人类社会和社会生产力的发展必然导致经济学的变革，创造活动经济学是人类社会和社会生产力发展的必然结果，也是人类社会和社会生产力发展的科学化与高效化的必然要求。在创新驱动发展成为人类社会主旋律的今天，创造活动经济学的诞生具有极其重大意义。智能化等超级现代化的到来必然导致创造活动成为人类活动的核心，必然导致创造活动经济学走进人类经济活动的中心。

第二篇　论创造活动的价值

　　创造活动是人类所有活动中唯一能够突破认知边界和创造边界的活动，这种能够突破认知边界和创造边界的属性称为创造活动的破边性。不仅如此，创造活动还具有裂变性，所谓创造活动的裂变性，是指在创造活动中，只要一点突破就会形成连锁反应的裂变态势，进而形成裂变式创造这一创造活动的特殊性。创造活动的价值就是创造活动所蕴含的破边性与裂变性所代表的价值。换言之，破边性与裂变性是创造活动价值的根本所在。这意味着人类创造活动是人类战胜日益严峻挑战的唯一的、坚实可靠的根本基础。

　　实验固然重要，固然不可或缺，但如果一个科学家不能从事高水平创造活动即不能上升到逻辑和哲学的高度，实现逻辑性突破与哲学性理清，就不可能系统性地利用创造活动的价值，就不可能有大贡献，也就不可能成为大家。知识固然重要，固然不可或缺，但是，知识不是科学家的资本，创造活动的水平才是科学家的资本，然而今天，许许多多的科学家仍以拥有知识为荣耀，却不因没有创造而羞愧，这是人类的一大悲哀。如果科学家以知识为荣耀的社会风尚不能一去不复返，人类将无法战胜日益严峻的挑战。知识和实验都固然重要，都固然不可或缺，但任何真正伟大的科学技术进步都根源于逻辑性突破与哲学性理清，也就是根源于人类的超越或颠覆已知的思想性活动及其表达，即根源于人类的创造活动。有人说，自然科学的尽头是数学，其实，一切的尽头是逻辑与哲学，是思想性演绎与思想性流变，即，一切的尽头就是创造活动，就是想象与逻辑的相互撞击与相互交融。

创造活动是发现规律、创造定律的唯一途径。创造思考是世界上最利的矛，创造表达是世界上最精湛的艺术。任何规律无一不是万丈谬误坚壳内的金矿，而创造思考就是穿越这万丈谬误坚壳的矛，任何定律无一不是世间最精湛的艺术作品，而创造表达就是创造这一世间最精湛艺术作品的表达工程。生产、制造和建设都是不可或缺的，但它们都根源于人类的创造活动。对生产、制造和建设来说，创造活动是遗传密码，是种子，是灵魂。如果没有创造活动，生产、制造和建设不可能已经存在，更不可能有下一个更高级的生产、制造和建设。

革命性地提升对人类创造活动价值的利用水平是人类社会发展的必然要求。然而，许许多多哲学和逻辑学领域的已知没有传递到科学技术领域，这种状态也严重阻碍着人类对创造活动价值的利用，严重阻碍着人类创造活动水平的提升，严重阻碍着科学技术产出的提升，从而严重阻碍着社会生产力的提升。这不仅仅是科学技术领域的悲哀、教育领域的悲哀，更是整个人类社会的悲哀。充分而深刻地认知创造活动的价值，对于系统性提升创造活动水平具有极其重要的意义。

下面通过创造活动与世界文明的逻辑关系和作者在不同领域中所进行的超越或颠覆已知的思想性活动及其表达，进一步论证创造活动的破边性与裂变性所代表的价值。

第一章　创造活动与世界文明

一、创造活动是一切伟大贡献之根

苏轼是一个创作能力极强、创作精力极为旺盛的大文学家。他给世人留下2700多首诗、300多首词、4800多篇文章，总数加在一起接近8000首（篇）。苏轼的佳作、名作层出不穷，举不胜举。苏轼之所以能为之，根源于其持之以恒的创造活动。

拉斐尔的作品一直被视为古典绘画艺术最完美的体现，他的作品充分体现了安宁、协调、和谐、对称，以及完美和恬静的美，且被后世认为是古典主义的代表，不仅启发了巴洛克风格，也对17世纪法国的古典学派产生了深远影响。拉斐尔之所以能为之，根源于其持之以恒的创造活动。

亚里士多德在总结前人研究成果的基础上，对当时已知的学科都做了深入探索，并开辟了逻辑学、动物学等新学科。他的著述有400卷之多，包括哲学、逻辑学、政治学、经济学、社会学和自然科学等多个学科，堪称百科全书，是全人类宝贵的精神财富。他所完成的《工具论》是世界上第一部完备的逻辑学著作。亚里士多德之所以能为之，根源于其持之以恒的创造活动。

孙武之所以能够完成《孙子兵法》这部伟大的著作，更源于其持之以恒的创造活动。克劳塞维茨之所以能够完成《战争论》这部伟大的著作，还是根源于其持之以恒的创造活动。

牛顿、爱因斯坦和普朗克等伟大的科学家之所以有如此大的贡献，更是根源于他们持之以恒的创造活动。

在与疾病抗争的过程中，人类创造活动决定人类的生死存亡。如果没有抗生素和各类药物的发明创造，人类可能早已不复存在。

如果没有创造，哪里会有伟大的贡献，哪里会有伟大的贡献者？试想如果人类不能创造世界将会怎样，你就可以品味到创造活动的价值与意义所在。人类赖以生存的一点一滴，世界赖以进步的一点一滴，都无不根源于人类的创造活动。

事实上，创造活动是一切伟大贡献者之根，是一切伟大贡献之根，是一切世界文明之根。如果没有创造活动，世界文明就将是无源之水、无本之木，世界文明就将无从谈起。

二、创造活动是绝对财富之根

在社会财富创造领域，创造活动的价值更是不可或缺。例如，动力机器、化肥、运输工具、计算机、芯片、互联网、移动通讯等等的发明创造，无一不是创造活动价值的体现。

社会财富可分为一类绝对财富、二类绝对财富、相对财富和泡沫财富四种。

所谓一类绝对财富，是指由创造活动所创造的穿越自然界与人类社会界面的财富，是由自然界向人类社会转移的财富，是人类财富的净增长。

所谓二类绝对财富，是指通过非创造活动创造的穿越自然界与人类社会界面的财富，即通过生产、制造、建设等实体经济活动创造的财富。二类绝对财富也是由自然界向人类社会转移的财富，也属于人类财富的净增长。

所谓相对财富，是指通过商业、金融、平台等非实体经济活动创造的财富。事实上，相对财富不是人类社会财富的真正增长，而是人类社会财富的再流动，是一种社会资源的配置。

所谓泡沫财富，是指通过炒作等催生泡沫的手段所获取的非创造活动成果的超出年利润10%以上部分的超额利润。

无论是一类绝对财富创造、二类绝对财富创造，还是相对财富创造，对人类社会的发展都是不可或缺的，但泡沫财富创造，却不是人类社会所需要的。因此，着力促进一类绝对财富创造盈利水平的提升，设定二类绝对财富创造的盈利范围且限高扶低，设定相对财富创造的盈利范围且限高扶低，限制泡沫财富创造的行为，是人类社会继续发展繁荣所必需。

人类创造活动是一类绝对财富创造的前提与基础，一类绝对财富创造已经成为战胜人类存在和发展所必须面临的挑战的根本途径，一类绝对财富创造的盈利水平应予以大力提升。二类绝对财富创造的年利润应当在2%～8%之内，二类绝对财富创造的年利润如果低于2%或超过8%都会影响经济发展。二类绝对财富创造的年利润如果超过8%，虽然从表面上看好像是 GDP 增加了，但是会内在性地损害经济，也损害公平。二类绝对财富创造的年利润如果低于2%会产生大量次品，如果超过8%也会产生大量次品，赔钱或暴利都会产生极其大量的次品，这种现象根源于人的心理因素，难以防范。

大量次品的产生会造成严重的社会资源浪费，影响社会的发展与进步，而且还会影响自然环境。二类绝对财富创造过程中的暴利是对社会成员的剥削，是经济危机的根源。二类绝对财富创造利润率应当受到严格限制，这是社会的重要职责，当二类绝对财富创造的年利润低于2%或超过8%时，社会应予以干预。

相对财富创造的年利润应当在3%～10%之内，相对财富创造的年利润如果低于3%或超过10%都会影响经济发展。相对财富创造的年利润如果超过10%，虽然从表面上看也好像是 GDP 增加了，但是也会内在性地损害经济、损害公平，造成贫富差距过大。相对财富创造的年利润如果低于3%会产生大量商业欺诈，如果超过10%也会产生大量商业欺诈，赔钱或暴利都会产生极其大量的商业欺诈，这种现象也根源于人的心理因素，难以防范。此外，相对财富创造的暴利更是贫富巨差化的根源。关于相对财富创造盈利水平的设置之所以比二类绝对财富创造的高，是因为从事这两种财富创造的人在人性层面上存在差异性。

泡沫财富创造行为应当予以严格限制，如果难以限制其行为，则应当限制其盈利水平，泡沫财富创造的盈利水平利润越低越好，社会应尽可能予以限制。

社会只有做好大力提升一类绝对财富创造的盈利水平，确定二类绝对财富创造的盈利空间且限高扶低，确定相对财富创造的盈利空间且也限高扶低，以及严格限制泡沫财富创造这四件事，经济才可能会健康发展。

房地产开发是社会不可或缺的行业，但它属于典型的二类绝对财富创造过程，房地产开发的过分盈利和房屋炒作所导致的高房价是经济发展的泥潭，有百害而无一利。

导致世界各国的经济危机和经济萎靡不振的根本原因几乎都是房地产问题。房地产具有体量大的特点，一旦作为投资产品必将造成经济发展的困境。房地产涨几个百分点就够人类吃几十年大米的，所以，应该确定房地产的居住属性，根除房地产的投资属性。但是世界各国现行的经济体制机制模式，构成了以房地产为代表的二类绝对财富创造凌驾于一类绝对财富创造之上，构成了以平台和金融为代表的相对财富创造凌驾于一类绝对财富创造之上，甚至构成了泡沫财富创造凌驾于一类绝对财富创造之上的状态，进而构成了科学家、发明家、研发工程师和许多社会精英要用毕生精力为房地产开发商、金融商和炒作家打工的状态，构成了一类绝对财富创造者成为弱势群体的状态。

所有这些经济体制机制模式上的问题，均根源于人类对创造活动价值认知的不足，均根源于一些经济学家对只能用有限的人性与物质不灭性相融，而不能用全部人性与物质不灭性相融这一社会生产力根本性问题认知的缺失。

三、对创造活动价值的低估与掠夺不可持续

对于世界发展与进步而言，创造活动的价值不可或缺之重要，不可估量之重大。但是，创造活动的不可或缺之重要性、不可估量之大的价值，却往往被严重低估、被严重忽视、被严重掠夺，因为创造活动成果归根到底是思想，而时至今日人类的绝大多数，包括众多决策者，仍然没有意识到思想的重要性，仍然不愿意为思想埋单。事实上，这种状态隐性地严重制约着人类社会前进的步伐，严重制约着世界文明的进程。

人类社会在鼓励创造活动方面的所作所为远远不足。现行法律体系规定的对创造活动成果的保护，例如对专利的保护力度严重欠缺。对发明专利的保护期限为从专利申请日起20年，20年看似很长，但从实际来看，20年实在是太短。因为许多发明特别是重大发明从申请专利到上市产品一般需要十年左右的时间，从产品上市到产品旺销还需要三五年，所以专利权人能得到的利益往往非常有限。而且，现行法律体系还规定，科学原理的权利不能被保护，这就意味着，如果牛顿和爱因斯坦仍健在，他们都不能从他们伟大的科学原理性贡献中获得任何法律保护性回报，这可能是法治世界中最为难以理解的事。事实上，科学原理的权利不受保护是一种隐性剥削，是一种最为隐性、最为严重的剥削。

不仅如此，当今世界的经济体制机制模式还导致了通过泡沫

财富创造积累财富要比通过相对财富创造容易得多，通过相对财富创造积累财富要比通过二类绝对财富创造容易得多，通过二类绝对财富创造积累财富要比通过一类绝对财富创造容易得多的局面，或者说，导致了通过越重要、越有意义的财富创造过程创造财富越不容易获得财富的局面。比如，有人通过疯狂做广告一夜成了超级富豪，有人通过房地产开发一夜成了超级富豪，而卓有贡献的科学家往往没有获得多少财富。作者并不是低估房地产开发商、其他商人以及各行各业对社会的贡献，而是强调社会应当在体制机制模式的高度，赋予卓有贡献的科学家等从事创造活动的人更多的财富。

事实上，在数千年的人类发展史中，人类创造活动的价值一直被严重低估与严重掠夺。人类在设置体制机制模式时缺乏对创造活动的意义和价值的认知，进而在体制机制模式的高度使对卓有贡献的科学家等从事创造活动的卓有贡献的人的回报，远远不如对商人、艺人和炒作者的回报，对资本拥有者的回报也难以估量地高于对创造活动成果拥有者的回报。

与疯狂做广告一夜成就的超级富豪，与搞房地产开发一夜成就的超级富豪，与拍电影一夜成就的超级富豪相比，卓有成就的科学家几乎全部贫困潦倒，卓有成就的创造家几乎全部一生惨淡，卓有成就的工程师几乎全部艰难度日。所有这些都是古今中外的常态，但是，如果这种常态不能一去不复返，人类面临的挑战将愈演愈烈。再次明示，作者并不是低估各行各业对社会的贡献，而是强调社会应当在体制机制模式的高度，赋予卓有贡献的科学家等从事创造活动的人更多的财富。

改变上述常态的根本途径是，在充分研究、认知、理解人类创造活动的本质与逻辑关系的基础上，全世界关乎人类命运者联合起来，共同创建人类创造活动的价值得以充分尊重的体制机制模式。人类已经无法继续承受低估和掠夺创造活动的价值所带来的严重后果。

改变上述常态也需要经济学的变革，经济学的根本问题是解决物质不灭性与人性的平衡和负熵工程问题。市场是自然存在的或是潜在性自然存在的，市场是人性的舞台，但如果让市场满足所有的人性，必将天下大乱，如果让市场排除所有的人性，必将死气沉沉，因此应将市场定义为满足部分人性的舞台。

一切泡沫财富越少越好，一切非创造活动的应该限定其盈利空间、限高扶低，一切创造活动的应该大力提升其盈利空间。生产、制造与建设固然重要，固然不可或缺，但是，人类赖以生存与发展的真正支撑是创造，而不是生产、制造或建设，更不是泡沫，因为有了创造，生产、制造和建设都是水到渠成的事。

从根本上讲，一个企业、一个国家和全人类，无论如何生产、无论如何制造、无论如何建设，更无论如何泡沫，如果不能创造，都将没有前途。人类以人类为生（即人类以剥削人类为生），人类必然消亡，人类以自然为生才是人类的根本之道。绝对财富创造是人类存在与发展的根，过量的泡沫财富创造是人类社会没落的前奏，因泡沫财富创造就是人类以人类为生。对创造活动价值的低估与掠夺如果仍然继续下去，人类所面临的挑战必将更加接踵而至。

第二章　在宇宙认知中的破边性与裂变性

一、物质部件构成定律

物质部件的构成一直是个重要而深刻的问题，然而，作者认为，物质部件的构成一定有其内在的逻辑。下面分别从拆分、凝合、收敛和发散四个方面探究物质部件构成的内在逻辑。

从拆分的角度分析，物质的基本部件的尺度是由拆分力场的强度决定的。拆分力场强度越大，物质就会被拆分成越小的基本部件，物质的基本部件的尺度也就更小，反之亦反。需要无限大的拆分力场，才能将物质拆分成无限小的基本部件，无限小的拆分力场对应着无限大的基本部件。换句话说，拆分力场的强度决定物质基本部件的尺度，物质永远可分，只要具有足够大的拆分力场强度。

从凝合的角度分析，凝合力场的大小由物质的基本部件的大小决定，基本部件的尺度越小，其凝合力场越大，反之亦反。无限小的基本部件会形成无限大的凝合力场，无限大的基本部件会形成无限小的凝合力场，因为无限大者不需要凝合，也没有凝合力场。换句话说，基本部件的尺度决定凝合力场的强度，基本部件间的凝合力场的强度可以无限增长，只要基本部件的尺度足够小。

从收敛的角度看，物质的基本部件的尺度是由物质收敛到极限时的粉末化力场决定的，物质收敛到极限时的粉末化力场越大，物质就会被粉末化得越彻底，所形成的基本部件就越小，基本部件本身的构成就越趋近单一化，反之亦反。换句话说，物质收敛到极限时的粉末化力场的大小决定基本部件的尺度。当物质处于绝对顶温时，粉末化力场达到极限，物质被粉末化成基本部件的液。然而，物质收敛到极限时的粉末化力场的大小取决于物质收敛到极限时系统内的总质量。系统内的总质量越大，物质收敛到极限时的粉末化力场就越大，反之亦反。也就是说，当一个孤立体系收敛到绝对顶温这一极限时，物质将被粉末成基本部件，形成基本部件的液。

从发散的角度看，物质的基本部件的尺度是由物质发散到极限时的脆化力场决定的，物质发散到极限时的脆化力场越大，物质就会被分散得越彻底，所形成的基本部件就越小，基本部件本身的构成就越趋近单一化，反之亦反。换句话说，物质发散到极限时的脆化力场的大小决定基本部件的尺度。脆化力是趋向静止的力，是温度的逆向表征，当物质处于绝对底温时，脆化力场达到极限，物质被脆化分散成基本部件的雾。也就是说，当一个孤立体系发散到绝对底温这一极限时，物质将被发散成基本部件，形成基本部件的雾。

在任何一个孤立体系中，同一尺度的基本部件既对应其绝对顶温，也对应其绝对底温。

事实上，如果假设物质是由 N 种不同部件构成的，那么，要么其中 N-1 种部件可以继续拆分成 N 种部件中的另一种部件，要么 N 种部件全都可以继续拆分成 N 种以外的一种更小的部件，二者必居其一，否则不合乎逻辑。因为，如果存在大者和小者，无论是尺寸上的大小还是质量上的大小，大者一定是由小者构成的，因此，大者必然可拆，且大者易拆分，作者称之为大者易拆定律。如果存在大小相同、性质不同的部件，那么，它们一定均是由更小的部件构成的，因此，它们一定均可拆分成更小的、完全相同的部件，只要两个粒子的各自属性存在相同与不同，则两者均可拆分，只要两个粒子的各自属性完全不同，则至少一者可拆分。作者称之为差异性可拆定律。差异性可拆定律意味着，差异性与可拆性等价，有差异必可拆。这也意味着，物质可以拆分成相同的单一部件，这就是物质的统一性。那么，这个单一部件自身的构成只可能有两种情况：一种是这个单一部件是由更小的单一部件构成的；另一种是这个单一部件是由不同的部件构成的。但是，无论是哪一种情况，这个单一部件都是可以继续被拆分的。因为，存在的一定是可分割的，存在与可分割等价，不存在不可分割的物质。物质基本部件的尺度是可以无限小的，具体尺度由分割力场的强度决定。作者称之为物质拆分定律。

如果一个单一部件自身的构成是纯粹的单一部件，那么，称其为纯粹单一部件。纯粹单一部件一定是各向同性的单一部件。因为，各向异性意味着本体不同部位的差异性，本体部位存在差异性的部件不可能是纯粹单一部件，一定可以继续拆分。物质的极限组成是纯粹单一部件。这就是物质部件构成定律。

从极限的角度讲，物质的极限基本部件一定是各向同性的单一部件，但是，不排除在趋近各向同性的单一部件的过程中，出现各向异性基本部件的可能性。各向同性的单一部件仍然具有尺度大小之别，即，各向同性的单一部件仍然具有可拆性。因此，物质的极限组成是纯粹单一部件这一物质部件构成定律，并不意味着纯粹单一部件是一种永远不可实现的极限趋近，而是，在达到纯粹单一部件后，随着拆分力场的提升，物质的基本部件会被拆分成尺度更小的纯粹单一部件。也就是说，纯粹单一部件也有尺度大小之别。

还可以进行如下分析。物质的构成也一定符合下述逻辑。如果 A 是由单一部件 B 构成的，那么，如果从 B 看 A，B 的极限分散态一定形成 A 的发散极限。换句话说，如果 A 是由单一部件 B 构成的，那么，B 的雾一定是 A 的发散极限。这意味着，B 可以在 A 发散到极限时形成，也就是说，在 A 发散到极限时，某种力量造就了 B，当然也定格了 B 的尺度。这就意味着，物质发散到极限时会形成其单一部件的雾。如果 A 是由单一部件 B 构成的，那么，如果从 A 看 B，A 收敛到极限时一定形成 B 的单一聚态。换句话说，如果 A 是由单一部件 B 构成的，那么，A 收敛到极限时一定形成 B 的液。这意味着，B 可以在 A 收敛到极限时形成，也就是说，在 A 收敛到极限时，某种力量造就了 B，当然也定格了 B 的尺度。这就意味着，物质收敛到极限时会形成其单一部件的液。

物质的拆分和凝合可能是同路往返，也可能是异路异果的拆与凝。在原有基本部件尺度范围内的拆分和凝合可能是同路往返，也可能不然，然而，物质一经拆分成比原有基本部件更小的基本部件，再次凝合成物质结构时就会形成完全不同的新结构，形成新的规律系统，因此，不可能是同路往返，而应是异路异果的拆与凝。这意味着，如果有朝一日，人类借助宇宙之外的力量将物质拆分成比现在宇宙物质的原始粒子更小的基本部件，宇宙的物质结构和规律系统将发生再造。但这种作用只能在宇宙循环中的一个过程内持续，在进入下一过程中，宇宙还将恢复原态，因为宇宙总质量并没有发生变化。

物质是宇宙纯粹性的根，熵是宇宙复杂性的根。或者说，宇宙的物质性决定了宇宙的纯粹性，宇宙的熵洋性决定了宇宙的复杂性。由于负熵差是宇宙样相的根，所以宇宙无论多么复杂都是物质的表征，宇宙无论多么复杂都是负熵差作用的结果，也都必然收敛于负熵坐标系下。

二、循环与单一部件定律

一个纯粹单一部件的孤立体系处于收敛极限时序为1，熵为零，且处于绝对顶温状态。这一体系处于发散极限时序也为1，熵也为零，且处于绝对底温状态。

任何一个纯粹单一部件的孤立体系，必然存在绝对底温和绝对顶温的两个熵为零的状态点。在绝对底温下（熵为零的状态），所有的热百分之百转换为功，在绝对顶温下（熵为零的状态），功热等价。也就是说，存在绝对底温（或者说存在绝对顶温）的体系永远不死。一个有限的、永远不死的孤立体系必然是循环的。所以，作者认为，一个由纯粹单一部件构成的有限的孤立体系一定是循环的。简日之，具有纯粹单一部件的孤立体系一定是循环的。这就是循环与单一部件定律。对于实际的物质体系，其质量超过临界质量时，物质的基本部件就会被单一化成各向同性的单一部件（即纯粹单一部件，以下称单一部件），并形成具有绝对底温和绝对顶温的两个熵为零状态的体系。所谓临界质量，是指能够产生单一部件所需要足够大拆分力场的质量。

如果假设 X 造了宇宙，那么 X 不可能一下子搬来个宇宙，因为那不是造，而是发现、借或偷来个宇宙。既然如此，那么 X 一定是通过增加物质的量并使物质总质量超过临界值使物质活了，才造了宇宙，或者 X 从其他宇宙剥离出我们现在的宇宙。物质的基本部件的尺度是可以无限小的，并不意味着宇宙的基本部件的尺度是无限小的，因宇宙力的级别是有限的。

但作者认为宇宙中存在绝对底温开尔文 0 K 和绝对顶温普朗克温度。也就是说，宇宙存在绝对底温和绝对顶温的两个熵为零的状态点，所以，宇宙是由单一部件构成的孤立体系，那么，宇宙就是循环的。绝对底温开尔文绝对零度的存在意味着宇宙是有限的，绝对顶温普朗克温度的存在也意味着宇宙是有限的，这也意味着宇宙是循环的。如果有朝一日通过物理性手段证明宇宙是由单一部件构成的，就等于通过物理性手段证明了宇宙是循环的。如果有朝一日通过物理性手段证明宇宙是循环的，就等于通过物理性手段证明了宇宙是由单一部件构成的。

三、度量逻辑与极限物不可测量定律

度量（measurement）的逻辑是度者对被度者极点的包与容，是度者对被度者极点的涵盖，对被度者极点的包与容即对被度者极点的涵盖是度量的前提。如 A 不涵盖 B，则 A 不可度量 B，这就是度量逻辑。事实上，如果要使 B 可度量，必须有在 $B\pm\alpha$（$\alpha\neq0$）区间内的存在的存在，如果要使 B 可精准度量，必须有在 $B\pm\alpha$（$\alpha\neq0$）区间内的连续存在的存在。所谓连续存在，是指由小于被度量者的存在的接续构成的存在。由度量逻辑还可以得出，一个孤立体系内的最（例如最大、最小、最重、最轻、最快、最慢、最冷、最热，等等）不可直接测量，仅仅有可能被推断，因为最不可被涵盖。因此，由度量逻辑可以得出，任何极限量均不可直接测量，仅仅有可能被推断，这就是极限量不可测量定律。任何具有极限量的物定义为极限物，极限物的极限量不可测量，只能推断，这就是极限物不可测量定律。不可测量意味着不可认知，因此极限物不可认知，称之为极限物不可认知定律。极限物不可测量定律意味着，不可测者不一定不存在，测不到者不一定不存在，存在的不一定是可测的，可拆者必可测，已知的最小者，如不可拆则不可测，已知的最大者，如不再增则不可测。宇宙的绝对底温和绝对顶温均属于极限量，不可直接测量，但是不一定不存在，不一定不可达到。宇宙的最小部件（也称为单一部件、原始粒子、上帝粒子等）的尺度、质量等一切极限表征均不可直接测量，所以其存在也不可由实验直接证明，只可能由实验推断或由思想演绎推断，故任何物理实验都无法找到宇宙最基本部件即所谓上帝粒子的存在。因此，任何试图用实验直接测得上帝粒子存在的努力都是徒劳的，用实验能够直接测得的最小粒子一定至少包括两个上帝粒子，除非人工能够造出高于宇宙极限力场的力场，但这也是不可能的。极限物不可认知定律意味着那些归于上帝的问题实质上是不可认知的、无解的问题。

四、宇宙总质量的决定性

为什么太阳会升起落下？为什么天体会载歌载舞地遨游太空？为什么有质子、中子、电子、原子、分子等粒子存在？为什么我们必须遵守牛顿定律？等等。此外，宇宙为什么如此？其规律系统又为什么如此？其根源何在？作者认为，宇宙既然是有限的，且与其外部没有物质、能量和动量的传递，那么，宇宙必定是个孤立体系。在宇宙大爆炸的奇点，因为宇宙是孤立体系，所以除宇宙总质量之外，没有任何他因存在，也就是说，在宇宙大爆炸的奇点，宇宙所有问题的根本都只能根源于宇宙物质的总质量即宇宙总质量（这里的质量是物质的量）。不仅如此，宇宙大爆炸后的一切都必定是根源于大爆炸奇点的演进结果。

因此，宇宙总质量就是宇宙所有问题的根源。如果宇宙总质量没有大到超过临界值，宇宙的奥秘、美轮美奂与规律系统等是不可能存在的。如果宇宙总质量没有大到如此之大且超过临界值，宇宙大爆炸也不会存在。换句话说，宇宙任何规律归根到底都是由宇宙总质量决定的，宇宙任何定律的内在逻辑归根到底都是由宇宙总质量决定的，宇宙的规律系统归根到底是由宇宙总质量决定的，宇宙的任何存在与表征归根到底都是由宇宙总质量决定的，而且任何定律的有量纲系数的有无都由宇宙总质量决定。

简言之，宇宙的一切规律与表征归根到底都是由宇宙总质量决定的，都是因宇宙总质量超过临界质量所致。

（一）质量尺度定律

众所周知，原子的尺度非常非常小，原始粒子的尺度就更是非常非常小。所谓原始粒子，是指构成宇宙物质的最基本的单一部件。那么，为什么原子是那么小？为什么不是更大些或更小些？同样，为什么原始粒子是那么小？为什么不是更大些或更小些？原子的尺度肯定是由原始粒子的尺度决定的，这一点可以理解，因为原子是由原始粒子构成的。那么，究竟是什么决定着原始粒子这一宇宙单一部件的尺度呢？在考虑宇宙问题时，人们习惯从宇宙大爆炸出发来考虑。如果从宇宙大爆炸说起，宇宙物质的原始粒子是在宇宙大爆炸的奇点形成的。也就是说，在宇宙大爆炸的奇点，某种力量造就了原始粒子，当然也定格了原始粒子的尺度。那么，究竟这种力量源于哪里？大爆炸的奇点有什么力量呢？认真思考，不难发现在宇宙大爆炸的奇点，除宇宙总质量这一因素之外，没有任何其他因素存在。也就是说，造就原始粒子的力量只能源于宇宙总质量。被造者的尺度必然是由造者决定的，这是不言而喻的逻辑。这意味着，宇宙总质量是决定原始粒子尺度的唯一的因。那么，原始粒子的尺度与宇宙总质量之间一定存在必然的联系，这种必然的联系就是，宇宙总质量越大，宇宙收敛到极限（以下称收敛极限）时作用力越大，物质被粉末化得越彻底，原始粒子的尺度也就越小，原始粒子越小，基本粒子也越小，原子也越小。那么，一定存在如下质量尺度定律：原始粒子的尺度是由宇宙总质量决定的，宇宙总质量越大，原始粒子的尺度越小，反之亦反。质量尺度定律的数学表达式为：

$D = \kappa \Psi(Mu)$，$dD / dMu < 0$，其中，D 为原始粒子的尺度，κ 为系数，Ψ 为函数关系，Mu 为宇宙总质量，d 为微分符号。

原始粒子的尺度是宇宙的基本尺度，决定着其他尺度。如果原始粒子的尺度更小，世界上的存在的尺度会更小，蚂蚁可能会像人一样聪明。如果原始粒子像质子那么大，原子可能会像乒乓球那么大。无限小的原始粒子与质量无限大的宇宙相对应。如继续研究，可确定上述质量尺度定律数学表达式的系数的具体值和具体的函数关系式，但这不属于本书内容。

（二）尺度温距定律

所谓绝对顶温，无论是否为普朗克温度，即 1.417×10^{32} K，其实质都是指宇宙收敛极限时的温度，是宇宙的最高温度，也就是宇宙大爆炸的奇点的温度，即宇宙即将大爆炸时的温度。所谓绝对底温，无论是否为开尔文绝对零度，即 0 K，其实质都是指宇宙发散到极限（以下称发散极限）时的温度，是宇宙的最低温度。为什么绝对底温和绝对顶温是现在已知的两个数值？为什么不是更高或更低？众所周知，温度是粒子运动的表征，粒子运动速度越高，温度越高，反之亦反。原始粒子越小，所能形成的运动强度越高，所能忍受的振荡强度就越高，所能承受的温度也就越高，因此，绝对顶温必然越高。也就是说，原始粒子的尺度决定着可能的温度极限，可能的温度极限决定着原始粒子的尺度。

原始粒子的尺度必然与绝对顶温相匹配、相对应，绝对顶温与原始粒子的尺度相互决定、相互表征。原始粒子越小，运动性越强，运动强度也越高，运动越难以消除，越难以静止化，因此，绝对底温必然越低。原始粒子的尺度决定着绝对顶温和绝对底温，绝对顶温和绝对底温相互决定、相互表征。

综上所述，可以得出如下结论：绝对顶温和绝对底温之间的温距是由原始粒子的尺度决定的，原始粒子的尺度越小，绝对顶温和绝对底温之间的温距越大，反之亦反。这就是尺度温距定律。尺度温距定律的数学表达式为：

$T = \lambda \Phi (D)$，$dT / dD < 0$，其中，T 为绝对顶温和绝对底温之间的温距，D 为原始粒子的尺度，λ 为系数，Φ 为函数关系，d 为微分符号。

同理，如继续研究，可确定这一尺度温距定律数学表达式的系数的具体值和具体的函数关系式，但这也不属于本书内容。

（三）质量温距定律

既然原始粒子的尺度由宇宙总质量决定，绝对顶温和绝对底温之间的温距由原始粒子尺度决定，那么，就可以提出质量温距定律：绝对顶温和绝对底温之间的温距是由宇宙总质量决定的，宇宙总质量越大，绝对顶温和绝对底温之间的温距越大，反之亦反。这就是质量温距定律。质量温距定律的数学表达式为：

$T = \gamma \omega$ （Mu），$dT / dMu > 0$，其中，T 为绝对顶温和绝对底温之间的温距，Mu 为宇宙总质量，γ 为系数，ω 为函数关系，d 为微分符号。

再同理，如继续研究，可确定这一质量温距定律数学表达式的系数的具体值和具体的函数关系式，但这还不属于本书内容。

宇宙总质量越大，绝对顶温越高，绝对底温越低，越高的绝对顶温和越低的绝对底温之间的温距就更是越大。宇宙总质量是原始粒子尺度、绝对底温和绝对顶温的根，原始粒子尺度、绝对底温、绝对顶温以及绝对底温与绝对顶温之间的温距是宇宙总质量的表征。宇宙总质量超越临界质量导致极小尺度的原始粒子的产生，创造了极高位负熵，进而决定着宇宙所有运动的规律与规律系统。宇宙本身是量变到质变的根本性例证。如果两个或两个以上的宇宙混合，或者说两个或两个以上宇宙间的界面消融，就会发生宇宙的再造，形成新的更小尺度的原始粒子、新的绝对底温、新的绝对顶温以及新的规律系统。

作者认为，只要将更多的物质充入我们的宇宙，就能造出比开尔文 0 K 更低的温度、比普朗克温度更高的温度、比现在的原始粒子的尺度更小的原始粒子和与现在不同的规律系统。同理，作者也认为，只要能够将物质从我们的宇宙剔出，绝对底温就会比开尔文 0 K 高，绝对顶温就会比普朗克温度低，原始粒子的尺度就会比现在的原始粒子大，规律系统就会与现在的规律系统不同。换句话说，只要有物质，就可以造出原始粒子、绝对底温、绝对顶温和规律系统。简曰之，只要有物质，规律系统就可造。但是这些改变，都只能在宇宙的下一个循环的奇点时发生，在达到下一个奇点前的过程中，宇宙将维持现有状态。

也就是说，宇宙的原始粒子的尺度、绝对底温和绝对顶温的值、宇宙的规律系统会因对宇宙的物质充入与剔出而改变，但是这种改变只会发生在下一个奇点到来时。物质是宇宙的唯一存在，负熵是宇宙的唯一动力，意识是物质及其序的一种独特的表征，意识是物质与熵的一种独特的表征，简曰之，意识就是物质的一种独特的形态。意识力是物质的一种高位负熵的势。意识由极大负熵差产生，意识的产生与消亡均为极大不可逆过程。负熵差导致相互作用，相互作用必然导致相悖、相向、趋同和融同，这意味着，负熵差是辩证唯物论的物理性根据。

五、过程与循环

宇宙循环实质上是包括极限反应在内的等熵热力循环（如图2-1所示），包括大爆炸（收敛极限相）、大发散（发散过程相）、大坍塌（发散极限相）和大收敛（收敛过程相）四大过程。

所谓极限反应，是指包括原始粒子的形成与反应、原始粒子的形成与反应、绝对底温下的热功转换和绝对顶温下的热功转换的过程。大爆炸是由原始粒子的形成与序变引起的力场骤变所致。在绝对底温下，一切存在完全相同；在绝对顶温下，一切存在也完全相同。收敛是温度的前提，收敛力度小温度不可能高，因为温度高会形成强发散力，所以没有收敛也就没有温度。收敛极限时，即处于绝对顶温时，内外观熵均为零，无时间，宇宙是原始粒子的液；宇宙发散到极限时，即处于绝对底温时，内外观熵均为零，无时间，宇宙是原始粒子的雾，其形态如图2-2所示。

收敛极限时熵为零（内外观熵均为零），宇宙的所有物质都因高力场被粉末化为同样的原始粒子，以相同的原始粒子存在，且紧密聚集成为原始粒子的液，序为1，故只需一个且仅仅一个定律就可以描述整个宇宙和宇宙所有层面的存在。

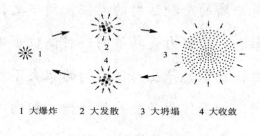

1 大爆炸　　2 大发散　　3 大坍塌　　4 大收敛

图 2-1 宇宙等熵热力循环示意图

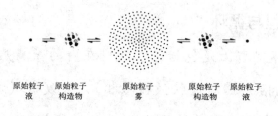

原始粒子　原始粒子　　原始粒子　　原始粒子　原始粒子
液　　　构造物　　　　雾　　　　　构造物　　液

图 2-2 宇宙物质形态示意图

大爆炸过程中，序骤增（内观熵骤增，外观熵依然为零），用一个定律依然可以描述整个宇宙，但是需要无数个定律才能描述宇宙中不同层面的存在及其序与序变。这无数个定律中的任何一个定律都是对宇宙某一层面的存在及其序与序变的描述，但是，各个定律之间存在着本质的必然的联系。

大发散过程中，序继续增加（内观熵增加，外观熵依然为零），用一个定律依然可以描述整个宇宙，但是需要无数个定律才能描述宇宙中不同层面的存在及其序与序变。这无数个定律中的任何一个定律都是对宇宙某一层面的存在及其序与序变的描述，但是，各个定律之间存在着本质的必然的联系。

发散极限时熵为零（内外观熵均为零），宇宙的所有物质都因低温脆化而被粉末化为同样的原始粒子，都以同样的原始粒子存在，且极度发散形成原始粒子的雾，序减至1，又一次只需要一个且仅仅一个定律就可描述整个宇宙和宇宙所有层面的存在。

大坍塌过程中，宇宙开始回程重新收敛，序骤增（内观熵骤增，外观熵仍为零），用一个定律依然可以描述整个宇宙，但是需要无数个定律才能描述宇宙中不同层面的存在及其序与序变。这无数个定律中的任何一个定律都是对宇宙某一层面的存在及其序与序变的描述，但各个定律之间存在着本质的必然的联系。

大收敛过程中，序继续增加（内观熵增加，外观熵依然为零），用一个定律依然可以描述整个宇宙，但是需要无数个定律才能描述宇宙中不同层面的存在及其序与序变。这无数个定律中的任何一个定律都是对宇宙某一层面的存在及其序与序变的描述，但是，各个定律之间存在着本质的必然的联系。

熵减为零、粒子粉末化为原始粒子和力场骤变是同时发生的。熵为零的起点必然导致由这一点演化的宇宙有无穷的可能性、无限种状态和无数个规律存在，需要无数个定律来表达。

宇宙万物像有机体的细胞一样相互作用、相互联系、相互全息。静有势、动有痕、互全息、万物欲存在、万物有年龄，是宇宙的基本属性。亿万年前形成的 H_2O 和今天刚刚形成的 H_2O 肯定有某种区别，即年龄差异，这种差异无论我们能否认知，其存在都是必然的。在绝对底温和绝对顶温以外的时空地带，热量是宇宙中品位最低的能量，热量不可能百分之百变成其他形态的存在，而其他形态的存在可以百分之百变成热量，热量没有动力，只有负熵差才有动力。热量具有残留性，是宇宙的"垃圾"，热量就像厨余一样，永远不可能百分之百变成餐食，除非有外界作用参与，但是，餐食可以百分之百变成厨余。

熵增原理（the principle of the increase of entropy）是指孤立体系的熵不减少，其表达式为 $\Delta S \geq 0$，或者说孤立体系只能向熵增的方向发展。有人曾根据这一原理推定宇宙会走向热寂，所谓热寂，是指孤立体系的热平衡（指温度平衡，无温差存在）状态。然而，热力学第二定律所述的孤立体系是不包括绝对顶温和绝对底温的孤立体系，而宇宙是包括绝对顶温和绝对底温的孤立体系，包括绝对顶温和绝对底温的孤立体系永远不死。假设一个孤立体系内存在一个效率为百分之百的热机，该热机输出的动力经过若干功能表征后，最终所有的动力都会变成热，新产生的热又被热机吞食，如此循环周而复始，可以永远运动下去。

如果系统内存在绝对底温，热就一定可以不需要任何装置地百分之百地转换为功，而存在百分之百热功转换的系统就会永远不死。任何包括绝对底温的孤立体系必然包括绝对顶温，包括绝对底温的孤立体系永远不死，作者称之为绝对底温不死定律。

没有物质不可能有温度，没有温度就与存在绝对底温等价，就存在百分之百热功转换，存在百分之百热功转换，就会永远不死。宇宙外不存在物质（如果存在物质，那么这些物质也属于宇宙），那么，至少宇宙外围是绝对底温区，也就是说宇宙膨胀是宇宙驶向绝对底温区的过程，所以宇宙不死。宇宙彻底膨胀后，会出现绝对底温下的热平衡，且熵为零。由此也可以看出，宇宙和宇宙之间的界面是孤立界面，即既没有物质交换、没有动量交换也没有热量交换的界面。可以借用化学工程的概念称为无传界面（在化学工程领域，传质、传动和传热称为三传）。

宇宙不可能走向热寂，因为，绝对底温下的所有的热百分之百转换为动力，热与动力等价，虽然温差不存在，但宇宙系统会穿越这一平衡点，开启回程。宇宙不可能走向热寂，并不意味着生命可以永续存在，因为在熵为零时，不存在生命所必需的复杂性条件，所以，在绝对顶温和绝对底温时，生命不可能存在。

无限的一定是静止的，运动的一定是有限的。换言之，有限的一定是运动的，静止的一定是无限的。宇宙是有限的，宇宙总质量是有限的，否则，原始粒子就会无穷小，绝对顶温就会无穷高，绝对底温就会无穷低，绝对顶温和绝对底温之间的温距也就会无穷大，宇宙也就不会膨胀。

我们现在处于宇宙发散过程相，今天的所有定律在处于宇宙收敛过程相时，不一定完全相反，但一定完全不同，然而，关于宇宙静态问题的定律除外。所谓宇宙静态问题，是指与宇宙变化无关的，仅仅由宇宙总质量直接决定的问题。例如，宇宙总质量越大，原始粒子的尺度越小，这一质量尺度定律永远不会变。再例如，尺度温距定律与质量温距定律也永远不会变。这三个定律称为关于静态问题的定律。今天，所有自发过程为什么都熵增，而不熵减？其原因是今天的宇宙处于发散过程相，当宇宙处于收敛过程相时，所有自发过程都会是熵减的，否则，不合乎逻辑。

如果 B 是 A 的闭合造物，那么 B 不可能全部而彻底地认知 A，所以 A 对于 B 而言就是无限的，无论 A 是否真实无限。所谓闭合造物，是指如果 A 是 B 的唯一来源，且 B 是 A 的造物，则 B 是 A 的闭合造物。人类是宇宙的闭合造物，人类不可能全部而彻底地认知宇宙，宇宙对于人类就是无限的，尽管宇宙是物理性有限的。如果 X 对 Y 是无限的，且 X 是物理性有限的，则从 Y 的角度讲 X 为类无限。

上述的无穷、无数和无限不是绝对意义上的无穷、无数和无限，而分别是类无穷、类无数和类无限，因为虽然宇宙是有限的，但对于人类的认知极限而言却是无限的，宇宙和人类存在这种关系时，宇宙对于人类而言为类无限。

六、熵洋

所谓负熵过程，是指熵减小的过程。所谓负熵工程，是指使熵减小或使熵维持负熵位高的工程。在热过程存在时，负熵过程和负熵工程都是放热的或是产热的。所谓正熵过程，是指熵增加的过程。所谓正熵工程，是指使熵增加的工程。在热过程存在时，正熵过程和正熵工程都是吸热的或是耗热的。

正熵、负熵及两者之间的交变形成了有熵潮汐、有熵波浪、有熵海啸的熵的海洋。宇宙是熵的海洋，不仅有熵差、熵势，还有熵潮汐、熵波浪、熵海啸、熵等高线、熵等高面（在非极度微观视野下），等等，但熵差是根。也可以这样表述，宇宙是物质与熵的海洋。简曰之，宇宙的形态是熵的海洋，即熵洋。当然，也可以表达为正熵、负熵及两者之间的交变形成了有负熵潮汐、有负熵波浪、有负熵海啸的负熵的海洋。宇宙是负熵的海洋，不仅有负熵差、负熵势，还有负熵潮汐、负熵波浪、负熵海啸、负熵等高线、负熵等高面（非极度微观视野下），等等，但负熵差是根。宇宙的形态实质上是负熵的海洋，简称负熵洋。

熵洋和负熵洋是从两个不同角度对宇宙的描述。

宇宙从大爆炸那一刻开始，温度由绝对顶温逐渐下降，序由单一开始增多（通常讲由绝对有序渐渐变为混乱，其实没有混乱不混乱之说，无论什么状态都有其内在的逻辑，所谓的混乱无非是由于人类认知疲劳，对许许多多的序产生厌倦的一种表达），即熵由零开始增大（也可以说，负熵位高变得不那么高了），这个过程产生了正反物质、星系、天体，也产生了地球、生命等。日月之行、星汉灿烂以及生命的多姿等，这些辉煌图景就是宇宙熵洋的表征。

绝对负熵（熵为零）这一起点是宇宙变得如此多娇的内在动力。物因负熵而运动，命因负熵而进化，社因负熵而发展。万物对"进化"的一切渴望均是对负熵的渴望，万物对"堕落"的一切渴望均是对正熵的渴望。熵是宇宙的表征的根，熵洋是宇宙的形态，或者说，负熵是宇宙的表征的根，负熵洋是宇宙的形态。

七、状态坝与力

如同没有坝（自然的或人工的）不能成湖泊，没有海岸不能区分海洋与陆地一样，如果没有状态坝的存在，不可能有不同的状态存在，也就不可能有不同的存在的存在。任何两种状态之间必然存在状态坝，状态坝是序与序的分界。所有状态都有维持自身状态的属性，即惯性或称惰性。在化学反应中，催化剂是翻越状态坝的一种梯子，或是摧毁状态坝的一种工具。

状态坝是维系现有状态防止熵增的坝，状态坝也是维系现有状态防止熵减的坝，是维系负熵位高的坝，状态坝是惯性的根。

万物之所以要"进化"是状态坝的作用，万物之所以要"堕落"是宇宙处于发散过程相所致。自发过程之所以都向熵增的方向进行，其根本原因是目前宇宙处于发散过程相。

事实上，状态坝也是概率的根，任何存在不同概率的事件都是在状态坝上部的游荡，任何存在相同概率的事件都是在状态坝坝顶的游荡。力因序变而产生，其本质是状态坝的势。

八、能量与时间

能量和时间是序变（即熵变）的不同表征，从本质上讲，热、能量和时间其实是不存在的，只是人类的错误认知。

能量是序变过程中相互作用的累积性表征，没有序变的累积就没有能量可言。热能没有能量、动能没有能量、势能没有能量、风能没有能量、电能没有能量、原子能没有能量，一切都没有能量，只有负熵差才有能量，只有负熵差才是能量，一切所谓的能都是负熵差的不同表征或传输媒介。例如电，电其实不是能量，仅仅是负熵差传输的媒介，仅仅是形式上的能量。时间源于宇宙总质量超越临界质量使宇宙活了这一过程。时间因序变而生，是变化的状态与痕迹（年龄）的表征。绝对静止，时间消失。能量和时间虽然不存在，但是能量和时间作为被广泛认同的概念，可以继续使用，否则麻烦太多。就如关于电流方向的定义一样，起初人类定义电流方向为正电荷运动的方向，后来发现正电荷不运动，只有负电荷（电子）运动，但是也没必要在一般性概念的使用中加以调整，只是我们必须知道正电荷是不运动的。

九、负熵差定律与负熵坐标系的存在性

宇宙中，任何存在间都存在相互作用，而相互作用根源于负熵差，负熵差是相互作用的根，不存在不存在负熵差的存在，除非处于熵等于零的状态。在熵等于零以外的时空地带，存在都是独特的，存在间无不存在负熵差。负熵差是存在的基本属性，是物质运动的根，是熵洋的根，是宇宙如此多娇的根，负熵差是自然、社会和精神的根本动力，是宇宙的根本动力。物质是存在的根，负熵差是运动的根，这就是宇宙的最基本规律。

负熵差导致相互作用，而相悖、相向和趋同是相互作用的根本性结果，也就是说，相互作用必然导致相悖性、相向性和趋同

性。趋同是相悖和相向的必然结果，融同（相同）是趋同的最终结果，达到融同是极其漫长的路，但融同是下一个轮回的起点，而相悖、相向、趋同和融同的出现、交替与轮回是宇宙演进的基本规律。如果我们使物体 A 和物体 B 持续发生相互作用，这两个物体间的相互作用只能有相悖、相向、趋同和融同这四种形式，最终都将成为一种混合粉末。换句话说，两个物体间的相互作用必然且只能导致相悖性、相向性、趋同性和融同性。如果我们使两种完全不同的液体相互作用，也必然导致相悖性、相向性、趋同性和融同性。同理，两种浓度不同溶液的相互作用还是必然会导致相悖性、相向性、趋同性和融同性，哪怕是被半透膜隔离的复杂溶液，也是如此，因为有唐南效应存在。假设我们把 N 种物质放入同一个容器内，使它们持续作用，同样也会体现相悖性、相向性、趋同性和融同性，最终也会成为同一种混合物。假设我们把 N 种物质放入同一个高能物理容器内，使它们持续作用，同样也会体现相悖性、相向性、趋同性和融同性，最终也会成为同一种混合物，但是这种混合物是质子、中子、电子的混合物。

事实上，任何相互作用都必然导致相悖性、相向性、趋同性和融同性，相悖、相向和趋同是相互作用的必然结果，而融同是相互作用的必然的最终结果。这论证了相互作用导致相悖性、相向性、趋同性和融同性的规律性。

作者称负熵差是存在的基本属性，是物质运动的根，是相互作用的根，是相悖、相向、趋同和融同的根，是自然、社会和精神的根本动力，是宇宙的根本动力为负熵差定律。负熵差就是序差，因此负熵差定律也可称为序差定律。差异性是事物的基本属性，是事物发展的根，差异性是万事万物相互关系的基本样相。而负熵差是差异性的根，差异性是负熵差的表征。

在社会领域，差异性必然导致相互斗争、相互合作、相互趋同和相互融同。所谓相互斗争就是相悖行为的总合，如相互对立、相互竞争、相互对抗等等。所谓相互合作就是相向行为的总合，如相互依存、相互利用、相互促进、相互不可或缺等等。所谓相互趋同，是指差异缩小，共同提升，整体向好。斗争性、合作性和趋同性是社会的基本属性。从集合层面讲，负熵差是集合的前提，负熵差的消亡意味着集合的消亡。也就是说，负熵差是物质系统产生与存在的前提，负熵差的消亡意味着物质系统的消亡；负熵差是事物组织的前提，负熵差的消亡意味着事物组织的消亡；负熵差是社会产生与存在的前提，负熵差的消亡意味着社会的消亡。

简曰之，要素间的负熵差，即要素间的差异性，是系统的产生与存在的前提，相悖、相向、趋同和融同的出现、交替与轮回是系统演进的基本样相。事物普遍联系的实质是负熵差所导致的相互作用。黑格尔的所谓绝对精神只不过是负熵差的第一表征，其所谓绝对观念只不过是宇宙超越临界质量必然导致规律及规律系统的诞生的这一逻辑。负熵差也是自然、社会和精神的根本动力。相悖、相向、趋同和融同的出现、交替与轮回这一宇宙演进的基本规律实质上就是唯物辩证法对立统一规律的根本。

这意味着负熵差这一存在的基本属性是唯物辩证法对立统一

规律的根，这意味着唯物辩证法对立统一规律具有物理性基础。唯物辩证法对立统一规律的物理性基础的被发现是人类思想领域的重大进步。

运动是任何存在、任何事物和任何过程的基本属性，任何规律都包括运动状态，任何研究都包括对运动的研究，任何定律都包括对运动状态下的描述，而负熵差是运动的根。这意味着，宇宙中存在着一个最基本的以负熵为坐标的自然坐标系。作者将这一自然坐标系定义为负熵坐标系。

负熵坐标系贯穿于自然、社会、经济、生命、意识、思维等宇宙的全部内涵，贯穿于一切的一切。一切自然问题、社会问题、经济问题、生命问题、意识问题、思维问题等等，都可以统一到负熵坐标系下，予以探索、研究及理清。负熵坐标系是宇宙中最基本的自然坐标系，宇宙的整体与部分、万事万物及其千变万化、自然的任何问题、生命的任何问题、社会的任何问题、思维的任何问题、意识的任何问题，都在负熵坐标系下有自己的坐标与轨迹。然而，在极度微观视野下，负熵坐标系中不存在与负熵坐标相垂直的直线，任何存在都是独特的。负熵坐标系的存在与作用具有物理性根据，无可置疑。把控负熵坐标系，就是对所有问题的根的把控，就将从根本上理清各个领域的本原和基本规律，就将理清各个领域重大问题的来龙去脉及其内在联系。

负熵差的作用方式有两种，其一是指导，其二是参与。

负熵差定律的被创造和负熵坐标系的被发现标志着上向哲学和负熵主义的诞生，而负熵主义是对结构主义的颠覆。

十、广义惯性定律

本书第三篇会论述到死不复苏定律（从体系内部逻辑讲称为状态与时间痕迹定律），死不复苏定律讲的是死态不会改变状态，除非有外界作用。所谓死态，是指系统在某一层面处于停滞状态的状态。其实，所谓死态的本质不是生或死，也不是停滞或运动，而是是否为稳态。

所谓稳态，是指至少在无穷小时长内状态不变的状态。所谓无穷小时长，是指时长不等于零但无穷趋近于零的时长。任何一个非稳态过程的终结，都是这一过程的过程推动力的消亡过程（含与消亡等价的过程），任何一个非稳态过程的终结，都不可能是热力学上的可逆过程，除非过程推动力的消亡过程是无限时间的，而无限时间是不存在的。所以，任何一个非稳态过程的终结都是不可逆的。

也就是说，任何一个非稳态过程的终结都是突变的，突变就会形成以突变点为起点的运动的稳态过程（即非死态的稳态过程，这个突变点可以包括平衡点），那么，任何一个非稳态过程的终结都必然形成运动的稳态过程。这就意味着，任何一个非稳态过程，在过程推动力消亡时都会穿越过程推动力消亡点，这也意味着，任何一个非稳态过程，在达到平衡点时都会穿越平衡点。换言之，任何处于稳态的存在（即任何形式的物质，例如，物体、系统、体系和思考等）不可能改变其状态，除非有外界作用介入；任何处于非稳态的存在在非稳态过程终结时必然形成稳态存在，这一稳态存在也不可能改变其状态，除非有外界作用介入。稳态包括循环稳态，所谓循环稳态，是指由相同的循环构成的过程。例如，简谐振动系统就是循环稳态过程，一个简谐振动系统会维系其简谐振荡状态，除非有外界作用介入。由于稳态和非稳态是所有可能的存在的所有可能状态。

因此，处于任何状态的存在，都将维持其即时状态，直至外界作用介入。这就是作者提出的广义惯性定律。广义惯性定律还可以阐述为：处于任何状态的存在，不可能改变其即时状态，除非有外界作用介入。这里的即时只是为了便于理解而加入的，完全可以去除，所以，广义惯性定律可以阐述为：处于任何状态的存在都不可能改变其状态，除非有外界作用介入。不难看出，牛顿惯性定律是广义惯性定律在物体运动范畴内的具体形式，是广义惯性定律的子定律，而广义惯性定律是其根定律。广义惯性定律既是牛顿惯性定律的深化与扩展，又是牛顿惯性定律的升华。

广义惯性定律揭示的是宇宙的广义惯性属性，广义惯性属性是宇宙的基本属性之一。所谓广义惯性属性，是指处于任何状态的存在都具有维持自身状态的力量的这一属性。

广义惯性定律告诉我们，过程可以穿越过程推动力消亡点，过程也可以穿越过程平衡点，无论这个平衡点是确定的，还是随着条件移动的。如果这一平衡点是化学反应平衡点，对平衡点的穿越意味着违反热力学第二定律。换句话说，广义惯性定律告诉我们短时性违反热力学第二定律是有根据的，这就揭示了化学振荡反应即B-Z反应这一现象的存在之因。

广义惯性定律揭示了化学振荡存在的根本，化学振荡是广义惯性属性的一个表征。由于这种穿越过程是无推动力而存在阻力的过程，所以一定是短时性的。

事实上，广义惯性定律还揭示了一个新规律：任何定律都可被短时性违反，任何规律都可被短时性湮灭。从本质上讲，如果过程可以穿越过程推动力消亡点，只要在这一动力消亡点前后穿越的过程导致不同负熵位高能量的互逆转换，就意味着这个穿越过程违反热力学第二定律。同理，如果过程穿越平衡点，无论这个平衡点是确定的，还是随着条件移动的，只要穿越过程在这一平衡点前后导致不同负熵位高能量的互逆转换，就意味着这个穿越过程违反热力学第二定律，但这一违反热力学第二定律的过程是短时性的。

广义惯性定律意味着，在任何化学反应中，当化学反应的推动力消亡后，化学反应仍将向前持续一段时间。这段时间的长短取决于诸多因素，但无论如何都不等于零。广义惯性定律意味着，任何化学反应都会产生违反热力学第二定律的过程。广义惯性定律还意味着，任何化学反应的过程实质上都是守律过程与抗律过程相互伴随的过程，不仅如此，任何过程都是守律过程与抗律过程相互伴随的过程。所谓守律，是指遵守定律，所谓抗律，是指违反定律。因为，任何过程都具有广义惯性属性，而且广义惯性属性伴随着任何过程的全过程。处于绝对底温状态的宇宙，虽然力不存在了，但是宇宙的广义惯性属性依然存在，宇宙在广义惯性属性的驱使下会穿越绝对底温点，进而开启回程。

十一、广义振荡定律

通过一个无限时间可逆过程将一个重物放置在桥梁上，重物和桥梁不会振荡。通过一个无限时间可逆过程将简谐振动体系的振子偏置，当偏置力撤销时，振子会发生振荡。这说明一个无限时间可逆过程可能形成振荡也可能不形成振荡，振荡还是不振荡要看具体情况。前者之所以不振荡是因为重力对重物形成了锁止平衡，而后者之所以振荡是因为没有锁止平衡存在。

然而，通过不可逆过程做上面的两件事，无论是桥梁还是振子都会振荡。事实上，任何不可逆过程，无论是机械性过程、物理性过程、化学性过程、电学性过程、生物学性过程或是其他什么性的过程，都具有冲击性，都是冲击性过程，任何冲击性过程都具有振荡性，也都是振荡的。这就意味着，任何不可逆过程都具有振荡性，都是振荡的，也都是振荡过程。

存在作用力、反作用力、滞量和冲击，就一定会发生振荡。所谓滞量，是指质量、时间差异和空间。从理论上讲，作用力和反作用力是相互即时性的，在绝对底温状态以外的宇宙间不存在不存在力的状态，也不存在不存在力的时空地带，有作用力必有反作用力，不存在不存在反作用力的作用力，不存在不存在作用力的反作用力，但是任何作用力和反作用力都是通过物实现的。有物就有滞量存在，即有物就有质量、时间差异和空间参与，无论是物内在的还是物外在的。也就是说，宇宙中的任何体系都存在作用力、反作用力和滞量，只要过程有冲击，就一定是振荡性的。有冲击的一定是不可逆的，不可逆的一定是有冲击的。换句话说，在宇宙任何时空地带，只要是不可逆过程，那么这个过程一定是振荡性的，也一定是振荡过程。

简单地说，只要是不可逆过程就一定是振荡过程。

在有限时间界内，任何形式的开始与任何形式的结束都是不可逆的。可逆过程要么拥有绝对底温或拥有绝对顶温，要么拥有无限时间，二者必居其一。宇宙中任何局部的过程都不具备这种条件，所以，宇宙中任何局部的过程都具有不可逆性，都是不可逆的，也都是不可逆过程。事实上，任何一个速度不等于零的过程都是不可逆的，任何速度等于零的过程都是不存在的，任何过程的速度都是不可能等于零的，所以，任何过程都是不可逆的。而任何不可逆过程都具有振荡性，也都是振荡过程。所以，宇宙中任何局部过程都具有振荡性，都是振荡过程。简言之，任何过程都是振荡过程。作者称之为广义振荡定律。广义振荡定律揭示的是宇宙的广义振荡属性，广义振荡属性也是宇宙的基本属性之一。所谓广义振荡属性，是指任何过程都具有振荡性。事实上，宇宙是振荡性的，宇宙是振荡的海洋，振荡充斥着宇宙的全部。

广义振荡定律告诉我们，不可逆过程是振荡性的，无论是在某一过程的中间，还是在平衡点上，只要该过程是不可逆的那就是振荡性的，也可以说，任何过程都是振荡性的。振荡意味着前后反复，或称正反反复。事实上，振荡过程一定会往复性地穿越某一界面，只要在这一界面前后的穿越过程导致不同负熵位高能量的互逆转换，就意味着这个穿越过程违反热力学第二定律。换句话说，广义振荡定律告诉我们振荡性地违反热力学第二定律是有根据的。在一个化学反应的进程中，如果发生振荡，就意味着短时性违反热力学第二定律。广义振荡定律揭示了化学振荡反应即 B-Z 反应这一现象的存在的根本原因。事实上，广义振荡定律还揭示了另一个新规律：任何定律都可被振荡性违反，任何规律都可被振荡性湮灭。任何不可逆过程都是熵增的，也都是振荡性的，熵增过程都是振荡性的，但是振荡性过程不一定是熵增的。例如，无阻尼理想简谐振荡就不是熵增的。

广义振荡定律意味着，无论能否观察到，化学振荡都发生在所有化学反应中，任何化学反应都是振荡性的。广义振荡定律意味着，任何化学反应都会产生违反热力学第二定律的过程。

广义惯性定律和广义振荡定律均意味着，任何化学反应的过程，实质上都是守律过程与抗律过程相互伴随的过程，不仅如此，任何过程都是守律过程与抗律过程相互伴随的过程。因为，任何过程都具有广义惯性属性和广义振荡属性，而且广义惯性属性和广义振荡属性伴随着任何过程的全过程。

广义惯性定律和广义振荡定律揭示的规律可抗性，虽然有些颠覆传统认知，但是这恰恰是人类创造活动的价值与魅力的根本所在。由于广义惯性属性和广义振荡属性的存在，任何定律都是存亡共相，任何规律都是存亡共相。

十二、热残留定律

在绝对底温和绝对顶温以外的时空地带，热量是宇宙中品位最低的能量。图2-3和图2-4是不同热力学过程在 P-T 图上的表达。图 2-3 是从点 A 到点 B 的加热过程示意图，图中的点 B 要想复原到点 A 必须放热，否则无法实现复原。图2-4 是从点 A 出发的加热、放热和绝热过程示意图，绝热过程除外，图中的点 B 要想复原到点 A，与从点 A 到点 B 相反的热流（即负热流）必须参与，否则，点 B 不可能复原到点 A。

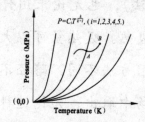

图 2-3 从点 A 到点 B 的
加热过程示意图

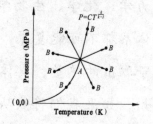

图 2-4 从点 A 出发的加热、
放热和绝热过程示意图

换句话说，一个体系经加热过程后，必须有排热过程参与才能复原，同理，一个体系经排热过程后，必须有加热过程参与才能复原。这意味着热量具有残留性，热的这一属性被定义为热残留性，热残留性是热的基本属性。热残留性也可表达为，热流的影响必须有负热流参与才能消除，或表达为，热痕迹必须有热参与才能消除。这就是作者提出的热残留定律。热残留定律是对热的基本属性的阐述，应当是热力学的最基本定律之一。

具体说来，如果我们把热加到一个体系中，无论采用什么方法（包括热力学、化学、生物学等一切方法），也无论采用什么路径，这个体系都不可能复原，除非对外放热。放热量可以大于、等于或小于加入的热量，具体放热的量因方法不同、路径不同而不同。这里所谓的体系可以是包括工质、物体和机构等的任何物质和物质系统。例如，如果我们将热加到一种化合物中，无论这种化合物是否发生化学反应、是否有温度变化，无论采用何种方法，这个化合物都不可能复原，除非对外放热。

同理，如果我们把热从一个体系取出，无论采用什么方法（包括热力学、化学、生物学等一切方法），也无论采用什么路径，这个体系都不可能复原，除非自外吸热。吸热量可以大于、等于或小于取出的热量，具体吸热的量因方法不同、路径不同而不同。例如，如果我们将热从一个化合物中取出，无论这种化合物是否发生化学反应、是否有温度变化，无论采用何种方法，这个化合物都不可能复原，除非自外吸热。

十三、极限做功能力守恒

在室温下不见阳光只吸收水分生长的豆芽燃烧所具有的极限做功能力，不会明显高于豆子燃烧所具有的极限做功能力。原因是豆子在转化为豆芽的过程中并没有吸收以环境温度为低温热源具有明显做功能力的热量、能量或物质。不仅如此，在豆子变为豆芽的过程中，还形成了发散，减少了豆子原有的收敛度。因此，在实际做功中，豆芽的极限做功能力不会明显高于豆子的极限做功能力，尽管豆芽的热量可能高一点。同理，没有采食的刚出壳的鸡雏的极限做功能力也绝不会高于鸡蛋。

然而，有光合作用的情况则完全不同，一棵树苗变成一棵树的过程，即便没有吸收任何具有做功能力的热，也没有吸收任何以环境温度为低温热源的具有做功能力的物质，但是一棵树的极限做功能力要远远大于其来源的树苗的极限做功能力，其根本原因是光合作用的存在，光具有很高的负熵位高。

换言之，输出的极限做功能力之和不可能大于输入的极限做功能力之和。不仅如此，只要起点和终点相同，任何形式的极限功转换过程的效率都是相同的。

例如，使用热机对燃料进行极限热功转换和使用燃料电池对燃料进行化学能与电能的极限转换，只要起点和终点相同，两者的极限效率就是相同的。起点和终点相同的极限转换效率与转换形式无关。输出的极限做功能力之和不可能大于输入的极限做功能力之和，起点和终点相同的极限转换效率与转换形式无关，这称为极限做功能力守恒。

有人说，内燃机的效率可以超越卡诺循环限制，燃料电池的效率不受卡诺循环限制可以接近百分之百等，其实这些说法都是错误的。世界上任何实际循环都不属于卡诺循环，如果机构能够做到极限，任何循环的效率都是一样的，只要起点和终点一致。

此外，发散是一种熵增，吸收中低温热的化学反应在逻辑上都是发散的（例如生成物的气体摩尔数增加等）。吸收中低温热的化学反应生成物的热值是增大的，但这并不意味着做功能力的有意义性提高，特别是吸收低温热（例如几十至一两百度的热）的化学反应，其产物的做功能力不会有有意义性提高，因为发散会引起熵增，熵增会降低其产物的做功能力。

十四、逻辑物负熵定律

如第一篇所述，所谓逻辑物，是指符合某种逻辑的造物，所谓人造逻辑物，是指人工造的逻辑物，人类的创造与制造过程实质上是造逻辑物的过程。人造逻辑物包括一切人造的装置、系统、机构、化合物、语言、文字和作品等一切硬件、软件和思想表达体。逻辑物具有负熵位高，且通过其自身的负熵位高使过程与循环得以实现。这就是作者提出的逻辑物负熵定律。

如图2-5所示，假设低山上有一湖水，这湖水不可能自发地一部分流到高山上，一部分流入低谷，除非有机构参与。在有机构参与时，这湖水可以自发地一部分流到高山上，一部分流入低谷。那为什么如此？机构在此起到了什么作用？机构又为什么能起到这样的作用？作者认为任何机构都属于具有一定负熵位高的逻辑物。人类根据不同需要制造不同逻辑物，实质上是制造了能够满足不同需求的具有不同负熵位高的逻辑物。这湖水可以自发地一部分流到高山上，一部分流入低谷，在此过程中，机构的负熵位高起到了关键作用，机构的参与使高山的负熵位高得以被超越，故才能实现一部分流到高山上，一部分流入低谷的过程。

如图2-6所示，压缩气体不可能自发地一部分压力变高，另一部分压力变低，除非有机构参与。在有机构参与时，这些压缩气体可以自发地一部分压力变高，另一部分压力变低。那么，又是为何如此呢？机构在此又起到了什么作用呢？机构又为什么能起到这样的作用呢？作者同样认为是机构的负熵位高起到了关键作用。机构具有高位负熵位高，机构的参与使压力变高的压缩气体的负熵位高得以被超越。

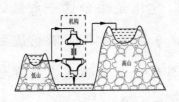 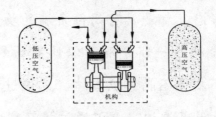

图 2-5 机构在高低山之水间的　　　图 2-6 机构在高低压压缩
　　　　作用示意图　　　　　　　　　　空气间的作用示意图

同样的机构，精度不同，负熵位高不同，精度越高，负熵位高越高。机械机构的配合间隙问题实质上是熵的问题，或者说是负熵的问题，配合间隙精度越高，机械机构的负熵位高越高。

其他人造逻辑物与上述机构类同，不再一一论述。

人类在认识世界和改造世界的过程中，除利用人造逻辑物外还利用自然逻辑物。所谓自然逻辑物，是指非人工造的、自然存在的逻辑物，例如，微生物、植物、动物、矿藏、能源等自然物。自然逻辑物就是大自然的造物。如果人是目前由可获得物造出的最高位负熵物（负熵载体），即负熵位高最高的逻辑物，那么人不可能找到比人被造时负熵位高更高的可获得物用于制造人造逻辑物，那么人就不可能造出比人的负熵位高更高的逻辑物。

也就是说，即便有朝一日克隆人成为现实，克隆人的负熵位高也不可能高于被克隆者和克隆实施者两者中包括潜在性在内的负熵位高的高者，除非从宇宙的深处有更高位的负熵流飞来。

一切运动的，一定是物质的，物质以其逻辑态存在。一切能工作的，一定是物质的特定逻辑态（简称物逻态），即一切能工作的，一定是物逻态。思维、意识、灵魂等等都是物质的一种特定形态，都是具有高位负熵的物逻态。意识是生命这一系统的一部分对另一部分及其以外事物的认知与表达。本体不能认知本体，本体不能意识本体。意识过程是与生命中至高无上的判据的对标及其表达，意识通过学习得以扩张与上升。

人类的任何造物，包括任何硬件、任何软件和任何思想表达物等，哪怕是中国的万里长城、埃及的金字塔和美国的胡佛水坝，都只是逻辑物，而思想才是逻辑物的根，是逻辑物的灵魂。

十五、孤立体系定律

任何体系，无论是开放体系，还是孤立体系，都是由事先存在造的，因此，一个孤立体系的内在规律是在这个孤立体系形成时就已经被确定了的，即一个孤立体系的内在规律是由外部决定的，作者称之为孤立体系定律。这意味着本体不能决定本体的内在规律，这也意味着宇宙不能决定宇宙的内在规律，这还意味着宇宙是由宇宙之外之物所造。

人可以造一个包裹自己的孤立体系壳形成自己存在其中的孤立体系，但这个人是这个孤立体系形成之前就已经存在的，所以这个孤立体系依然属于外部造的。

事实上，本体不能造本体，本体不能以本体为生，本体不能认知本体，本体不能报错本体。另，本体不能毁本体，除非有外界作用和/或钟的存在。本体不能以本体为生，否则必然消亡，除非有熵等于零的状态存在，因为熵等于零意味着循环，简言之，本体只能由他体而造，以他体为生。这意味着，宇宙中本体间存在依存性。这也意味着，人类以人类为生，人类必然消亡，人类以自然为生才是根本之道。

十六、化学振荡（B-Z 反应）的本质与根源

苏联化学家 Belousov B P 和 Zhabotinsky A M 等，自19世纪以后陆续发现，一个开放的、远离平衡的化学体系，在一定条件下可以自发地组织成在时间和空间上的有序振荡。Belousov B P 和 Zhabotinsky A M 发现的化学振荡反应（简称 B-Z 反应或 贝-扎反应）证明在某些特定条件下的某一时空地带，振荡性的逆热力学第二定律的现象存在。振荡性意味着短时性，因此化学振荡的发现证明短时的逆热力学第二定律是可能的。

B-Z 反应的本质就是在本篇上文中作者提出的广义惯性定律和广义振荡定律所揭示的规律在化学反应中的体现。远离平衡是足够大穿越力和振荡力的要求。其根源是广义惯性属性和广义振荡属性。

B-Z 反应的本质与根源困扰人类很多年，已经成为世界难题和世界之问，而上述广义惯性定律和广义振荡定律回答了这一世界难题和世界之问。

对 B-Z 反应的本质与根源的破解对人类认知是一种全面性的突破，因为广义惯性定律和广义振荡定律所揭示的规律将系统性地颠覆人类对世界的认知。

第三章 在规律认知中的破边性与裂变性

提出问题和判断问题的可行性是认识世界和改造世界最关键的两个难题。例如，原子弹的最大秘密其实不是发生爆炸的临界质量，也不是核原料的提纯方法，而是能不能造原子弹这一问题的提出和原子弹可造、可爆炸这一结论，即关于原子弹问题的提出及其可行性判断。

如果能够利用人类创造活动突破认知边界，判明定律之间的内在关系和事物之间的内在关系等自然基本逻辑，就会为解决提出问题和判断问题可行性这两个难题提供根本性手段。创造活动的破边性与裂变性，对于理清规律之规律具有决定性作用。

一、定律同源定律

所谓定律同源定律，是指宇宙规律系统是由同一个奇点演化而来，因此，所有的规律不仅相互关联，可追根溯源，而且可以归一，换句话说，所有定律不仅相互关联，可追根溯源，而且可以归一。宇宙规律系统实质上是一棵既有的枝叶完备的球形规律树，人类文明实质上是起于这一规律树某一枝点、理清其全貌、驶向其根的历程。所以，任何定律阐述的规律均起于同一个源，均相互联系，均可追根溯源。因为，起于同一个源的要素，犹如源于同一祖先的子孙，他们相互关联、可相互追根溯源，这是不言而喻的逻辑。

形象地讲，宇宙是源于同一祖先的大家庭，尽管每个个体千姿百态、千差万别，但它们相互联系，可追根溯源，这是一种基本逻辑。

（一）定律的统一性

存在是宇宙的根本。存在决定规律的存在，存在的量决定规律的内涵。

宇宙所有的演化都源于同一个奇点，那么，宇宙的规律系统必定是由始于一点的、可追根溯源的规律构成的关系系统（如图 2-7 所示）。

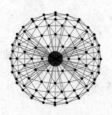

图 2-7 规律关系系统示意图

所谓定律，是指对规律的归纳性阐述。某一定律与某一规律相对应。绝对意义上的定律只能被验证，不能被证明，一个定律一旦被证明，就会被另一个更高级的定律所取代，然而，一般意义上的定律包括已被证明的定律。

既然宇宙的规律系统是由始于一点的、互可追根溯源的规律构成的关系系统，那么，任何两个定律只要上升到足够高度，就一定可被统一成一个定律；任何一个定律只要细化得足够细，就可以被拆分成两个或两个以上定律；任何一个定律只要寻找得足够彻底，总可以找到其根定律。

（二）定律的广泛性

任何体系的某一共性逻辑总可以用定律来表达，任何体系的某一层面上的任何载体的表征一定符合同一定律。在同一宇宙相内，适用于 A 的 X 性的定律必然适用于 B 的 X 性的定律。

万物皆表征，一粒沙子是牛顿三大定律的表征，也是相对论的表征，即可以从一粒沙子看到其所在层面所有定律的身影。

定律不因载体不同而不同，也不因状态不同而不同，只因层面不同而不同。定律不因被验证与否而存亡。

二、定律可抗定律

所谓定律可抗定律，是指任何定律都可以被短时性违反，任何规律都可以被短时性湮灭，任何定律都可以被振荡性违反，任何规律都可以被振荡性湮灭。

（一）广义惯性属性决定的定律的可抗性

如本篇第二章所述，广义惯性属性是宇宙的基本属性之一，这意味着任何定律都可被短时性违反，任何规律都可被短时性湮灭。这就是广义惯性属性决定的定律的可抗性。当然，如果站在广义惯性属性之上讲，可以视为定律未被违反，规律未被湮灭。

事实上，由于广义惯性属性的存在，任何定律都是存亡共相，任何规律都是存亡共相。

（二）广义振荡属性决定的定律的可抗性

如本篇第二章所述，广义振荡属性是宇宙的基本属性之一，这意味着任何定律都可被振荡性违反，任何规律都可被振荡性湮灭。这就是广义振荡属性决定的定律的可抗性。当然，如果站在广义振荡属性之上看，可以视为定律未被违反，规律未被湮灭。

事实上，由于广义振荡属性的存在，任何定律都是存亡共相，任何规律都是存亡共相。

除上述两项外，由于过量定律的存在，任何规律都可以被湮灭，任何定律都可以被违反，只要大深度地改变条件。

三、事物间的内在关系
（一）本质与表征的内在关系

宇宙万物的任何表征都是合乎其内在逻辑的，宇宙中不存在不合乎逻辑的表征，宇宙万物的任何逻辑都具有表征，宇宙中不存在没有表征的逻辑。任何存在一定存在表征，任何表征一定存在存在。宇宙中不存在不合乎本质的表征，宇宙万物的任何本质都具有表征，宇宙中不存在没有表征的本质，任何本质一定存在表征，任何表征一定存在本质。本质与表征互为表达，相互决定，相互不可或缺。那么，内在与外在、本质与现象、内容与形式，究竟孰先孰后呢？

从零距考察，当然是没先没后，相互决定的。但从有距考察必然是，内在决定外在，本质决定现象，内容决定形式，因为，从顺序上讲，存在是一切的开始，而存在的势是一种传播，传播就是广延，广延就有时间的先后。因为，外在是内在的势，现象是本质的势，形式是内容的势，而物质以外的一切都是负熵的势。因此，究竟孰先孰后，谁决定谁，其实取决于我们的起点何在。宇宙中，任何主体（例如，系统、单元、构造物、单体和粒子等）的任何表征一定合乎某种逻辑。有时我们会认为某种主体的某种表征不合乎逻辑，其实那仅仅是因为我们的认知还不够深刻而已。任何一个被认为不合理的存在，其背后一定存在着一个没有被发现的逻辑。任何一个合乎逻辑的存在，都在等待着被合乎更高级逻辑的存在所取代。任何问题的背后都一定存在着解决这一问题的逻辑，任何问题也都在等待着被这一逻辑所解决。

捕捉表征就是向逻辑的挺进，捕捉表征就是向存在的挺进，捕捉外在就是向内在的挺进，即捕捉表征就是向本质的挺进。

捕捉逻辑就是向更多表征的挺进，捕捉存在就是向更多表征的挺进，捕捉内在就是向更多外在的挺进，即捕捉本质就是向更多表征的挺进。

从本质上讲，哲学问题、自然科学问题、经济学问题、社会学问题和知识产权学问题等任何问题，都可统一到负熵这一坐标系下，这样会使这些领域的根本问题与根本发展方向将更加明了，这实质上形成了上向哲学这一崭新的思想体系。

事实上，负熵坐标系是宇宙中最基本的自然坐标系，宇宙的整体与部分、万事万物及其千变万化等一切问题，都在负熵坐标系下有自己的坐标与轨迹。把控负熵坐标系将从根本上理清各个领域的重大问题及其内在联系。

（二）范畴与范畴的内在关系

任何一个范畴和其他范畴之间都存在某种联系，这种联系对人类可能是显性的也可能是隐性的，究竟是显性的还是隐性的取决于人类对其认知与否。将范畴间的隐性联系显性化，就是一种超越与颠覆。随着科学技术的进步，在不断形成不同学科的同时，学科与学科之间以及领域与领域之间也不断出现交融，这说明学科和领域的划分仅仅是人类为了缩小范围、提高对某一范畴的认知速度而进行的人为工程。

宇宙本身并不存在学科和领域，也不存在这一类问题和那一类问题在本质上的差异。对宇宙来说，无论是哪一类问题，都必须符合负熵坐标系规则，都将被负熵坐标系统一，都是同一问题的不同表征。

（三）已知与未知的内在关系

未知犹如茫茫无际的海洋，已知犹如漂浮在这茫茫无际的未知海洋中的冰山，而人类创造活动就是对这座冰山的制冷工程。

已知源于未知，已知的量决定未知的量，已知的深度决定未知的深度。已知的越多，感受到的未知也越多，将未知变成已知的可能性也就越大，且将未知变成已知的量也会越大。一切已知都不完美，一切未知都魅力无穷，一切未知都比已知更重要。已知的量与未知的量相比微不足道，已知的重要性与未知的重要性相比微不足道。不追逐未知，必将无所作为。

人类社会的发展与进步的历程，实质上是将未知转化为已知，再将已知转化为过知的过程。所谓过知，就是人类文明中过时的、被淘汰的、阻碍人类向前的已知，也就是人类文明的垃圾。人类社会以吞食未知而前进，以利用已知而壮大，以排放过知而升华。在人类创造活动的攻势下，未知终将被吞食、被已知化，已知终将被榨尽、被过知化。吞食未知、利用已知、排放过知，就是人类社会的永恒不变的逻辑。

（四）方法与方法的内在关系

如果已经发现一种方法能够解决某一问题，那么一定存在解决这一问题的另一种方法，也一定能够找到另一种方法来解决这一问题，只要你拥有足够的创造力。另一种方法的显性化往往是一种超越与颠覆。

由此可以推出，任何存在的都是可造的，只要我们拥有足够的负熵差、物质和创造力，但宇宙本身除外。随着时间的推移，人类将造出许许多多在今天看来完全无法造的事与物。

（五）因与果的内在关系

因与果是互相联系的、互相表达的、在负熵差矢量方向上的一对存在。这对存在可相互逆转，只要条件得以充分满足。

如果 A 是 B 唯一的因，那么 B 一定是由 A 决定的。如果 A 是 B 唯一的因，B 是 C 唯一的因，那么 C 一定是由 A 决定的。

（六）正与反的内在关系

有正必有反，有反必有正，正是反存在的伴生，反是正存在的伴生。一个不断加速的运动，即便加速度恒定，阻力也会越来越大（这看似违反牛顿定律，其实这恰恰说明牛顿定律有缺陷）。一个不断升温的过程，加热会越来越难，一个不断降温的过程，取热会越来越难。如果正是反的唯一的正，反是正的唯一的反，那么，这个正与这个反必然大小相等方向相反。

（七）同与不同的内在关系

任何不同一定导致不同，完全相同并不能确保导致相同，熵零态以外的宇宙不存在完全相同。不同（即差异）是运动的根，是存在与发展的前提，趋同是一个过程，其结果是相同，相同是消亡的前奏，是新的起点。趋同且不同是社会的基本样相。

（八）真理与谬误的内在关系

宇宙本无真理，也无谬误，只有存在与其表征，任何存在都是有表征的，任何表征都是合乎逻辑的。生命的出现才产生了真理与谬误之别，与生命意识相向的表征被称为真理，与生命意识相悖的表征被称为谬误。即，真理是对事物的正确的表达，谬误是对事物的错误表达，在这一前提下，真理有数，谬误无穷。

真理是谬误海洋中独特的一滴水，要想获得真理这滴水，只有趟过谬误这个海洋，如果不能踏进谬误的海洋，甭说获得真理这滴水，可能连看到真理的影子都是不可能的。因此，探究真理必然需要踏进谬误的海洋，必然会经历重重的失败。

所以，失败是获得真理的路，失败是挺进成功的路。

（九）中位负熵与高位负熵的内在关系

如果某一系统输入中位负熵，输出高位负熵，那么这个系统一定排热，除非这个系统处于绝对顶温或绝对底温状态。蒸汽轮机、燃气轮机和活塞式内燃机等一切热机，都是以燃料这一中位负熵为输入、以动力这一高位负熵为输出的对外排热的系统。

生命都是以营养这一中位负熵为输入、以力量（即体力、智力和创造力等）这一高位负熵为输出的系统，那么，这一系统一定对外排热。为此，可以推导出生命无不放热这一结论。生命无不放热是作者提出的生命热机定律。如果中位负熵的输入过程存在媒介，那么，这一过程不仅必然放热，而且必然放废。

宇宙的一切过程都是正熵过程，而生命的使命是逆流而上、竭尽可能地创造负熵过程。

（十）低位负熵与高位负熵的内在关系

如果 A 的负熵位高高，B 的负熵位高低，那么 A 一定可以造 B，最多需要条件物的参与，这一阐述称为制造定律。

见第三篇，制造的类别可以分为七种：一是制造性制造，二是生命性制造，三是遗传性制造，四是客体克隆性制造，五是本体克隆性制造，六是命本源性制造，七是进化性制造。然而，无论制造有多少种类别，其内在的、根本的推动力均是负熵差，其内在的根本逻辑均收敛于负熵坐标系。

第四章　在生命认知中的破边性与裂变性

一、生命的本质

生命究竟是什么和究竟是什么造就了生命是长期以来困惑人

类的两大难题。如图2-8所示，生命其实是宇宙极高位负熵的极高位有条件泄漏的存在，生命是物质的一种特殊形态。如同高山自然流水，总会有一部分水泄漏于高处而得以保持在高位。

所谓有条件泄漏，是指以条件物存在为前提的泄漏，这些条件物是构成生命复杂性的前提。所谓泄漏，是指没有完成"主流"过程的高位溢出。负熵位高的极高性和结构复杂程度的极大性是生命的产生与存在的前提。生命是极高位负熵的载体，是极高位负熵的表达体，是在负熵位高极高的状态坝作用下，以泄漏的形式维持负熵位高的存在。

生命也是宇宙极高位负熵的储藏体，泄漏点的负熵位高不同，生命负熵位高就不同，不同种类的生命是泄漏点的负熵位高不同和结构复杂程度不同所致。

图 2-8 宇宙极高位负熵的极高位有条件泄漏示意图

负熵位高的极高性和结构复杂程度的极大性是生命的两大基本条件。生命因极大负熵差产生，是高位负熵载体生产高位负熵载体的过程，而生命的消亡犹如向万丈深渊抛物，是极大的熵增过程，因此，生命的消亡是宇宙中极大的不可逆过程。

如第一篇所述，生命的一切力，包括视力、听力、感知力、智力、毅力、耐力、认知力、意志力、意识力和创造力等均源于负熵，均是负熵的势。负熵位高的高低和结构复杂程度的大小决定所述力的高与低，负熵位高的高低是决定性条件。负熵位高的高低和结构复杂程度的大小都是与生俱来的。

生命以吞食负熵维系其负熵位高的高位状态，负熵过程是这一维系过程的根本过程，放热是这一过程的基本特点。生命无不放热，任何一种生命，只要有生命活动就是放热的，无论是细菌、病毒、植物还是动物。生命过程与热机等价，必然放热。

命：生不持久，死不复苏。物：动不自静，静不自动，但静可动，动可静。这说明命具有更高的负熵位高。命的使命是利用，而物的使命是被利用。

二、生命的热机属性

热机是热力学的一个概念，是指吞食热量（包括燃料和有压工质源）产生动力（高位负熵）、排除余热（正熵）的机器。

普通热机是无私的热机，吞食负熵（燃料或高温热），产出动力这一高位负熵，排出正熵（余热），它存在的使命是生产动力这一高位负熵，用于环境的负熵工程，因此，普通热机是无私的热机。而生命则不同，生命吞食负熵，生产高位负熵（动力、思考力等），排出正熵（余热），但是，生命生产高位负熵的目的只是用于自我存在、繁衍和进化，因此，生命是自私的热机。生命的本质属性是宇宙极高位负熵的极高位有条件泄漏，是极高位负熵的载体，生命的自然属性是其热机属性（如图2-9所示）。换言之，生命是自私的热机，热机属性是生命的自然属性。

凡生命均具有创造力，凡生命都是放热的，凡生命都具有进化属性。只要条件具备，人类就可以制造出具有除创造力以外的生命所具有的所有属性的机器。创造力才是生命与非生命的根本界限，而进化与代谢等不是生命与非生命的根本界限。

生命无不放热亦称为生命热机定律。生命热机定律不仅意味着生命无不放热，而且还意味着生命的根本过程是热机过程，是吞食中位负熵、产生高位负熵的过程。

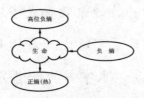

图 2-9 生命的热机属性示意图

三、存在欲

所谓存在欲，是指存在的欲望。任何一种存在都具有存在欲，如前所述，这是状态坝的作用。但是，生命具有想方设法存在的欲望，或者说，生命的存在欲远远比非生命的存在欲强烈。这是因为生命的负熵位高远远高于非生命的负熵位高。生命的存在欲是极高位负熵的状态坝的势。生命完全是自私的，为什么？生命的被创造一定是源于创造生命的造命物的自私，而不是源于生命的自私，除非生命的自私（生命的维系与进化等）是造命物的需求，即生命的自私与造命物的自私是一致的。

如本篇前段所述，生命是宇宙极高位负熵的储存器，宇宙极高位负熵要求其储存器—生命必须自私、必须具有存在欲，以维系自身负熵位高的高度，存在欲其实是物理学惯性的一个表征。

四、进化的本质

在宇宙处于熵为零的状态时，生命是不存在的，因为这时负熵位高是有余的，但是复杂性缺失。通常所说的造命物是指至高无上、无所不能的生命。既然造命物是生命，那么造命物这个生命在宇宙处于熵为零的状态时，也是不存在的。

因此，即便有造命物，造命物也是宇宙造的，其负熵不可能高到熵为零的程度，充其量可能比人类的负熵位高高一些，但是绝对没有熵为零的状态高，本宇宙的造者另当别论。

所以，造命物与熵为零的宇宙相比，不可能至高无上、无所不能。如果是至高无上、无所不能的，那绝对不可能是生命，只能是处于熵为零状态的宇宙。也就是说，在我们的宇宙中，至高无上、无所不能的生命是不存在的，而只能是熵为零的状态。生命毫无疑问地起源于条件物与极高位负熵的碰撞，生命也只能起源于条件物与极高位负熵的碰撞。对任何宇宙来说，超越或等于本宇宙熵为零状态的、至高无上且无所不能的生命只能存在于本宇宙之外。

这意味着，在我们的宇宙之外存在一个主宰我们这个宇宙的、至高无上且无所不能的上帝，是有可能的。宇宙肯定是宇宙之外所造，因为任何孤立体系都不能造本体（如本篇第二章之孤立体系定律所述），但宇宙是不是被生命所造，还不能下定论。

既然生命起源于条件物与极高位负熵的碰撞，假如地球生命源于地球，那么地球生命只能起源于条件物与极高温热、雷电和/或高能射线等高位负熵物的碰撞。因为只有极高温热、雷电和/或高能射线等高位负熵物可来源于地球或地球以外。

为了探究生命的来路，人类一直在努力着。1953年，Stanley L. Miller 做了个实验（如图2-10所示），曾轰动一时。Miller 把 H_2、CH_4、NH_3、CO 和水蒸气放入瓶中用电弧电击得到了氨基酸。人们错误地认为生命就是这么出现的，也错误地认为 Miller 开启了造命的进程。

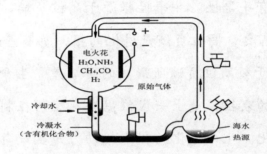

图 2-10 Miller 实验示意图

其实人们忽略了世界上存在一个逻辑，这个逻辑就是：用一种方法造出 A，不能证明 A 就是用这种方法造的，只能证明 A 是可造的，只要 A 可造，那么就一定存在其他的造 A 的方法，无论其是隐性的还是显性的。Miller 实验只能证明生命可造，但是，这一实验不能证明生命是按 Miller 方法造的，更不能证明 Miller 方法是个好方法。

Miller 实验的真正价值，在于它逆向证明了生命是极高位负熵与条件物碰撞的产物，证明了生命是物质的一种特殊形态。不仅如此，Miller 实验也从科学的角度证明宇宙的物质属性。

生命具有爬坡性，与环境的抗争、种间抗争、种内抗争、好奇心、求知欲和创造活动的欲望等爬坡性均属于生命的本性。如果没有爬坡性，生命是乏味的，进化也是不可能的。生命的爬坡性源于生命负熵位高的极高性。爬坡性是上向性的表征。

当我们说爬坡性时，往往是指由下至上的爬坡过程，而生命的爬坡性的实质是生命的高位负熵在高高的上位对生命向上的拉动。爬坡性通俗地讲就是斗争性，斗争性是生命的根本性属性，任何生命都具有斗争性。斗争性根源于高位负熵，斗争性是生命进化的根，换言之，高位负熵是进化的根，负熵差是进化的根。

进化根源于极高位负熵所形成的负熵差。生命的进化是生命生物学创造力的表征，是上一代依据自身经历在制造下一代时对生命蓝图的优化。生命进化的根本推动力是生命负熵位高与生命现实载体负熵位高的差，即生命与生命现实载体间的负熵差。也就是说，生物学创造力是生物进化的根本推动力，而这种推动力根源于负熵差。事实上，生命的进化过程，就是生命现实载体负熵位高趋近于生命负熵位高的过程。萌芽与修理是进化过程的根本样相。所谓萌芽，是指在生命创造力的推动下产生的新结构，所谓修理，是指在斗争与合作的洗礼中对萌芽的砺炼与去留。

萌芽是可能性，修理是现实性。可能性与现实性的相互作用产生合理性，即可能性与现实性的相互作用决定进化的结果。

从系统层面讲，生命进化的根本推动力，是生命这个创造力节点关系系统内节点间的负熵差。

进化过程都是循序渐进的，都是问题在先，而解决这一问题的进化在后，因为，如果进化优先那么必定是大熵增过程，这对于维系生命的负熵性是不利的，所以，进化过程是问题在先、进化在后。进化过程本身实质上是维系负熵位高的工程，从表面上看，进化过程是逆热力学第二定律的，但如果考察进化过程所关联的系统则不同。

五、食物链与负熵梯级利用

从根本上讲，生命的一切努力都是为维系生命自身负熵位高而战的战争。如果用热力学语言来阐述，则可以表达为：生命的一切努力都是为了减少生命过程的不可逆损失，从而维系生命负熵位高而战的战争。在热力学中，减少不可逆损失的根本途径是温度对口、梯级利用。也就是说，高温的供对应高温的需，中温的供对应中温的需，低温的供对应低温的需，以梯级形式对负熵差推动力进行利用。这里的温度高低可理解为负熵位高的高低，因此，这个减少不可逆损失的途径可以表述为：负熵位高对应，梯级利用。居于食物链上位的生命负熵位高比居于食物链下位的生命负熵位高要高，反之，负熵位高要低。羊的负熵位高比草的负熵位高要高，人类的负熵位高比羊的负熵位高要高，人类吃羊要比吃草更容易维持自身的负熵位高。这就是食物链的基本逻辑。食物链是对具有不同负熵位高的物质的梯级利用，是维持生命负熵高位的高效手段，是温度对口、梯级利用这一热力学原理在生命的高位负熵维系过程中的体现。食物链是所有生命共同构成的生物系统的核心旋律的表征，是跨越生命界和非生命界的负熵链，是唯一一个跨越两界的负熵链。

生命科学可分为三大阶段，一是生命的生命活动与生命结构的关系，二是生命信息活动与生命结构的关系，三是生命思想活动与生命结构的关系，而目前的生命科学还处于第一阶段。

第五章　在哲学认知中的破边性与裂变性

一、哲学的本质与范畴

通常说来，哲学是系统化、理论化的世界观和方法论，是关于自然知识、社会知识、精神知识的概括与总结，是研究自然、社会和精神发展的最一般本质和规律的学问。但事实上，哲学就是探究本原与基本规律的思想演绎及其表达，就是为探究本原与基本规律而进行的想象与逻辑的相互撞击与相互交融及其表达。本原是根，但也包括向根挺进过程中的结果。哲学包罗万象，但可以将哲学划分为三大方向：其一是上向，即事物负熵工程中的本原与基本规律的方向；其二是平向，即事物状态及其要素关系的本原与基本规律的方向；其三是下向，即自发状况下事物发展趋势和未来状态的本原与基本规律的方向。因此，如图 2-11所示，哲学可以划分为上向哲学、平向哲学和下向哲学，或称为负熵哲学、熵态哲学和正熵哲学，还可称为改造哲学、状态哲学和趋势哲学。事实上，哲学本身不属于人文科学，因为哲学根本就不是科学，哲学可以衍生具体科学，但其本身不属于任何具体科学。哲学的指向是抽象，科学的指向是具体，哲学的指向和科学的指向恰恰相反，一切不能具体化的都不是科学，所以哲学不是科学，不是科学的当然也不可能属于具体学科。 图2-11所示的人类智慧系统标识了哲学的位置、内涵及其与具体学科的关系。然而，迄今为止的一切哲学均属平向哲学和下向哲学，尚未涉及上向哲学。这严重阻碍着哲学的发展与进步，更严重地影响了哲学对人类的贡献。

图 2-11 人类智慧系统示意图

一切关于个体的是人文科学，一切关于群体的是社会科学，一切关于具体化的物质本质与规律的是自然科学，一切关于具体化的事物数量及相互关系的是数学，一切关于抽象化的事物相互关系的是逻辑学，一切关于本原的是哲学。将哲学划分为上向哲学、平向哲学和下向哲学，理清了哲学的类别，明确了哲学的目标，使哲学的意义更加清晰。上向哲学不仅是上向逻辑的演绎，而且是人类创造活动的灵魂，上向哲学的诞生将迫使哲学终结论走向终结。哲学是云端，荡漾于云端止于认识世界，不能纵跨大地与云端就不能改造世界，更不能改变世界，一切伟大的政治家、一切伟大的军事家、一切伟大的科学家和一切伟大的企业家，无一不是纵跨大地与云端的跨界者。

如本篇上文所述，负熵坐标系是宇宙最基本的自然坐标系，宇宙的整体与部分、万事万物及其千变万化、自然的任何问题、生命的任何问题、社会的任何问题、思维的任何问题、意识的任何问题等一切问题，都在负熵坐标系下有自己的坐标与轨迹，把控负熵坐标系，将从根本上理清各个领域重大问题的来龙去脉及其内在联系。然而，迄今为止的哲学领域的重大缺陷，就是没有意识到负熵坐标系这一宇宙间最基本、最重要、最不可或缺的自然坐标系的存在，也当然没有利用负熵坐标系思考哲学问题。事实上，这是人类智慧文明领域的最为严重的世界问题之一。

一个有物理性根据的理论是不可抗拒的，是定律级理论，也会让更多的人信服与遵从。社会学、经济学和哲学中存在许多伟大的理论，伟大的理论一定具有物理性根据，如果能够为这些伟大的理论找到物理性根据，将使这些伟大的理论不可抗拒，成为被广泛认知的定律，这对人类的意义极其重大，而把控负熵坐标系就是完成这一重大使命的根本途径。

二、负熵差是唯物辩证法对立统一规律的物理性基础

如本篇上文所述，宇宙中，任何存在间都存在相互作用，而

相互作用根源于负熵差。不存在不存在负熵差的存在，除非处于熵等于零的状态。在熵等于零以外的时空地带，存在都是独特的，存在间都存在负熵差。负熵差是宇宙的灵魂，是宇宙样相的根，是宇宙的根本动力，是运动的根，是存在的基本属性，是熵洋的根，无处不在。负熵差是差异性的根，差异性是负熵差的表征。负熵差导致相互作用，而相悖、相向、趋同和融同是相互作用的根本形式，也就是说，相互作用必然导致相悖性、相向性、趋同性和融同性。趋同是相悖和相向的必然结果，融同是趋同的最终结果。达到融同是极其漫长的路，但融同是下一个轮回的起点，而相悖、相向、趋同和融同的出现、交替与轮回是宇宙演化的基本规律，更是事物演进的基本规律。

对于事物来说，负熵差是差异性的根，差异性是负熵差的表征。差异性是事物的基本属性，是事物发展的根，差异性是万事万物相互关系的基本样相。对于社会来说，差异性必然导致相互斗争、相互合作、相互趋同和相互融同。所谓相互斗争，是指相悖行为的总合，例如，相互对立、相互竞争、相互对抗等等。所谓相互合作，是指相向行为的总合，例如相互依存、相互利用、相互促进、相互不可或缺等等。所谓相互趋同，是指差异缩小，共同提升，整体向好。社会的融同需要极其漫长的时间，而斗争性、合作性和趋同性是社会的基本属性。

相悖、相向、趋同和融同的出现、交替与轮回这一宇宙演进的基本规律实质上就是唯物辩证法对立统一规律的根本内涵，这意味着负熵差这一存在的基本属性是唯物辩证法对立统一规律的根。事实上，负熵差是自然、社会和思维的演进的根，这意味着唯物辩证法对立统一规律具有物理性基础。

唯物辩证法对立统一规律的物理性基础的被发现是人类思想领域的重大进步，这意味着唯物辩证法对立统一规律不可抗拒。

对立统一规律中的统一，并不意味着在同一时间节点上所有要素的统一，而是部分要素的统一或是部分要素的轮流性统一，除非在系统趋于终结、趋于下一个不同的开始或趋于下一个轮回的开始的时空域。所以，在通常状况下，对立统一规律中的统一并不标志着所有的差异在同一时空点上的消亡。所有差异的消亡必然导致系统性终结、下一个不同的开始和新一轮轮回的开始。

三、千年不结的本原之争与唯心主义的终结

物质与意识或存在与思维何者为第一性，是千年不结的本原之争。然而，任何宇宙的任何存在都根源于其原始粒子，即都根源其最基本部件。任何宇宙的最基本部件都是质体与序1（即序等于1）的合。任何物质都是质体与序1的合，任何存在都是物质的存在，任何不同的存在都是物质的不同形态，也都是质体与序1的合的这一物质基本单元的构造物。所谓质体，是宇宙最基本部件中不包括序的关于质量属性的规定性。

物质在极高负熵差的作用下可以产生生命，生命是物质的一种特殊形态，生命在某些情况下可以产生精神，而精神是物质的另一种特殊形态，是物质的一种高位负熵逻辑态。意识根源于物质，是物质的一种高位负熵逻辑态，是物质的特殊形态。思维根

源于物质，是物质的一种高位负熵逻辑态，是物质的特殊形态。物质先于意识、先于思维，意识与物质相统一，思维与存在相统一，均统一于质体与序1 的合这一宇宙的最基本构件，即均统一于质体与序1 的合这一物质基本单元。也就是说，宇宙的万事万物，无论是自然的、社会的还是精神的都根源于质体与序1的合这一宇宙的物质基本单元，也都是这一物质基本单元的不同构造物，而且精神的反应过程归根到底也是物质运动的一种过程，只不过是物质运动的一种特殊过程。这一结论意味着，物质与意识或存在与思维何者为第一性这一千年不结的本原之争的终结，这一结论也意味着一切唯心主义的终结。

无质量者不能独立存在，都必须依存于有质量者才能存在。熵、负熵、温度、逻辑、软件、语言、思想和意识等既是形式概念，又是物质的特殊形态。任何质量为零的，都不是独立的真实存在，而是与其具有相同特征的质量不为零的某一物质特殊形态的概念，而任何形状难以认知的往往都会被赋予形式概念。人造概念性精神这一概念和物质形态性精神的混淆是唯心主义之所以存在的根本原因。人造概念性精神和物质形态性精神的被发现标志着唯心主义的根源性终结。然而，一切精神活动都必然导致头脑的物质性变化，进而形成一种新的独特的物质形态，而这种独特的物质形态实质上就是精神，就是思想，就是意识，因此，思想、意识和灵魂等一切精神都是物质的特殊形态，事实上，概念归根到底也是物质的一种特殊形态。

一切先验的无一不是既往的痕迹和为形成经验的既存的物质

的特殊形态，如同极其高级计算机的 CPU 的集成电路，这实质上是逻辑和承载逻辑的物质性基础。因此，一切先验的都是物质性的。一切学问，例如哲学、数学和物理学等都是对存在及其相互关系的描述，形式逻辑也同样如此，也是对存在及其相互间特殊关系的描述。人脑是物质的一种极其高级化的特殊形态，这种特殊形态与极其高级化的 CPU 的集成电路类同，具有处理极其复杂、极其大量的关于存在与存在间关系的能力，这种能力包括发现和处理形式逻辑的能力。人脑这一物质的特殊形态与既存于其中的逻辑指令（相当于软件）相结合，就可以找到并处理关系内涵等形式逻辑，形式逻辑是既存的存在间的一类特殊关系。

四、万物本原是质体与序1的合是对辩证唯物论的发展

宇宙的本原就是宇宙所有存在的根源。那么宇宙所有存在的根源究竟是物质的，还是不同于物质的精神，或者是两者共存的？作者认为，宇宙的万事万物，无论是自然的、社会的还是精神的，都根源于质体与序1的合这一宇宙的物质基本单元，也都是这一物质基本单元的不同构造物。质体不能独立存在，序不能独立存在，能够独立存在的最基本单元就是质体与序1的合这一宇宙的物质基本单元。事实上，任何形式都不可能独立存在。

哲学上的物质就是物质基本单元，就是质体与序1的复合体。物质基本单元是质体与序1的复合体，万事万物并不是质体与序的构筑物，即万事万物并不是质体与序的复合体，而是物质基本单元的复合体，是质体与序1的复合体的复合体。宇宙的万

事万物，无论是自然的、社会的还是精神的，都根源于质体与序1的合，其本质都是也都只能是质体与序1的合的构筑物即复合体。万事万物的本质不是也不可能是序本身（或称形式本身）。万事万物的本质不是也不可能是质体本身（或称质料本身）。通常所谓的熵、负熵和序的起点是从质体与序1的合开始的，而不是从质体开始的，换言之，通常所谓的序是新开始的新序，当这个新序为1时，哲学上的物质与通称的物质相统一。任何精神和精神现象都根源于质体与序1的合，都是质体与序1的合的特殊复合物，都是物质的某种特殊形态。这些结论是对亚里士多德关于质料与形式之论的颠覆，是对辩证唯物论的发展。

质体不能独立存在，序不能独立存在，质体与序不可分割。序是认知的前提，无序不可认知，但是有存在就有序，所以存在就会被认知，但是认知的主体不一定是我们人类。不同宇宙的质体不同，如果宇宙 A 是宇宙 B 所造，则宇宙 B 的质体一定小于宇宙 A。人类的认知是有限的，而不是无限的，人类的认知过程也是一种回顾，回顾就受痕迹衰减和回顾能力的影响，必然是有限度的。因此，人类如果能基本理清本宇宙的本质与逻辑就已非常了不起，人类不可能理清本宇宙或本宇宙的造者或本宇宙的造者的造者由何处、因何因而来等最最根本的根本，除非人被证明是一切的造者。同理，人类绝对不可能认知宇宙最基本部件的属性，甚至绝对不可能认知其临界的部件的属性，因为，人类的出现远远晚于原始粒子，其负熵位高也远低于独立存在的原始粒子的负熵位高。这些论述是对康德关于物自体不可知论的颠覆。

五、哲学与科学、技术及产品的相互关系

从起源的角度讲，哲学与科学孪生于彼此。但是，千百年来，哲学不断趋于云端，而科学不断趋于技术，技术不断趋于产品。然而，哲学、科学、技术和产品是既相互区别又相互作用的人类智慧的系统。从形式上讲，哲学是科学的探照灯，科学是哲学的收敛态，科学是技术的探照灯，技术是科学的收敛态，技术是产品的探照灯，产品是技术的收敛态。然而，从内容上讲，哲学是科学的灵魂，科学是哲学的载体，科学是技术的灵魂，技术是科学的载体，技术是产品的灵魂，产品是技术的载体。

事实上，从哲学的角度讲，哲学是灵魂，科学、技术和产品是解决问题的不同级别的工具。灵魂不能解决问题，但是，没有灵魂解决不了问题，因为没有灵魂不可能产生工具。植根于科学是哲学发展的必然要求，上扬于哲学是科学进步的根本途径。哲学不收敛必成海市蜃楼，科学不发散必然无法前行。

开发产品的应精通技术，开发技术的应精通科学，研究科学的应精通哲学思考，这称之为上向精通，这是科技创新科学化、高效化的必然要求，而这种上向精通的人称为上向人才。越上向精通越好，做得越专越好。但是，众多科学家不具备哲学能力，众多技术研发工程师不具备科学能力，众多产品研发工程师不具备技术能力，是科技创新工程领域的一种基本状态，这种状态严重阻碍着科技创新工程的发展。实施科技创新工程领域的创造活动独立化，让上向人才成为不同层面的核心，进而将其他工作非

创造活动化，才能使科技创新工程科学化、高效化。

六、哲学家与科学家的共相性

哲学家与科学家是智慧者的昼态与夜态，任何真正的哲学家不可能不涉及哲学的收敛，进而踏入科学家的范畴，任何真正的科学家不可能不使用哲学这一探照灯，进而踏入哲学家的范畴。

想象与逻辑是哲学研究的两大根本要素，哲学能力，即想象能力与逻辑能力，只能源于高傲灵魂。而高傲灵魂只能源于先天所赋、无后顾之忧的经济基础以及引以自豪的社会地位的合，或源于先天所赋与存亡压力的合。在和平年代与社会高度文明的今天，提升科学家的哲学能力的根本途径是实施创造活动独立化，进而为具有先天所赋的科学家提供无后顾之忧的经济基础与引以自豪的社会地位。提升哲学家的科学能力即收敛能力的根本途径是注重打造哲学家的自然科学基础。正所谓，任何真正的大家一定是哲学家，科技巨匠的欠缺根源于科学家的哲学能力的欠缺，知识固然重要，固然不可或缺，实验固然重要，固然不可或缺，但是，如果一个科学家不能实现逻辑性突破与哲学性理清，就不可能有大贡献，也就不可能成为大家，反之亦然。

七、高傲灵魂是思想的根

如果没有越来越伟大的思想，人类将无法应对日益严峻的挑战。思想是人类生存与发展的必然要求，选拔与培育能够产生思想的人，是人类的第一要务。思想家，例如哲学家和科学家等，其使命是发现与创造前人未知的事物，是突破人类的认知边界和创造边界，而不是重复已知的事物。换句话说，思想家的使命就是完成高超的创造活动，就是无中生有。创造活动需要艰苦卓绝，需要绞尽脑汁，是人间第一炼狱，强烈的自信心、勇往直前的境界、奋不顾身的探索精神、精湛的逻辑能力和高超的哲学能力是从事创造活动的前提，没有高傲灵魂不可能具备这一前提。

因此，没有高傲灵魂不可能产生思想，高傲灵魂是产生思想的基础。如上所述，高傲灵魂只能来源于先天所赋、无后顾之忧的经济基础与引以自豪的社会地位的合，或来源于先天所赋与存亡压力的合。在和平年代与社会高度文明的今天，高傲灵魂形成的社会条件是无后顾之忧的经济基础和引以自豪的社会地位。因此，如果创造伟大思想的人不能成为财富和社会地位的制高点，人类将没有前途。使财富流由经营活动群体、运作活动群体和娱乐活动群体向创造活动群体合理转移，使创造活动群体成为财富和社会地位的制高点势在必行。具有高傲灵魂的科学家数量严重不足，不仅是中国钱学森之问的解，也是世界科技创新工程问题的根。创造活动独立化与放纵创造活动将从根本上解决科学家高傲灵魂欠缺的问题，也就必然导致科技大家辈出。思想具有高傲灵魂性。哲学具有高傲灵魂性，科学具有高傲灵魂性，因为任何创造活动的本质都是思想，所以事实上任何创造活动都具有高傲灵魂性。具有高傲灵魂的人数量的严重不足，是当今世界的一个重大问题，是许多重大挑战依然存在的根源。实施创造活动独立化，放纵创造活动，造就更多更伟大的高傲灵魂，已迫在眉睫。

第六章　在社会认知中的破边性与裂变性

一、社会的本质及其基本逻辑

社会的本质与社会的基本逻辑是社会之所以存在与运行的根本，是社会学永恒的主题。

社会的本质就是动物个体因根源于负熵差的差异性的必然要求而确立的关系系统。斗争性、合作性和趋同性是这一相互关系的基本属性，而相互斗争、相互合作、相互趋同是其基本样相。简单地讲，社会是动物个体为存在与发展而确立的个体间的关系系统，相互斗争、相互合作、相互趋同是这种关系系统的基本属性和基本样相。事实上，社会的本质就是动物个体为维系与提升自身负熵位高而对个体间的相互关系实施的一种基本负熵工程。

社会基本逻辑就是，社会的产生根源于负熵工程，社会的发展根源于负熵工程，社会的形态进化根源于负熵工程，或者说负熵工程是社会产生、发展及其形态进化的根。

动物个体间的相互斗争与相互合作是生命维持负熵位高的内在要求，也是动物存在与发展的内在要求。然而，相互斗争与相互合作必然导致相互趋同，相互趋同虽然不是个体的内在需求，但相互趋同是相互斗争与相互合作这一内在需求的天然伴生，是动物内在需求的必然结果。社会因个体对斗争与合作的内在需求而生，而社会的存在不仅有利于个体内在需求得以满足，也会提升个体存在与发展的水平，更会提升个体维系与提升自身负熵位高的水平。人类个体、群体、阶层、种族、民族等的差异性必然导致斗争性与合作性，斗争性与合作性是斗争方与合作方存在、发展与高级化的根，而且斗争性与合作性必然导致趋同性，而趋同性标志着人类社会整体向好的必然性。

一言以蔽之，负熵差这一宇宙样相的根决定了人类社会的本质、基本逻辑、基本样相和整体向好性。

二、社会负熵工程是社会发展进步的根本

社会的一切进步根源于社会的熵减，社会的一切问题根源于社会的熵增，社会一切问题的解决根源于社会负熵工程。随着时间的推进，社会也会变得越来越复杂，社会的发展也会越来越艰难，社会本身也需要不断深化的负熵工程。人类社会是所有动物社会中最为复杂和发展需求最为强烈的社会，如果不能对人类社会有效实施负熵工程，人类的存在与发展将面临严峻的考验。

旨在推进人类社会发展和进步的一切努力的根本，是寻找对人类社会实施负熵工程的有效途径，旨在提高社会生产力和生产效率的一切努力的根本，就是要找到对人类社会活动组织形式（含社会生产组织形式）实施负熵工程的有效途径。

人类社会负熵工程包括三个方面，一是社会财富创造过程的负熵工程，二是社会财富分配与消费过程的负熵工程，三是人类

关系系统的负熵工程。简曰之，就是经济基础的负熵工程和上层
建筑的负熵工程。其中，社会财富创造过程的负熵工程更具有决
定性作用，或者说经济基础的负熵工程具有决定性。

社会财富创造过程的负熵工程的核心，或者说经济基础的负
熵工程，包括社会活动组织形式的负熵工程和产业格局的负熵工
程。社会分工是使社会的熵减小、社会的效率提高的工程。社会
分工就是社会活动组织形式的负熵工程，分工越科学、越彻底，
社会生产的熵增就越小，社会生产的效率也就越高。所谓产业格
局的负熵工程，是指社会财富创造链的要素关系科学化。产业格
局科学化是社会分工的延伸，是财富创造链的决定性负熵工程。
事实上，一个系统的科学化，其本质就是对这个系统实施负熵工
程，就是这个系统的负熵高位化。

因此，负熵工程是社会发展进步的根本。

三、社会分工的物理性根据

在社会经济学领域，社会分工是指动物进行各种活动的社会
划分及其独立化、专业化。社会分工是动物社会的标志之一，也
是人类商品经济发展的基础。

人类历史已经历了三次社会大分工。第一次社会大分工，发
生在人类野蛮时代的中级阶段，其标志是畜牧业从农业的分离。
第二次社会大分工，发生在人类野蛮时代的高级阶段，其标志是
手工业的出现，形成农业、畜牧业与手工业共存的格局。第三次
社会大分工，发生在人类文明时代的起点，其标志是商人的出

现，形成农业、畜牧业、手工业与商业共存的格局。三次社会大分工使人类进入了文明时代，人类历史证明社会大分工是人类现代文明的支柱，对人类社会的发展具有决定性的作用。

社会分工的基本逻辑主要有三条：一是让人做他擅长的工作，即擅长的人做其擅长的事，使平均社会工作时间大大缩短，生产效率显著提升；二是让人固定做一种工作，成为熟练的工作者，即熟练的效率高于生疏的效率，重复做同一件事的工作效率高于做多件不同事的工作效率；三是对人能力要素要求的差异越大，就越需要社会分工，社会分工后，社会生产力和生产效率提升的幅度也越大。社会分工是社会生产力和生产效率提升的根本途径，那么，社会分工基本逻辑的物理性根据在哪里？

事实上，社会分工的基本逻辑的实质，是通过对人类社会活动组织形式科学化，减少人类社会活动过程的不可逆损失，从而实现对人类社会活动系统的负熵工程。

用手艺高超的人从事手艺一般的人也能完成的工作，或用具有高超创造力的人从事体力活动或从事智力活动，如同使用大温差热源的加热过程，必定会造成严重的不可逆损失和严重的熵增，使系统效率降低；如果人的能力与工作的难度相匹配，相当于热力学中推动力和阻力差小的情形，不可逆损失就会减小，系统就会维系负熵高位，系统效率就会得到提升。

与此类同，工作者在不同工作间的转换，就相当于用一个高温热源转换式地加热存在温差的两个以上热源，一是会使系统混乱度增大，二是必然造成大温差加热状态，不可逆损失增大，这两者都会使系统熵增；如果一一对应，系统熵增程度就会减小，就可以维系系统的负熵高位，效率就会提升。熟练是一种适应性，熟练的过程是作用与反作用相互磨合与匹配的过程，是人输出负熵的位高和工作所需负熵的位高相互匹配的过程，熟练了，也就是匹配好了，过程的不可逆损失也就小了。井井有序的组织形式，就是热力学中有序的表征，就是负熵性的。在对能力要素要求差异越大的情况下，越井井有条，负熵性就越大。

社会分工的本质与热力学增效的逻辑完全一致，社会分工理论是热力学基本原理在社会经济领域的体现。这意味着社会分工的作用具有物理性根据。一言以蔽之，社会分工问题就是负熵工程问题，经济学的问题完全可以统一到负熵这一坐标系下。

四、整体向好性是创造力节点关系系统的基本属性

所谓创造力节点，是指具有创造力的节点，也就是生命节点。然而，创造力节点关系系统包括社会和社会与非生命的合。

从斗争侧面讲，个体和物种的生物学创造力决定个体与物种的命运，也就是说，创造力节点的创造力决定创造力节点的命运，但是这一结论仅仅局限于创造力节点间及节点与环境间的斗争的一面，并未揭示关系系统的全貌。对于由创造力节点构成的关系系统的全貌来说，创造力节点的创造力决定其生死存亡这一结论并不适用。因为，由创造力节点构成的关系系统的节点间，存在相互斗争性的同时也存在相互合作性，相互斗争性和相互合作性是创造力节点关系系统的根本属性，而且相互斗争性与相互

合作性均不可或缺。

也就是说，斗争性是创造力节点关系系统的基本属性，而创造力节点关系系统中创造力节点间存在相互依存、相互利用、相互促进和相互不可或缺的相互合作关系也是这一系统的基本属性。创造力高的节点需要创造力低的节点的发展、进步与高级化，反之亦然。创造力节点关系系统的斗争性和合作性两性共存这一结论，可以从生物多样性和动物的群居性中得以证明。

事实上，创造力节点关系系统不仅是相互斗争的系统，也是相互合作的系统，斗争是斗争方发展、进步与高级化的必经之路，合作是合作方发展、进步与高级化的必经之路。对于创造力节点关系系统不可或缺的斗争与合作必然导致节点间的差异减小，必然导致节点的发展、进步与高级化，因此，必然导致系统的整体向好。这意味着，任何由创造力节点构成的关系系统，都具有整体向好性。节点间的负熵差是创造力节点关系系统整体向好的根本动力，创造力节点关系系统整体向好并不违反熵增原理，因为关系系统负熵位高的提升是由其节点释放负熵所致。

斗争与合作是创造力节点关系系统的基本属性，这意味着，斗争与合作是生物系统的基本属性，斗争与合作就是社会的基本属性，而且斗争性与合作性决定了关系系统的整体向好性。

创造力节点对斗争和合作的需求决定了创造力节点关系系统存在的必要性，而不是创造力节点对创造力节点关系系统的需求决定了斗争与合作的必要性。生物对斗争和合作的需求决定了生物系统存在的必要性，而不是生物对生物系统的需求决定了斗争与合作的必要性。个体对斗争和合作的需求决定了社会存在的必要性，而不是个体对社会的需求决定了斗争与合作的必要性。

斗争与合作是相互关系的永恒主体，斗争与合作必然导致整体向好，斗争性与合作性是整体向好性的根。在由创造力节点构成的关系系统中，创造力高的节点需要创造力低的节点，反之亦然。这一结论可以从生物多样性和动物的群居性中得以证明。

事实上，生物系统不仅是相互斗争的系统，也是相互合作的系统，斗争和合作是生命的根本性需求。不同是社会的根，不同是发展的根，不同是进化的根。趋同且不同，是社会的根本样相。从根本上讲，斗争性与合作性是生命的本性，生命通过斗争与合作得以发展、进步与高级化。

与所有创造力节点关系系统一样，人类社会节点间，即个体与个体、群体与群体、国与国、阵营与阵营之间的相互斗争和相互合作也是永恒的主题。但是，无论是斗争还是合作，都会使人类社会以整体向好的方向发展，人类社会以整体向好的方向发展是人类社会发展的一个不可抗拒的规律，是由生命本性决定的必然规律。合作性的整体向好性无须赘言，事实上，整体向好性也是斗争的进步属性。例如，竞技场上的斗争会使竞技各方都得以进步与发展，战场上的斗争会使参战各方都得以进步与发展，战败方会急起直追，丛林里的斗争会使各个物种都得以进化与发展。斗争具有趋同性，斗争会使斗争的参与者之间的差异缩小趋同。任何由创造力节点构成的关系系统都具有整体向好性，其指向是关系系统整体的负熵位高提升即关系系统整体的优化与高级化。

创造力节点关系系统之所以能够如此，是因为创造力节点具有创造力，高创造力的节点可以输出负熵，可以创造性地认知节点的需求和节点间的相互关系，进而创造性地优化关系系统，而无创造力的节点和低创造力的节点可以更有效地实施已知性工程，节点的共同作用最终使关系系统整体得以优化与高级化。创造力节点的付出均源于其自私性和利己性，但由于创造力节点关系系统内的节点间具有相互依存性、相互利用性、相互促进性和相互不可或缺性，这种自私性和利己性必然导致整体向好性。如此，就会导致创造力节点关系系统整体以图2-12创造力节点关系系统发展示意图所示的形式得以优化，得以高级化。

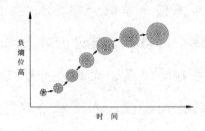

图 2-12 创造力节点关系系统发展示意图

换句话说，创造力节点输出负熵源于其自私性和利己性，但归根到底会使创造力节点关系系统整体进化，整体向好。如果因为某种原因，高创造力节点反制低创造力节点或摧毁低创造力节点，必然会给高创造力节点带来不利或带来灾难性后果，反之亦然。创造力节点关系系统进化的基本逻辑也是亚当斯密无形的手之所以存在的物理性根据。木桶原理是创造力节点关系系统进化的基本逻辑的逆向证明。

创造力节点关系系统的整体向好性是生物进化、生物系统进化、社会发展和技术系统发展的根本。生物进化、生物系统进化和社会发展的创造力节点是生命，而技术系统进化的创造力节点是人，只有人参与，技术系统才能进化。

生命个体是由创造力节点（如基因和细胞等）构成的关系系统，生命个体的进化指向是使生命个体这一关系系统整体的负熵位高提升。生物系统的进化，从个体看是物竞天择、适者生存，但是从生物系统整体看，随着时间的推移，生物系统整体的负熵位高会提升，也会系统性整体向好发展。

一言以蔽之，斗争性与合作性是创造力节点的内在需求，是创造力节点关系系统的基本属性，而斗争性与合作性必然导致整体向好性。因此，整体向好性是创造力节点关系系统的基本属性所决定的必然规律。

人类社会的整体向好是一种客观规律，这一客观规律根源于创造力节点关系系统整体向好的物理性根据，因此，人类社会将不可阻挡地驶向更美好的明天。社会的任何规律与表征都有其物理性根据，社会基本逻辑是自然基本逻辑在社会领域的表征，社会基本逻辑服从于自然基本逻辑。事实上，任何一个组织，只要有负熵差作用，无论是组织内部的节点间存在的负熵差，还是组织外部的负熵作用，这个组织都会进化。所谓组织，是指系统内的有序结构或这种结构的形成过程。德国物理学家 H. Haken 认为，依据组织的进化形式，可以把组织分为他组织和自组织两种。所谓他组织，是指系统依据外部指令而形成的组织。所谓自组织，是指系统依据内部节点之间的相互作用关系而组成的组织。自组织理论（Self-organizing Theory）是20世纪60年代末期在 L. Von Bertalanfy 系统论的基础上发展起来的一种系统理论。其研究内容主要是，在一定条件下，复杂自组织系统如何自动地由正熵走向负熵，由低级无序走向高级有序。

作者认为，组织内部节点间的负熵差就是复杂自组织系统自动地由正熵走向负熵、由低级走向高级的根本所在，而组织的外内之间的负熵差是他组织系统由正熵走向负熵、由低级走向高级的根本所在。简言之，负熵差是组织整体优化与高级化的根本所在，只要存在负熵差，组织就有整体优化与高级化的可能。

五、达尔文进化论的根本性缺陷

达尔文是伟大的，达尔文进化论提出的物竞天择、适者生存是正确的结论，但这一结论有局限性。那么，达尔文进化论的局限性是什么？达尔文进化论的局限性有三：其一，达尔文进化论忽视了生物系统节点（即物种）间的相互合作性，相互合作性必然导致生物多样性，相互合作性是生物多样性的根本，生物多样性是相互合作性的表征，相互合作性必然导致生物系统的整体向好性。其二，达尔文进化论没有明确物竞天择、适者生存的根本是创造力，是对创造力的竞与择，即创造力高者生存，但是创造力具有随机性、就高性、不可叠加性等基本属性，这些基本属性决定了达尔文进化论不适用于判断创造力节点关系系统的子系统的命运，即不适用于判断不同人类种族与不同阶层的命运。其三，达尔文进化论对斗争性必然导致关系系统整体向好性的认知完全缺失。达尔文进化论的这些局限性，不仅是一个理论的瑕疵，更误导了人类对社会关系系统的本质的认知。

六、斯宾塞社会达尔文主义的反科学性与反人类性

社会达尔文主义者，英国的斯宾塞和白哲特等人无视达尔文进化论的局限性，错误地提出所谓社会达尔文主义，即所谓的社会进化论。社会达尔文主义者认为社会也像个体一样，应被看作是以物竞天择、适者生存的方式进化的有机体。这一理论被用于支持穷人是生存竞争中的"不适者"，不应予以帮助的观点。社会达尔文主义是帝国主义和种族主义的理论基础。19世纪末和20世纪中叶，曾盛极一时的殖民主义和帝国主义就曾大肆宣扬社会达尔文主义，对弱小民族和军事落后的民族进行肆无忌惮的侵略，对本国下层民族进行疯狂的压迫与剥削，实施种族歧视政策。尽管被侵略的民族曾经是侵略者学习的榜样和文化与文明等的来源，但侵略者仍然愚蠢地认为自己高等、别人低等。这不仅是一种无知的逻辑，更是一种反人类的逻辑。社会达尔文主义之所以荒谬，就是因其无视了上文所述的达尔文进化论的三个局限性。

任何物种都是生物系统的节点，即创造力节点。在生物系统中的创造力节点与创造力节点之间，存在相互竞争和相互抗争的逻辑关系，但是也不可或缺地存在相互依存、相互利用、相互促进和相互不可或缺的逻辑关系。这就是生物多样性存在的根源。

羊以草为生，看似羊是强者，但实则不然，羊亡草不亡，草亡羊必亡。羊决定不了草的命运，但是草决定着羊的命运。吃者是被吃者的部分性终结者，被吃者是吃者的全局性终结者。

如果用低等和高等这两个词来表达，在生物系统中，高等节点是低等节点的部分性定命者（所谓定命者，是指命运的决定者），而低等节点是高等节点的全局性定命者，当然，高等节点对低等节点的存在与发展也是不可或缺的。事实上，在生物系统中，所谓的高等节点和所谓的低等节点具有相互竞争、相互抗争、相互依存、相互利用、相互促进、相互不可或缺的关系，即具有相互斗争和相互合作的关系。斗争与合作是生命的根本性需求，是物种的根本性需求，也就是创造力节点的根本性需求。

试想，虎以虎为生的虎世将会怎样？不言而喻，虎以虎为生的虎世必然消亡。虽然差异是人类社会存在的前提，但人类以人类为生，人类必然消亡，人类以自然为生才是人类生存与发展的根本之道。任何生物系统都必须是开放的，否则，必然消亡。

任何个体都是社会这个创造力节点关系系统的节点，社会中的个体与个体之间，存在相互竞争和相互抗争的逻辑关系，但是也不可或缺地存在相互依存、相互利用、相互促进和相互不可或缺的逻辑关系。这就是动物群居性和社会存在的根源。在一个社会里，创造力高的成员（节点）做需要高创造力才能完成的事，创造力低的成员做不需要高创造力就能完成的事，这是科学合理的组织形式，且是具有物理性根据的组织形式。因为，不管是需要高创造力才能完成的事，还是不需要高创造力就能完成的事，对每个社会成员都是不可或缺的事，无论其创造力高或低。这就必然构成社会成员间的相互依存、相互利用、相互促进和相互不可或缺的逻辑关系。也就是说，社会成员的差异性构成竞争性和抗争性，社会成员需求的统一性直接构成成员间的相互依存性、相互利用性、相互促进性和相互不可或缺性。不仅如此，差异性本身也导致相互依存性、相互利用性、相互促进性和相互不可或缺性。在任何一个关系系统中，高等节点都是少数的，低等节点都是多数的。高等节点的支撑途径少，低等节点的支撑途径多。例如，人比老鼠高等，但是，老鼠的食谱范围绝对比人的食谱范围广，老鼠的生存之道绝对比人的生存之道多。高等节点的生命环境依存度高，低等节点的生命环境依存度低，所以，高等的是脆弱的，低等的是顽强的。这就是恐龙灭绝了而蟑螂还存在的原因，这也是人发生脑震荡时，头脑的逻辑、抽象和归纳等高级功能先丧失，而其低等功能相对顽强的原因。

事物总是相互依存与相互斗争的，即具有两面性。

在人类社会中也一样，普通人是大地，富豪是大地上的花朵；人民是大地，精英是大地上的花朵；人民是大地，上层建筑是大地上的花朵。如果没有花朵，大地会荒荒凉凉，如果没有大地，花朵将消消亡亡。这正是人民是天下、天下是人民之哲理所在。在一个社会中，经验者和精英者往往会成为领导者，这也具有科学合理性。因为，经验者和精英者会防止社会的过进性和社会成员的过进性，也会防止社会的欠进性和社会成员的欠进性，使社会整体不偏不倚地或少偏少倚地向前发展，这对社会成员个体和社会整体都是有利的，也是不可或缺的。事实上，社会整体向好是一种规律。人类与人类个体向好的人类社会的到来是一种客观规律。漫长的人类历史长河并没有也不可能证明哪个民族高等、哪个民族低等，虽然文明有先有后、有早有晚。无论是现代社会中的哪个阶层，在数百年前可能都属于同一阶层，而且在过去数百年间并没有也不可能产生天然的遗传性阶层固化态势。

来自社会底层家庭的孩子成为科学家、企业家和政治家的，比比皆是。反之，来自社会顶层家庭的孩子成为社会普普通通一员的，也比比皆是。事实上，民族不可能有高低等之分，阶层也不可能有固化之可能。

社会达尔文主义仅仅讨论了人类不同种族和不同阶层之间的抗争，并没有意识到不同种族和不同阶层之间的相互依赖关系，也没有意识到不同种族和不同阶层的命运相关性，当然更不可能认清社会关系系统在人类创造力作用下必然整体向好这一规律。

从负熵工程的角度讲，具有高创造活动能力的主体会创造性地认知和创造性地优化由其作为成员的关系系统，实现在更高水平上的协调与融洽，进而提升自身所在的关系系统整体的抗争能力。关系系统整体的抗争能力的提升就是负熵位高的提升。通过关系系统整体负熵位高提升所能获得的自身负熵位高的提升程度，要远远大于个体的单打独斗所能实现的程度。这就是随机性和就高性等创造力基本属性决定的、由具有创造活动能力的主体构成的关系系统的基本逻辑之一，这也是人类等动物群居的根本所在。从另一角度讲，社会成员需求的统一性也决定了动物的群居性，而群居性反向地决定了社会成员的相互依存性、相互利用性、相互促进性和相互不可或缺性。说到这里，应该没有人意识不到社会达尔文主义是荒谬的，是违反科学的。其实，斯宾塞和白哲特等人的所谓社会进化论（社会达尔文主义）所讲的根本不是社会进化问题，而是一个或几个无知者为一个种族永远统治另一个种族，为一个阶层永远统治另一个阶层，为一个民族侵略另一个民族而荒谬地编制的一个荒谬的反人类的理论。

以上是作者在上述这些领域所进行的创造活动，以此论证创造活动的破边性与裂变性所代表的价值。

本篇所述的定律都是思想演绎的结果，即都是想象与逻辑的相互撞击与相互交融的结果，没有使用任何仪器、设备或其他硬件和软件。从本篇的思想演绎及其结果可以看出创造活动的价值是无与伦比的。事实上，软件比硬件硬，逻辑比软件硬，思想则无坚不摧，思想是行动的根，思想在手，战无不胜。与其他人类活动完全不同，创造活动不直接产出硬件或软件，而产出的是思想。相同的硬件和相同的软件都有价值，至少有一定的价值，旧的硬件和旧的软件也会有价值，至少会有一定的价值，而思想则完全不同，思想必须新才有价值，否则没有多大价值。

创造活动的价值的根本所在就是创造活动所具有的破边性与裂变性。破边性与裂变性是人类其他活动完全不具有的。从本篇可以看出，创造活动破边力之颠覆性，创造活动裂变力之强烈性，进而也可以看出，创造活动的价值的不可或缺性。

从本篇的内容，还可以品味到创造活动的破边性与裂变性的演进过程，进而提升实施想象与逻辑的相互撞击与相互交融的能力。人类正是自发地、不知不觉地利用其创造活动的价值，才得以存在与发展，才得以认识世界和改造世界，才得以构建今天的世界文明。然而，今天的人类社会正面临着日益严峻的挑战，自发地、不知不觉地利用创造活动的价值已经不能满足人类社会的需求，主动地、系统性地和科学地利用人类创造活动的价值，已经成为人类社会发展的必然要求。

人类创造活动是人类解决其面临的所有重大问题与挑战的坚实可靠的基础，革命性地提升创造活动水平是人类所面临的一切问题与挑战中的最为严重的问题与挑战，是人类所有亟待解决的问题之首。人类创造活动水平问题是所有重大问题之根，是所有严峻挑战之根。认清创造活动的价值，优先解决创造活动水平的革命性提升问题，是解决所有重大问题和战胜所有严峻挑战的关键。人类创造活动水平得以革命性提升后，人类将战胜所面临的其他一切重大问题和挑战，人类将更上一层楼。人类必须清楚地认识到这一结论的重要性，否则，生死存亡性问题与挑战将接踵而至。认清创造活动的破边性与裂变性，主动地、系统性地和科学地利用人类创造活动的价值，是革命性地提升人类创造活动水平的关键所在，是革命性地提升科学技术产出的关键所在，是革命性地与极大地提升社会生产力的关键所在，是人类战胜所面临的日益严峻挑战、早日驶向更美好明天的关键所在。

因为，本篇和第三篇提出了多项科学定律，所以有必要在此对关于科学定律（以下称定律）的知识予以理清。

知识一：思想是定律的核心，语言文字的阐述是定律的根本形式，而用公式表达定律是一种通用手段，但用公式表达不是不可或缺的形式。用公式表达定律的确直观了当，但是用公式表达定律是再简单不过的事了，定律的伟大不是根源于其公式，而是根源于其思想。因此，定律必须有公式才可称为定律或没有公式不可称为定律的说法是一种逻辑错乱。

知识二：不能要求定律被证明，一切被证明的都不是定律，证明定律的过程是使定律成为定理的过程。如果牛顿惯性定律得到证明，就意味着惯性定律的内在逻辑成为已知，惯性定律就会成为定理。因此，定律只能被验证，不能被证明。

知识三：定律是不可被否定的处于已知与未知界面上的关于事物规律的阐述，不可被否定是定律成立的充分必要条件，所有真正的定律无不如此。随着已知域的拓展，部分定律将丧失定律性。否定性的冲击是定律必不可少的洗礼，经得起否定性冲击是定律的前提，而验证特别是证明不是定律的前提。

验证不是定律成为定律的前提，但对定律的验证具有重大现实意义。对定律的证明必然导致其定律性的消亡，但却标志着认知领域的重大进步。任何定律都是以偏概全的经典之作，没有以偏概全就不可能有逻辑性突破和哲学性理清，没有以偏概全创造定律的可能性也就必然消亡。任何定律都高于、广于验证的极限，即都超越验证的极限，所以验证不可能成为定律的前提。

第三篇　论创造活动的演进逻辑

　　任何人类活动都有一定的演进逻辑可以遵循，创造活动也不例外，也有其演进逻辑可遵循，这一演进逻辑称为创造活动的演进逻辑。事物间必然的、本质的、千丝万缕的联系如同浩瀚苍穹，创造活动就是在这浩瀚苍穹中寻找未知的穿梭，而创造活动的演进逻辑就是这一穿梭的逻辑性攻阵，也就是创造活动的脉络与方向。深刻把握创造活动的演进逻辑是高效实施创造活动所必需。科技创新工程领域的创造活动是人类创造活动的代表，且各个领域的创造活动的演进逻辑均类同。为此，本篇主要论述科技创新工程领域人类创造活动的演进逻辑。

　　科学是规律，科学研究是寻找规律、认识自身与认识世界的工程。技术是规律的载体，技术研发是发现和创造规律载体、改造自身与改造世界的工程。每个规律都对应着无数的载体，每个载体都表达着无数的规律。这里的规律包括科学规律和技术规律。所谓科学规律，是指某一层面所有存在的共性逻辑。所谓技术规律，是指某一类存在的共性逻辑。科学规律的定律称为科学定律，技术规律的定律称为技术定律。热力学第二定律所揭示的属于科学定律，而约十年前，作者归纳出的"收敛—受热—发散"（如图3-1所示）这一热机逻辑本质就属于技术定律。"收敛—受热—发散"这一技术定律是所有已知热机和未知热机都必须遵循的共性逻辑。如第二篇所述，验证不是科学定律的前提，但对科学定律的验证具有重大现实意义，对科学定律的证明会使科学定律消亡，但对科学定律的证明却标志着认知领域的重大进步。而对技术定律而言，如果以科学定律为起点其可以被证明。

图 3-1 热机逻辑本质示意图

第一章　问题演进

　　问题演进包括发散工程、收敛工程和判断工程三个方面，发散、收敛和判断构成了问题演进系统。

一、发散工程

　　所谓发散工程，就是异想工程，即是异想天开地想、放纵地想、天马行空地想和狂妄地想的工程。交流、切磋和辩论等刺激往往对发散工程具有重大的推动作用。

（一）昊想

所谓昊想，是指在无边无际的时空中，演绎想象与逻辑的相互撞击与相互交融、寻找问题或问题之解的工程。只身一人，断光、断震、断感，仰望苍穹，心无旁骛、脑无旁思地感知宇宙、倾听宇宙对你的存在与扰动的回应，进而寻找想象的空间和逻辑的痕迹，这就是昊想的一种形态。所谓倾听宇宙对你的存在与扰动的回应，就是将自己的认知与主观意识展现在宇宙面前予以梳理的过程。昊想是针对大时空和深时空问题的创造活动工程。

昊想适用于解决大尺度时空问题和深时空问题，是解析宇宙处处朦胧、事事逻辑这一形态的工程，是梳理自己的工程，是想象与逻辑相互撞击与相互交融的宏大场面。

（二）点思

所谓点思，就是针对俯视时空（低头所面对的时空，意指相对小的时空）绞尽脑汁地寻找问题或问题之解的工程，即针对俯视时空问题的创造活动工程。

点思可分为特振点思、挂脑点思、居内点思、凝视点思、环绕点思、把件点思、摆件点思和表达点思等。

所谓特振点思，是指在适合于自己的背景音乐或背景振动下进行创造活动的过程。适合于自己的背景音乐或振动非常有利于思维的流动，有利于创造活动向深度和广度挺进。

所谓挂脑点思，是指将问题挂置于脑，不时不刻地用创造活动撞击问题或撞击俯视时空以寻找问题和问题之解的创造活动方式。这种方式有利于我们利用零散时间进行创造活动。例如，饭余茶后、闲庭信步和睡梦之境等。这实质上是一种断续性的创造活动，断续性的创造活动往往会迸发出新灵感。

所谓居内点思，是指将自己置身于问题之中或置身于问题结构之中，寻找问题与问题之解，或置身于俯视时空之中，寻找问题与问题之解的创造活动方式。例如，将复杂逻辑系统构建成大结构，在这一大结构中行走观察等。居内点思有利于身临其境地感知问题和身临其境地发现或创造问题之解，有利于创造活动的快速推进。

所谓凝视点思，是指通过对问题或问题结构长时间地、安安静静地凝视或通过对俯视时空长时间地、安安静静地凝视以寻找问题与问题之解的形式进行创造活动的方式。同样，凝视点思也是一种有效的创造活动方式。

所谓环绕点思，是指以对问题或问题结构进行边观察边思考环绕漫步的形式进行创造活动的方式。

所谓把件点思，是指把问题或问题结构做成把件置于手中，以反复摆弄、观察和思考的形式进行创造活动的方式。

所谓摆件点思，是指把问题或问题结构做成摆件置于眼前，以反复摆弄、观察和思考的形式进行创造活动的方式。

所谓表达点思，是指反复性地用语言或文字表达相关问题和对相关问题的思考，且力争每次的表达不同，力争每次的表达具有递进性的创造活动方式。这种创造活动不仅有效，而且还会使创造活动升级。

（三）问天

所谓问天，就是怀疑一切地问、质疑一切地问、漠视一切地问和不知一切地问，就是问一切存在之根、问一切根的根、问一切现象之逻辑、问一切逻辑之现象、问一切逻辑的逻辑、问一切狂想的可行性、问天下人不问之问和问天下人不敢问之问。

将自己深度入戏于所有存在的不知者，所有人类文明的不知者，你就会成为一个问天者。具有深广知识的问天者，往往会成为伟大的创造者。问题是创造活动的出发点和归宿。发现问题、提出问题、判断问题可行性和解决问题是创造活动的核心旋律。然而，问不该问、思不该思、提出问题和发现问题是创造活动的起点，没有这一起点，创造活动无从谈起。

发现问题和提出问题往往比解决问题更为重要，也更为艰难，因为解决问题的本质是在问题指向下利用已知构建未知的过程，有时也许只通过一个数学上或一个实验上的技巧即可完成，虽说这也是创造活动，但属于有指向性创造活动。然而，发现问题和提出问题，从新的角度看问题，却需要无指向性创造活动。

有指向性创造活动好比对已知东经北纬坐标点的复杂地质条件金矿的挖掘。而无指向性创造活动好比在一无所知的条件下，发现复杂地质条件金矿的无人能视的蛛丝马迹，且根据这些蛛丝马迹判明其东经北纬坐标与储量，或根据独有的想象与逻辑判明复杂地质条件金矿的东经北纬坐标与储量。简言之，无指向性创造活动是在不知道病可不可治的前提下寻找治病的方法或药物，而有指向性创造活动是在已知病可治的前提下寻找治病的方法或药物。显然，无指向性创造活动比有指向性创造活动更加艰难。因此，发现问题和提出问题往往比解决问题更为重要，也更为艰难。解决已知问题固然重要，但是，发现问题、提出问题，再解决这些问题是更伟大的进步。人类历史上真正伟大的贡献都属于发现问题、提出问题，再解决这些问题这一范畴。

如果你比亚历山大弗莱明（Alexander Fleming 1881年8月6日—1955年3月11日）更早发现霉菌周围的葡萄球菌菌落的溶解的微小变化，那么，你可能就是青霉素的发现者。

如果你能问问，能不能发明一个系统让汽车在冰雪泥滑路面上可以边刹车、边转向？那么，你可能就是汽车 ABS 防抱死系统的发明人。

如果你能问问，能不能用叶轮取代活塞使空气压缩和膨胀？你可能就是燃气轮机和航空发动机的发明人。

如果你能问问，能不能像用橡胶管导流水一样，把光导流到任何需要的地方？那么，你可能就是光纤的发明人。

如果你能问问，能不能将手机、寻呼机、照相机、电能和网络整合在一起，你可能已经缔造了自己的苹果公司。

如果你能问问，能不能将联接线与电子元件做在一起进而极大幅度地降低电路体积？你可能就是集成电路的发明人。

如果你能问问，如果光速在所有惯性参照系下都不变，且自然规律遵从洛伦兹变换而不是伽利略变换，世界将会怎样？那你可能就是爱因斯坦。

一个具有深广知识的发散者和蛛丝马迹的捕捉者，往往会成为伟大的创造者。

二、收敛工程

所谓收敛工程，就是聚焦工程，就是对发散工程所获得的问题与问题之解进行整理、提炼、归纳与验证的工程。发散工程是创造活动的起点，而收敛工程是获取创造活动成果的必经之路。每经过一会儿、一天或一段时间的发散工程后，都要进行收敛工程，这不仅仅是对发散工程的总结，还是确立下一个发散工程的起点与方向的途径。收敛工程与发散工程的相互接续和相互作用，构成问题演进的流动性和进展性。同样，交流、切磋和辩论等刺激，也往往对收敛工程具有巨大的推动作用。

（一）文字收敛工程

所谓文字收敛工程，是指用文字记录发散工程的路径、场面和所获认知的工程。

（二）哲学逻辑收敛工程

所谓哲学逻辑收敛工程，是指用已知哲学逻辑对发散工程的路径、场面和所获认知进行比对的工程。

（三）科学原理收敛工程

所谓科学原理收敛工程，是指用已知科学原理对发散工程的路径、场面和所获认知进行比对的工程。

（四）科学实验收敛工程

所谓科学实验收敛工程，是指用已知科学实验的结果对发散工程的路径、场面和所获认知进行比对的工程。

三、判断工程

除发现问题、提出问题和解决问题之外，还有一个问题的问题，那就是判断问题与问题之解的可行性。也就是说，对于问题演进，除发散工程和收敛工程外，还要有判断问题与问题之解的可行性的工程，即判断工程。

（一）科学实验判据

几乎所有人都会认为科学实验是判断问题与问题之解的可行性的真正判据，其实这是一种逻辑错乱。科学实验根本不是问题或问题之解的可行性的真正判据，因为科学实验只是对某一条件下的可行与否的验证，不代表真正意义上的可行与否，为此，将科学实验称为有条件判据。

任何一个可行的都是许多不可行的来者，任何一个成功都是许多失败的来者。科学实验是问题与问题之解的可行性的有条件判据，而任何有条件判据都不可能是真正判据，这是不言而喻的逻辑。

如果我们把科学实验当作问题或问题之解的可行性的真正判据，那么，这不仅是逻辑错乱的问题，而且还会严重阻碍科学技术进步。

因为，如果我们把科学实验当作问题或问题之解的可行性的真正判据，那么今天许许多多的文明都不会存在。例如：飞机不可能存在，因为莱特兄弟的第一次科学实验其实是失败的；冲压发动机不可能存在，因为在冲压发动机被提出后约半个世纪没能获得科学实验验证出的可行性；相对论不可能存在，因为在爱因斯坦确立相对论时，还没有科学实验可以验证相对论的可行性；等等。类似的实例举不胜举。

事实上，科学实验只能证明问题与问题之解可行，而不能证明问题或问题之解不可行。

也就是说，如果某一问题（包括问题之解）被科学实验验证为可行，那么，这一问题一定可行；如果某一问题（包括问题之解）被科学实验验证为不可行，那么，这一问题不一定不可行。

（二）科学原理判据

与科学实验判据类同，几乎所有人都会认为科学原理是判断问题与问题之解的可行性的真正判据，其实这也是一种逻辑错乱。科学原理根本不是问题与问题之解的可行性的真正判据，因为科学原理只是在人类科学认知范围内的可行与否的判据，受人类科学认知深度和广度的限制，得出的不可行性是有限的，不代表真正意义上的可行与否，为此，将科学原理称为有限判据。

任何一个合乎科学原理的都是许多不合乎科学原理的来者，任何一个肯定都是许多否定的来者。科学原理是问题与问题之解的可行性的有限判据，而任何有限判据都不可能是真正判据，这也是不言而喻的逻辑。

任何一个深刻问题，特别是极其深刻的问题，都是对现有科学原理的超越与颠覆，而任何超越与颠覆都是被超越或被颠覆的所不能及的，被超越或被颠覆的不可能成为超越与颠覆的判据，这仍然是不言而喻的逻辑。

如果我们把科学原理当作问题或问题之解的可行性的判据，其逻辑错乱的程度与把科学实验当作问题与问题之解的可行性的判据相比，可谓有过之无不及，而且其阻碍科学技术进步的程度更是有过之无不及。

因为，如果我们把科学原理当作问题与问题之解的可行性的判据，那么，今天的一切文明几乎都不复存在。例如，日心说与地心说相违背，日心说不应存在，爱因斯坦相对论与牛顿力学定律不相符，相对论不应存在等，想想非常可怕。

科学原理只能证明问题与问题之解可行，而不能证明问题或问题之解不可行。

也就是说，如果某一问题（包括问题之解）被科学原理验证为可行，那么，这一问题一定可行，如果某一问题（包括问题之解）被科学原理验证为不可行，那么，这一问题不一定不可行。

（三）哲学逻辑判据

问题与问题之解的可行性的真正判据究竟是什么？答案是哲学逻辑。只有用哲学逻辑判断问题可行与否，才能得到问题与问题之解的可行性的终极判断。

换句话说，只有哲学逻辑才是问题与问题之解的可行性的真正判据，因为哲学逻辑是囊括已知逻辑和未知逻辑的集合，包含着已知科学原理的根本逻辑，也包含着未知科学原理的根本逻辑，当然不言而喻地包含着目前可以实施的科学实验和目前不可实施的科学实验的根本逻辑。

以哲学逻辑判断某一问题（包括问题之解）可行，那么，这一问题一定可行，如果对于这一问题目前无法获得科学实验证明，那只能说明科学实验条件还不完备或科学实验手段存在问题，如果对于这一问题目前无法获得科学原理证明，那只能说明人类科学认知还有待于进步。

以哲学逻辑判断某一问题（包括问题之解）不可行，那么这一问题一定不可行，如果这一问题已经获得科学实验证明，那只能说明针对这一问题的科学实验有误，如果这一问题已经获得科学原理证明，那只能说明人类对于这一问题的科学认知有误。

综上所述，问题与问题之解的可行性判据有三个级别，即有条件判据、有限判据和真正判据，分别称为初级判据、高级判据和终极判据。换言之，科学实验是初级判据，科学原理是高级判据，哲学逻辑是终极判据。

然而，对一般性的问题与问题之解，人们应当将科学实验当作问题与问题之解可行性的判据。其原因有二：

其一，人类的物质文明是建立在科学实验验证基础上的现实，没有科学实验验证和实物的交付很难推动人类物质文明的进程。

其二，科学实验验证往往只要钱牛即可，不一定需要人牛，往往钱牛比人牛更容易实现。人牛不具有可积累性与可叠加性，钱牛具有可积累性与可叠加性，因此，后者更容易实现。

对于深刻的问题与问题之解，人们应当将科学原理当作问题与问题之解可行性的判据。其一，科学原理与哲学逻辑相比相对显而易见；其二，将科学原理当作问题与问题之解可行性判据是当今绝大多数科学家所能达到的极限。

对于极其深刻的问题与问题之解，必须把哲学逻辑当作问题与问题之解可行性的判据，在哲学逻辑层面上判断问题成立与否。因为，只有用哲学逻辑上的成立与否才能判断超越或颠覆已知科学原理的问题的可行与否，别无他途。

例如，原始粒子的尺度为什么那么小？为什么不可以再小点儿？为什么不可以再大点儿？回答这些问题，难以用实验方法，也没有相关科学原理，只能借助哲学逻辑手段。

宇宙是个孤立体系，这是基本共识。那么如果一个孤立体系在某一时刻只有 A，在下一时刻又有了 B，那么 B 肯定是由 A 得来的，且 A 是 B 的唯一的因。由于任何事物都不可能是无源之水、无本之木，因此，可以归纳为：如果 A 是 B 的唯一的因，则 B 一定由 A 决定。作者称之为因果定律。

再例如，宇宙收敛趋近极限奇点时，原始粒子即将重生，这时只有宇宙总质量这唯一的因，故，原始粒子的尺度由宇宙总质量决定，别无其他可能性。

解决问题的问题，即发现问题、提出问题、判断问题与问题之解的可行性和解决问题，需要自信力、洞察力、创造力和哲学思维方法等。

问题是创造活动的出发点与归宿，以问题为导向，以科学实验为躯体，以科学原理为思想，以哲学逻辑为灵魂，艰苦卓绝、绞尽脑汁、砥砺前行，是解决问题之问题的基本样相。

第二章　时空演进

所谓时空演进，就是利用时间和空间关系的变换进行创造活动的工程。

一、系统整合

所谓系统整合，是指通过系统内单元间关系的整合或系统性再造，创造新系统的工程。假设一个系统包括 N 个单元（也可以是子系统或部件），每个单元的技术水平已经达到极限，那么，这个系统的性能还有没有提升的空间呢？答案是肯定的。

那么，如果一个包括 N 个单元的系统，每个单元的技术水平都不如另一个系统的单元的技术水平，那么，前者的性能又有没有可能优于后者？答案也是肯定的。任何两个以上的单元处于同一个系统时，都会形成新的逻辑关系，新的逻辑关系的数量会随单元数量的增加而剧增。单元间逻辑关系匹配与否对系统的性能具有决定性作用。例如，搬运大石块时，十个强壮大汉如果协调不好，完全可能远不如十个柔弱女子。再例如，三个火车头同时牵引一列车厢时，如果协调不好，可能还不如一个火车头牵引这列车厢时跑得快。这两个例子论证了单元间逻辑关系的重要性。事实上，单元间逻辑关系对系统的负熵位高具有决定性。单元的技术水平固然重要，但是多个单元间逻辑关系的科学整合往往会创造出更高级的系统。系统整合能够得到更高水平系统的科学根据是系统各单元间的匹配度提升，会提升系统这一逻辑物的负熵位高，这就是系统整合的基本逻辑所在，这也是著名的米格-25效应的科学根据所在。

对于现存的系统，极大地提高其性能的途径之一就是系统再造。所谓系统再造，就是针对现存系统的特殊性，对系统内单元间、部件间、单元与部件间的逻辑关系以及单元和部件进行重新构建，创造更高级的系统的工程。系统再造是系统整合的一种高级形式。美国超级卡车计划就是系统再造的一个典型案例。

在美国超级卡车计划中，通过系统再造使卡车综合油耗降低50%。这绝对是卡车运输领域的一次革命，而这一革命的根本就是系统再造。系统再造会导致系统负熵位高革命性提升，进而导致系统的效率与性能的革命性提升。

下面重点以燃料电池的系统整合为例，进一步论述系统整合的科学性、可行性与重要性。

过去的30年是燃料电池研发的重投入期，仅加拿大的巴拉德公司一家就在政府和整车厂的支持下累积投入数十亿美元，其中，1997年奔驰公司向巴拉德公司燃料电池项目投入2亿加元，1998年福特公司向巴拉德公司燃料电池项目投入4.2亿美元，2015年欧盟宣布每年向巴拉德公司燃料电池项目投入4.7亿欧元（持续2年）。全球燃料电池专利已达13万7千项，每一项专利的平均申请费用约为1万美元，每一项专利背后的平均研发费用约为20万美元，因此，迄今为止，全球在燃料电池相关领域的研发费用达200亿美元左右，专利申请费用为10亿美元左右。然而，在所有燃料电池中，氢燃料电池是研发投资密度最高的，也是技术成熟度最高的，但时至今日，氢燃料电池依然没有实现真正意义上的产业化。

事实上，过去30年间燃料电池领域的研发主要集中在燃料电池的电化学领域，且已经使燃料电池催化剂等电化学技术达到了相当高的水平，电化学技术问题已经不是燃料电池产业化的根本控制因素。继续在电化学方向研发，不仅难以在短时间内取得新突破，而且意义不大，然而燃料电池的系统技术的突破才是燃料电池走向产业化的关键与必经之路。

为此，如果能够实现燃料电池系统技术的突破就可以获得先机，就能掌控全局，也就会占据市场主导地位。所以，从系统思维入手，实施多学科和多领域的交融，通过燃料电池系统的系统整合，实现燃料电池系统技术的突破，就可以突破燃料电池产业化的技术障碍。图3-2是传统燃料电池发动机系统示意图，这一系统存在着空气增压功耗大、氢气压力能未得到利用、成本高、寿命短、自适应要素逻辑缺失等问题。其中，2.5个压比时空气压缩功耗约为电堆功率的20%，这主要是源于空气压力能没有得到利用；氢气压力能未得到利用使约占氢气热值的10%、约占电堆功率的20% 的700 bar 氢气的压力能被白白浪费。

燃料电池成本高的一个重要原因是增压成本高，图3-2所示的传统增压系统的成本约占燃料电池系统的五分之二，因此，降低增压系统成本是降低燃料电池系统成本的根本途径。

从系统上讲，燃料电池寿命的长短源于电化学产物逃逸问题，而使电化学产物快速逃逸是提高燃料电池寿命的捷径。自适应要素逻辑的缺失导致难以满足的高一致性要求和高同步性要求，进而导致控制和寿命的问题。若在系统中增加一个使电化学产物快速逃逸的自由度，就会降低对膜电极的高一致性要求和对其运行的高同步性要求，就会降低成本，就会延长寿命。所谓自适应要素逻辑缺失，是指各个子燃料电池的化学生成物的逃逸不具有自适应自由度。在传统燃料电池系统中，只有极其严格地控制其制造一致性，才能保证其化学生成物（例如水）积累的一致性。如果达到高制造一致性，就必然导致制造困难和制造成本的上升，否则，就必然导致控制系统的复杂性、寿命的降低和总体成本的上升。

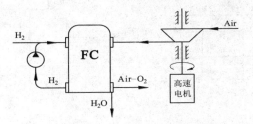

图 3-2 传统燃料电池发动机系统示意图

如果通过系统整合，开发如图3-3所示的能量自平衡燃料电池发动机增压系统，就能解决燃料电池系统增压功耗大的问题（即回收空气压力能问题）、解决氢气压力能未得到利用的问题、解决成本高等问题。当这一能量自平衡增压系统的增压压比为2.5时，理论上将使原功率为100kW 的燃料电池系统在不增加燃料消耗的前提下，功率提高到120kW。不仅如此，在电堆成本不变的前提下，这一技术方案可以使燃料电池系统的造价降低25%～30%。由此可见这一系统整合显然具有重大意义。

此外，如果开发如图3-4所示作者发明的堆机一体化燃料电池发动机系统，就能解决电化学生成物的快速逃逸问题，解决因自适应要素逻辑缺失导致的难以满足的高一致性要求和高同步性要求，进而降低对膜电极的高一致性要求和运行的高同步性要求，降低成本、延长寿命。这将推动燃料电池的产业化。

堆机一体化燃料电池发动机系统还适用于开发用于潜艇等特殊环境的氢氧燃料电池发动机系统。通过燃料电池的这两个系统整合性技术方案，可以看出系统整合性创造活动的重要性。

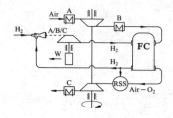

图 3-3 能量自平衡燃料电池发动机
增压系统示意图

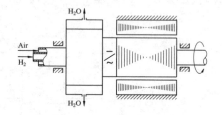

图 3-4 堆机一体化燃料电池发动机
原理示意图

二、时空互换

所谓时空互换，是指通过以时间换空间或以空间换时间的方式，进行创造活动的工程。具体说来，针对系统的特殊性，对单元与单元间和过程与过程间的逻辑关系进行重新构建，通过时间换空间和/或空间换时间的手段，就可能创造出更高级的系统。这个过程称为时空互换。时空互换往往会产生巨大变革，亨利福特发明的流水线就是一个典型的时空互换案例。从根本上讲，中国的活字印刷术也属于时空互换的结果。

不仅如此，人类战争史上的许多经典战例，都是以时间换空间或以空间换时间，或时而时换空、时而空换时取得的。所以，时空互换是众多领域的重要的创造活动方式，往往会收到事半功倍的效果。

三、时空拓展

所谓时空拓展，是指在保持基本逻辑不变的前提下，向宏观、向微观或向不同方向挺进的创造活动工程。从焊接电路到印刷电路是一次重大变革，但是印刷电路的体积仍然过大。电路的根本是逻辑关系而不是功率，既然是逻辑关系就不在乎大小，只要逻辑关系正确即可，这是电路的根本属性。电路的根本属性说明，元件及元件与元件间的连接变小并不影响电路的性能。

为此，我们完全应该把电路的元件及元件与元件间的连接做小到技术可以实现的极限程度。这样就可以大大减少电路占据的空间，节省元件及元件与元件间连接的材料消耗，且可大幅降低发热量，降低功耗。如此类推，极限状态显然是在一块材料上刻出所有元件及元件与元件间的连接。这显然是指向了集成电路。不仅如此，还可以通过多层电路的互连实现立体集成电路。或者，干脆就把元件布置在立体空间内创造纯立体集成电路。这就是时空拓展的基本逻辑。

人们对机器人的结构已经一清二楚许多年了，如果我们利用集成电路的制造技术或用微观3D打印技术制造出微米尺度或纳米尺度机器人可能具有巨大的发展空间，而这就属于时空拓展。再如，由旋转电机发明直线电机属于不同方向上的时空拓展。

四、类比跨界

所谓类比跨界，是指利用类比的思维方法，从一个领域跨越到另一个领域的创造活动工程。这是一个大有作为的创造活动逻辑。

液力变矩器在机械和动力领域应用十分广泛，但是由于液体粘度大、流动损失大，所以发热量大、效率低。气体流动粘度要比液体低得多、流动损失要小得多，那么，能不能发明重分子有压气体变矩器呢？显然是可以的。作者就利用这种逻辑，发明了六氟化硫变矩器。那么，能不能发明磁力变矩器呢？如果能发明磁力变矩器，就可以大幅度提高变矩器效率及其应用范围。

如图3-5所示，液力变矩器的逻辑是泵轮叶片正面泵出的液体对涡轮打击传动后，再经导轮（即定子）折返后对泵轮叶片的背面打击传动。这样，就可利用对涡轮叶片打击传动后的流体的剩余动能对泵轮叶片背面打击传动以减少泵轮所需机械扭矩，进而增加涡轮的对外输出扭矩与泵轮所需机械扭矩的比值，实现增加扭矩的作用。

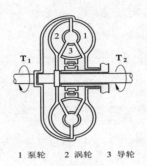

1 泵轮　2 涡轮　3 导轮

图 3-5 液力变矩器示意图

作者根据液力变矩器的这一逻辑，发明了长定子磁力变矩器（如图3-6所示），这种磁力变矩器包括电磁转子 A、电磁转子 B$_1$、电磁转子 B$_2$、电磁定子和变频器，其工作逻辑与液力变矩器工作逻辑完全一致。在此基础上还发明了如图3-7所示的短定子磁力变矩器，其中包括电磁转子 A、电磁转子 B$_1$、电磁转子 B$_2$、电磁定子和变频器，其工作逻辑也与液力变矩器工作逻辑类同。

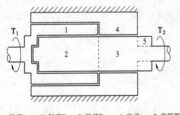

1 转子A　2 转子B$_1$　3 转子B$_2$　4 定子　5 变频器

图 3-6 长定子磁力变矩器示意图

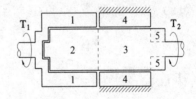

1 转子A　2 转子B$_1$　3 转子B$_2$　4 定子　5 变频器

图 3-7 短定子磁力变矩器示意图

如果构建如图3-8所示电磁传动装置，且利用电子控制单元控制转子 B 对转子 C 的供电逻辑，就能够实现转子 A、转子 B、转子 C 和转子 D 协调工作，就可以制造出在变速性能、变速域和成本等方面都优于传统变速箱的变速箱和变矩器。

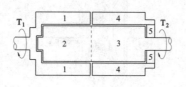

1 转子A 2 转子B 3 转子C 4 转子D 5 变速器

图 3-8 电磁变速箱示意图

变矩器和变速箱的这两个例子说明了类比跨界的基本逻辑。不仅如此，根据第二篇第三章所述的方法与方法的内在关系，我们知道，如果已经发现一种方法能够解决某一问题，那么一定存在解决这一问题的另一种方法，也一定能够找到另一种方法来解决这一问题，只要你拥有足够的创造力，为此，类比跨界的逻辑可以应用到许多创造活动之中。

类比跨界的根本是跨界，类比跨界往往事半功倍，因为逻辑是已知的，不需要复杂的逻辑提升，但效果却可能具有颠覆性。

五、因果倒置

所谓因果倒置，就是利用因果之间的相互联系，从果出发创造因的创造活动工程。

陀螺的进动是物理学中的常识。如果我们使高速气流做高速螺旋旋转运动，再使气流螺旋旋转运动轴线偏摆，那么，高速螺旋旋转气流就会像陀螺一样既旋转又进动，如果反之，就可以获得逆向结果。通过反向思维（因果倒置）以及正反并立，就可以发明出新型变速器、压气机和新型透平（发动机）。图3-9为作者发明的进动发动机示意图。

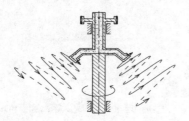

图 3-9 进动发动机示意图

法拉第认为，既然电可以产生磁，说明电与磁是相互联系的，那么磁就应该能产生电。法拉第就是在这样的逻辑指引下，进行了大量实验获得成功，为发电机的诞生奠定了理论基础。

爱因斯坦的质能方程 $E=MC^2$，其实质是阐述了质量和能量之间可以相互转换的原理。核能，无论是原子弹、氢弹、中子弹，还是核能电站，其本质都是以质量换能量的过程，即从 M 到 E 的过程。实现从 M 到 E 固然伟大，但是如果能够找到实现以能量换物质的技术手段，即如果能够找到实现从 E 到 M 的技术手段，则更伟大。即 $M=E/C^2$ 比 $E=MC^2$ 更重要，也更伟大。

从 E 到 M 的过程一定需要极高负熵位高的能量，而光线、电磁波等射线的负熵位高极高，为此，实现从 E 到 M 的技术手段如果被找到，很可能意味着利用光线等射线造物质的时代的到来。从 E 到 M 很可能是某些天体间物质传输的一个途径，在浩瀚的宇宙中，从 E 到 M 的过程一定存在，人类有朝一日一定会找到实现从 E 到 M 的技术手段。

以上两个例子和爱因斯坦质能方程的逆过程的逻辑都属于因果倒置。有因必可创造果，有果必可创造因，尽管创造过程可能需要极大负熵差。

六、所在变换

所谓所在变换，是指时而当观众，时而当演员，通过位置变换和角度变换促进对事物内在的、本质的联系的认知与理解，进而促进创造活动向深度与广度挺进的工程。

置身于内、置身于外、从逻辑认知到形态创造和从形态认知到逻辑认知与提升，是所在变换的核心内涵。如果你能够置身于外，假设自身悬浮于天体之外，将自己当作观众，将宇宙间其他一切当作演员，当你看到两个天体迎面而撞，或看到一个天体围绕另一个天体绕圈圈，或看到一个苹果突然落地，那么你离发现万有引力和提出万有引力定律也就不会远了。

如果你把自己当作电机的转子，你就会感受到自己接收的扭矩和自己给出的扭矩相等，进而提出扭矩守恒定律。

七、归零再造

所谓归零再造，是指将与目标问题相关的逻辑物的人类文明从思野中全部移出归零，只将与目标问题相关的最基本的原理、定律和目标问题留在思野之中，通过创造活动另辟蹊径地重新创造能够解决目标问题的逻辑物的工程。为了发明一种高速、高效且低成本的地面掘进系统，推动大规模荒漠化治理工程，作者研究了几乎所有的地面掘进系统，发现现有的一切地面掘进系统都不能满足要求，也没有足够的整合与提升的空间，所以作者就运用归零再造的逻辑发明了从原理到结构和运行方式均与现有掘进系统完全不同的射流掘进系统（如图3-10所示）。因为这一系统可以高速、高效且低成本地在荒漠化地区进行大规模植树造林，所以也称为射流植树机。这一系统的每个射流枪仅仅用几升水就可以在10秒内于坚硬地面上（例如中国东北冬季地面上）掘进出1.5米深的植树孔，每个系统可以配置十数个射流枪，掘进速度、效率和成本都发生了革命性变革。这一系统于2003年产业化，且已经成为荒漠化治理的不可或缺的装置，为荒漠化治理做出了巨大的贡献。但射流掘进系统已经被大规模仿造，遭遇严重侵权，现在这一系统已经成为某大型企业的战略支撑性装备。

归零再造对创造活动水平的要求非常高，但所创造的逻辑物却往往极具颠覆性。

图 3-10 射流掘进系统

此外，为了开发清洁、高效且燃料多样性的发动机，作者还是运用归零再造的逻辑，按照出发点为燃料，目标是清洁、高效的内燃机，过程始于零的思路，发明了低熵发动机（如图3-11所示）。低熵发动机采用连续燃烧的方式从根本上降低了污染排放，且实现了泛流体燃料的热功高效转化。低熵发动机是燃料动力利用的一种高效、清洁、可靠的形式。

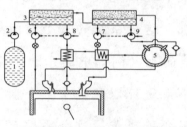

1 液化空气罐　2 低温泵　3 液化空气与乙二醇水溶液
直混对流热交换器　4 空气与燃料直混对流热交换器
5 连续燃烧室　6、7 马达　8、9 泵

图 3-11 低熵发动机示意图

八、纵横转换

所谓纵横转换，是指以将纵向因素转换为横向因素或反之的形式，寻找规律和载体的创造活动工程。图3-12为传统燃料电池电堆示意图，其电流流向为膜电极的法线方向，这种结构决定了双极板的存在，也决定了这种电堆的低压大电流属性和多物流通道属性。

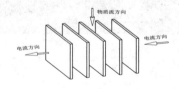

图 3-12 传统燃料电池电堆示意图

多物流通道属性严重影响寿命，也是阻碍燃料电池产业化的

一个关键因素。如果能发明出高电压、低电流、少物流通道的燃料电池，将大幅度扩展燃料电池的应用前景。如果能发明出物流通道少的燃料电池，特别是如果能够发明出双物流通道高电压燃料电池，则将具有重要意义。双物流通道高电压燃料电池将使电堆控制得以简单化，将大幅度提高电堆的可靠性和寿命。如果按照纵横转换的逻辑，改变电流流向，使电流沿着与膜电极法线相垂直的方向流动，将开辟具有新结构的燃料电池。现在，将膜电极的膜的两个面分别定义为 A 面和 B 面，如果我们使 A 面的相邻的 A_1 区和 A_2 区电力连通构成双联 A 区，使 B 面的相邻的 B_1 区和 B_2 区电力连通构成双联 B 区，按照串联逻辑使双联 A 区与双联 B 区错位设置，且按照串联逻辑设置氧化剂区和还原剂区（即燃料区），就可以构建如图3-13所示的双联膜电极燃料电池，也可以构建如图3-14所示的阵式双联膜电极燃料电池。这两种燃料电池均适用于高电压低电流的用途，物流通道少，且没有双极板。

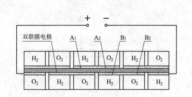

图 3-13 双联膜电极
燃料电池示意图

图 3-14 阵式双联膜电极
燃料电池示意图

如果使 A 面的 A_n 区与 B 面的 B_n 区相对应，且使 A_{n+1} 区和 B 面的 B_n 区电力连通，就可以构建如图3-15所示的串联膜电极燃料电池和如图3-16所示的组件串联膜电极燃料电池。

这种燃料电池可极其小型化，具有高度灵活性，具有极其广泛的应用前景。

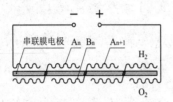

图 3-15 串联膜电极
燃料电池示意图

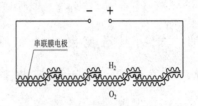

图 3-16 组件串联膜电极
燃料电池示意图

不仅如此，我们还可以构建如图3-17所示的排式串联膜电极燃料电池，如图3-18所示的筒式串联膜电极燃料电池和如图3-19所示的涡旋式串联膜电极燃料电池。

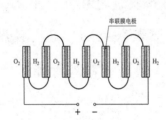

图 3-17 排式串联膜电极
燃料电池示意图

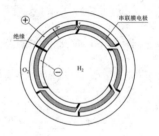

图 3-18 筒式串联膜电极
燃料电池示意图

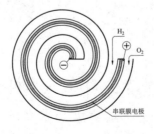

图 3-19 涡旋式串联膜电极燃料电池示意图

上述七种燃料电池都是运用纵横转换逻辑构建的新型燃料电池，适用于各类燃料电池，也都适用于不同的使用目的。

这些燃料电池从根本上减少了氧化剂和还原剂的通道数量，具有功率密度高、结构简单、散热性好、生成物的逃逸性好、可控性高和使用寿命长等优点。

由此可见，纵横转换逻辑往往会比较轻松地获得可观的创造活动成果。

第三章　浅定深用

所谓浅定深用，是指将浅而易懂的定律深用到极致，以推动创造活动向深度和广度挺进，进而解决深刻而复杂问题的工程。

一、能量守恒定律与动力传输逻辑盒子

如果我们想发明一个装置将往复运动（或摆动运动）转换为旋转运动，或反之，或者，我们已经发明了一个装置，想分析判断这个装置是否是能够实现往复运动（或摆动运动）和旋转运动之间相互转换的装置，我们就可以构建一个逻辑盒子，无论这个逻辑盒子的内部结构是什么，只要这个逻辑盒子满足某些条件即可。如果这个逻辑盒子满足输入为往复运动（或摆动运动），盒

内无能量积累，输入与输出相关联，而输出只能为单向转动，那么这个逻辑盒子就是将往复运动（或摆动运动）转换成旋转运动的机构。换句话说，只要一个机构满足输入往复运动（或摆动运动），机构内无能量积累，输入与输出相关联，而输出只能为单向转动，那么，这个机构就是将往复运动（或摆动运动）转换成旋转运动的机构。如果这个逻辑盒子满足输入为旋转运动，盒内无能量积累，输入与输出相关联，而输出只能为往复运动（或摆动运动），那么，这个逻辑盒子就是将旋转运动转换成往复运动（或摆动运动）的机构。换句话说，只要一个机构满足输入为旋转运动，机构内无能量积累，输入与输出相关联，输出只能为往复运动（或摆动运动），那么，这个机构就是将旋转运动转换为往复运动（或摆动运动）的机构。

事实上，如果这个逻辑盒子满足有动力端 A 和动力端 B，盒内无能量积累，动力端 A 和动力端 B 相关联，动力端 A 和动力端 B 中一个动力端只能做 X 类运动，而另一个动力端只能做 Y 类运动，那么，这个逻辑盒子就是 X 类运动和 Y 类运动之间相互转换的逻辑盒子。换句话说，一个机构只要满足有动力端 A 和动力端 B，机构内无能量积累，动力端 A 和动力端 B 相关联，动力端 A 和动力端 B 中一个动力端只能做 X 类运动，而另一个动力端只能做 Y 类运动，那么，这个机构就是 X 类运动和 Y 类运动之间相互转换的机构。图3-20所示的机构具体包括轴、齿圈、齿轮和摆杆，所述齿圈设置在所述轴上且共轴线设置，所述齿圈具有设定的转动惯量，所述齿轮与上述齿圈啮合设置，所述齿轮具有设定的转动惯量，上述齿轮经所述摆杆与上述轴摆动设置。只要我们调整好所述齿圈的转动惯量和所述齿轮的转动惯量，当所述摆杆按所述轴摆动时，所述齿圈会定向输出旋转动力。

那么，如图3-20所示的机构到底能不能实现旋转运动和往复运动（或摆动运动）之间的相互转换呢？

如果不能利用上述逻辑盒子的分析逻辑实现浅定深用，我们就必须经过极其复杂的物理数学计算过程才能判明这一机构的工作逻辑。但是，利用上述逻辑盒子，就可以很容易证明这一机构属于旋转运动和往复运动（或摆动运动）相互转换的机构。

上述这些分析的根据是能量守恒定律这一浅显易懂的定律。

综上所述，只要某一机构逻辑上符合某一条件，那么，这一机构就属于这一条件下的机构，只要我们按照某一逻辑条件构建某一机构，那么，这一机构就属于这一逻辑条件下的机构。

图 3-20 往复运动（或摆动运动）与
旋转运动相互转换的惯量机构示意图

二、扭矩守恒定律与电磁逻辑盒子

对 A 输入的扭矩不可能不等于 A 对外输出的扭矩，除非有第三方介入（包括 A 做变速运动）。这就是作者提出的扭矩守恒定律。当鼠笼电机的转差率增加时，转子会发热，那么发热的根本原因究竟是什么？如果大幅度减小转子导条的电阻，发热量会减少吗？这些问题看似很简单，但可能完全不然。

在电学领域，往往会认为改变电阻肯定会改变发热量，但是如果我们不能通过分析得出科学定律或技术定律，这一问题就会变得非常难以回答。根据上述扭矩守恒定律，可知旋转磁场对转子输入的扭矩一定等于转子对外输出的扭矩。如图3-21所示，设旋转磁场的转速为 N_1，转子的转速为 N_2，旋转磁场对转子的扭矩为 T，转子对外输出的扭矩也为 T。则旋转磁场对转子输入的功率 $W_1=N_1*T$，转子对外输出的功率 $W_2=N_2*T$。当转子的转速低于旋转磁场的转速时，即 $N_2<N_1$时，$W_1>W_2$，转子能量过剩，无论如何转子一定发热，无论如何减小导条的电阻，转子也一定发热，除非转子对外供电，以形成新的能量平衡。

然而，我们现在利用电磁逻辑盒子来分析这类问题。假设有一个电磁逻辑盒子，逻辑盒子内有旋转磁场和电磁对应体，电磁对应体与动力输出端连接，旋转磁场对电磁对应体磁力传动。无论旋转磁场和电磁对应体的自身状态和相互关系如何，只要旋转磁场和电磁对应体之间不存在第三方介入，当电磁对应体的转速低于旋转磁场的转速时，无论如何，电磁对应体都必须放热。

这些分析的基础是扭矩守恒定律和能量守恒定律。

综上所述，任何传动只要存在转差就一定发热，除非对外供电。其根本原因是转速低者能量过剩。这是定律性发热，不可抗拒，除非有第三方介入，例如对外供电等。

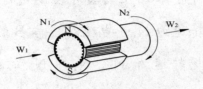

图 3-21 电机原理示意图

为此，任何有速差的传动，与传动形式无关（无论是电磁传动、机械传动还是其他任何形式的传动），都必须有第三方介入（例如，对外供扭矩、供动力、供电、供动量流等等，或对内供扭矩、供动力、供电、供动量流等等），否则，必须放热。作者称之为传动定律。当然，由此可以得出，任何相互直接作用的物体，只要有速差必然放热。也就是说，任何相互作用的开始，都必然放热。这种放热是定律级放热，不可抗拒。

任何作用都是有速度的作用，都不可能是无限时间的作用，都必定是不可逆性的作用，都是放热的作用。

被高速气流推动的透平叶片的速度往往远低于气流速度，在两者相互作用后，必须想办法保留气流通道的顺畅，才能规避热的生成。气流通道的作用表面上是导通气流，实质上是对外供动量流，其本质是第三方介入。

三、扭矩守恒定律和能量守恒定律在复杂电磁动力系中的应用

如图3-22所示，如果将电磁对应体 A 和电磁对应体 B 套装设置（事实上，只要对应设置即可），而电磁对应体 A 和电磁对应

体 B 经设置在电磁对应体 A 上的旋转磁场进行相互磁力作用。假设电磁对应体 A 的转速为 N_1，电磁对应体 B 的转速为 N_2，以 N_1 为参照物的旋转磁场转速为 N_x，N_1 与 N_2 的旋转方向相同，且 $N_1 > N_2$，N_x 的旋转方向与 N_1 相反。而且 $N_1 + N_x$ 的矢量和略大于 N_2，即 N_x 在大地坐标系下的转速略大于 N_2，设旋转磁场 N_x 与电磁对应体 B 之间的转差符合合理转差率要求。

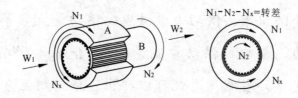

图 3-22 电磁对应体对应设置的电磁机械动力系统示意图

那么，针对上述结构，是否可以得出以下结论：

（1）旋转磁场 N_x 是电动旋转磁场（即对旋转磁场 N_x 的线圈供电）而不是发电旋转磁场（即旋转磁场 N_x 的线圈对外供电）。（2）电磁对应体 B 的放热强度合乎合理转差率形成的放热强度。如果不用上述电磁逻辑盒子的方法来分析，很难得出正确判断。

如果利用上述电磁逻辑盒子的方法进行分析，问题就变得非常简单，其结论是：（1）如果将旋转磁场 N_x 设为电动旋转磁场，则电磁对应体 B 一定高强度放热，放热功率等于电磁对应体 A 的功率与旋转磁场 N_x 的耗电功率之和减去电磁对应体 B 对外输出功率。（2）如果将旋转磁场 N_x 设为发电旋转磁场，则电磁对应体 B 放热强度可合乎合理转差率要求，旋转磁场 N_x 的线圈对外供电的功率，等于电磁对应体 A 的功率与电磁对应体 B 对外输出功率之差，再减去电磁对应体 B 的放热功率。作者对这些结论进行了实验验证，实验验证结果证明这两个结论成立。

综上所述，还可以得出这样的结论：电感旋转磁场受阻，对外输出动力，电感旋转磁场受拉，对外输出电力。由此还可以看出，在复杂电磁动力系统的分析中浅定深用的重要性。

第四章　理清规律与载体的相互纠缠

所谓理清规律与载体的相互纠缠，就是利用规律与载体之间的相互联系、相互表达的逻辑关系，从规律出发创造载体和从载体出发提炼规律的创造活动形式。

一、为已知规律创造载体

所谓为已知规律创造载体，就是根据已知科学规律的定律（科学定律）和已知技术规律的定律（技术定律）创造新技术思想的创造活动形式。换句话说，就是以如图3-23所示的形式，为已知规律创造载体，即以已知规律的定律为出发点，通过创造活动创造出新载体的过程。

图 3-23 为已知规律创造载体过程示意图

　　例如，我们得知电磁感应及电磁相互作用方面的定律后，发明出发电机、电动机、磁悬浮和电磁炮等的过程。再例如，假设阿基米德浮力定律刚刚出现，根据这一定律发明出钢铁巨船、水下潜艇和鱼雷等的过程。这些都是为已知规律创造载体的工程。但是，科学定律往往太广，对于促成发明创造来说不够直接，而技术定律往往更有利于发明创造。拿热力学第二定律来说，热力学第二定律是科学定律，但如果以热力学第二定律为出发点发明创造新型热机，可能就没那么直接。如果有收敛—受热—发散这一热机技术定律，那么就比较容易发明出新型热机。因为只要我们构建一种机构能够让工质实现收敛—受热—发散，我们就能发明创造出一种新型发动机（或称新型热机）。

　　如果你熟知流体力学的基本原理，从收敛—受热—发散这一热机技术定律出发来创造载体，你完全有理由成为冲压发动机的发明人，而冲压发动机是高超音速运载的重要动力源。

二、从已知载体抽出规律形成定律

　　任何规律一定寓于载体之中，任何现象一定是规律的影子。

在提高动力系统负荷响应的研究中，把一个飞轮可旋转地设置在一根转轴上，现在飞轮和转轴以同样的转速旋转，突然转轴上的负载增加，如果能够让飞轮的转速降低到比转轴的转速低并让其动能传递给转轴，那么转轴的负荷响应性就会大幅度提高。但是，作者发现无论想什么办法都无法实现将转速低的飞轮的动能传递给转速高的转轴，除非有第三方介入。这个第三方可以是电磁的、流体的或机械的，例如电能和着地的第三方机械机构等。

旋转物体所具有的上述现象不可能仅仅局限于旋转物体，其背后的逻辑应该适用于任何形式的运动物体。作者以此提炼出：运动速度低的物体不可能把自己的动能传递给运动速度高的物体，除非有第三方介入。作者称之为速度定律，不管它是科学定律还是技术定律，总之是定律。这一定律是正确的，不然，在没有第三方介入的前提下，一个容器内的分子就有可能一部分运动速度高，一部分运动速度低，从而形成一个局部和另一个局部间的温差，这显然是不可能的，所以速度定律是正确的。同理，在没有第三方介入的前提下，海洋里的水不可能一部分沸腾，另一部分凝聚成冰，否则，世界将不需要其他能源。无论从哪个方面，或用哪种过程分析，其结果都可验证速度定律的正确性。

如图3-24所示，我们知道，踢门，脚痛门动；撞墙，头痛墙伤；拳击沙袋，拳痛袋移。如果你注意到这一类现象，并加以抽象和上位表达，你肯定可以得出这样的结论：在 A 对 B 作用的同时，B 也对 A 作用。A 对 B 的作用和 B 对 A 的作用是同时发生的，而且都是 A 与 B 之间的唯一作用，那么 A 对 B 的作用和 B

对 A 的作用一定是相等的，但是作用的方向完全相反。

说到这里，虽然在牛顿之后，但是你完全可以独立地提炼出，作用力和反作用力大小相等方向相反这一定律。当然，我们可以为抽出的规律、形成的定律，创造更高级的载体。如上所述，通过分析"踢门，脚痛门动；撞墙，头痛墙伤；拳击沙袋，拳痛袋移"等类现象的内在逻辑，可以提炼出作用力与反作用力定律。根据这一定律，就可以发明出推力风扇、螺旋桨、推力喷管，等等。

图 3-24 物物相撞示意图

三、将两个以上载体整合，创造更高级的载体

假如我们将轮子和承载架按照自己预想发明自行车的逻辑整合在一起，就可以发明出自行车。假如我们将轮胎、发动机、转向机构和刹车机构等，按照自己预想发明汽车的逻辑整合为一个系统，就可以发明出汽车。假如我们将燃烧室和喷管整合在一起，就可以发明出火箭。下面再用作者的例子进行说明。

一个物体在流动的流体中飘流而下是最常见不过的现象了。

但是，如果你详细研究就会发现，一切飘流而下的都只能从流体中获得浮力，而不能从流体中获得升力，除非这一物体与这一流体间有速差。一个断了线的风筝必将落地就是这个道理。

进一步研究分析就会发现，任何飘流而下的不仅不能获得升力，也不能获得驾驶性，要想获得升力和驾驶性，也必须使漂流物与流体产生速差。这意味着，如果能够想办法让漂流物与流体产生速差，就可以获得升力和驾驶性，这也意味着，如果能够想办法通过无动力手段让漂流物与流体产生速差，就可以获得无动力航行器。平流层中大气的流动和海洋洋流中海水的流动都是常年不息日夜奔腾的流动，如果能够发明一种特殊装置利用这些流动，就可以发明无动力或间断动力平流层航行器和洋流航行器。不言而喻，这两种航行器都具有重要意义。

轴流透平是成熟技术，即属于已知载体，螺旋桨也是成熟技术，即也属于已知载体。作者将轴流透平和螺旋桨整合在一起发明了透平与螺旋桨共轴传动设置的无动力航行器（如图3-25所示）、透平与螺旋桨经变速机构传动设置的无动力航行器（如图3-26所示）和透平与螺旋桨共叶传动设置的无动力航行器（如图3-27所示）。这三种航行器可以用于平流层，也可以用于海洋洋流之中，具有驾驶性，且可具有升力。它们在无动力的情况下可以顺流航行，可以逆流航行，可以侧流航行，可以上向航行，亦可以下向航行。

这些例子的内在逻辑都是将两个以上载体整合，创造更高级的载体。

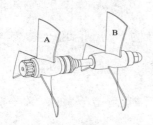 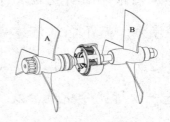

图 3-25 透平与螺旋桨共轴传动　　　　图 3-26 透平与螺旋桨经变速机构传动
　　　设置的无动力航行器　　　　　　　　　　设置的无动力航行器

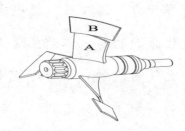

图 3-27 透平与螺旋桨共叶传动设置的无动力航行器

四、创造新载体，与已知载体结合创造另一个新载体

　　创造钢管这一载体，将钢管这一载体与火药这一载体结合发明热武器。创造刹车时轮子停就解除制动力、轮子转就施加制动力的系统这一载体，将这一载体与传统汽车这一载体结合，创造具有防抱死功能的汽车。下面再以作者的发明为例予以说明。

　　由于容积型发动机（例如汽油机和柴油机）机构具有往复运动属性和旋转运动属性，容积型发动机的压缩冲程的容积比和膨胀冲程容积比是等同的，压缩冲程起始时的气体体积与膨胀冲程结束时的气体体积也是等同的，但膨胀冲程结束时的气体温度是压缩冲程起始时的气体温度的三倍左右，这就决定了容积型发动机具有严重的欠膨胀性，即膨胀冲程结束时气体具有大量压力余能。也就是说，如果能够找到技术手段使容积型发动机膨胀冲程结束时的气体继续膨胀做功，就可以大幅度提升这类发动机的效率。通过理论分析可知，这一效率提升可达25%左右，这是巨大的效率提升，如果能够实现，将是发动机领域里的一次重大革命。但是，如果用容积型机构（例如往复活塞机构或旋转活塞机构）回收这部分压力余能，机构的体积会极其庞大，如果用速度机构（例如轴流透平或径流透平），机构的转速会非常高，高旋转的动力难以利用。为了解决这一困惑发动机领域许久的技术问题，作者发明了如图3-28所示的气体减速器，并将这一气体减速器与现有容积型发动机结合，发明了一款高效发动机。

这三个例子的内在逻辑就是创造新载体，与已知载体结合创造另一个新载体。

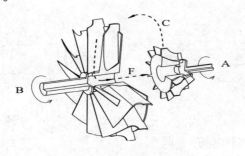

图 3-28 气体减速器

五、依据已知载体的逻辑创造新载体

如果详细研究燃料电池，就会发现所有燃料电池最根本的技术问题就是离子（含质子）的形成与分离问题，即燃料电池的基本逻辑就是离子的形成与分离。关于燃料电池的研究已经很漫长了，而至今仍不能被大规模应用的根本原因就是离子分离技术还没有真正过关。迄今为止的燃料电池都是采用电解质（包括质子膜等）来进行离子分离的，几乎所有的研究都集中在创造新电解质或创造电解质新控制方法上，进展极其缓慢。

燃料电池的一个关键逻辑是离子分离，而不在乎怎么分离，只要体积小、重量轻、成本低、寿命长且可靠性高即可。

按照依据已知载体的逻辑创造新载体的思路，作者发明了离心分离式燃料电池（如图3-29所示）、电场分离式燃料电池（如图3-30所示）、磁场分离式燃料电池（如图3-31所示）、单流半程液流分离式燃料电池（如图3-32所示）、单流全程液流分离式燃料电池（如图3-33所示）、同质双液液流分离式燃料电池（如图3-34所示）和异质双液液流分离式燃料电池（如图3-35所示）。

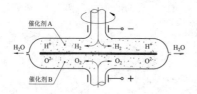

图 3-29 离心分离式
燃料电池示意图

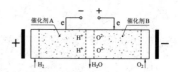

图 3-30 电场分离式
燃料电池示意图

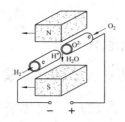

图 3-31 磁场分离式
燃料电池示意图

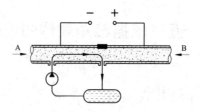

图 3-32 单流半程液流分离式
燃料电池示意图

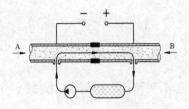

图 3-33 单流全程液流分离式
燃料电池示意图

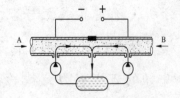

图 3-34 同质双液液流分离式
燃料电池示意图

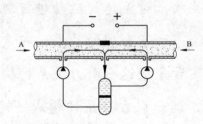

图 3-35 异质双液液流分离式燃料电池示意图

以上几项发明消除了传统燃料电池的电解质这一制约燃料电池发展的问题部件，为燃料电池的发展开拓了新的广阔空间，如果利用这几项发明，燃料电池大规模应用的时代会早日到来。

作者的这些创造活动就是依据已知载体的逻辑创造新载体的典型例子。依据已知载体的逻辑创造新载体的关键在于从已知载体中提炼出逻辑。

六、广种重收

所谓广种重收，是指广泛种植收获重点。规律与规律、载体与载体和规律与载体之间都存在着内在的、本质的联系，那么，在我们认知到 A 与 B 之间的联系之前，我们完全有理由假设 A

与 B 之间存在关系 α、关系 β、关系 γ 等关系，然后对这些关系
进行分析，确定其成立与否，如果能够确定某一关系成立，那就
是超越或颠覆，有时很可能是大的超越或颠覆。

牛顿的万有引力定律的提出，绝不可能是一蹴而就的，而应
是广种重收式地一步一步逼近的。以下广种重收过程至少是一种
具有科学合理性的过程。步骤一：假设天体 A 和天体 B 之间存在
这样或那样的相互关系，对天体的运动进行观察和测量，根据观
察、测量和分析排除一切不合理的关系，确定天体和天体之间存
在引力这一关系，然后分析这一引力关系的构成。步骤二：初步
分析推理可以得出，这一引力关系的构成一定包括天体 A 的质
量、天体 B 的质量和天体 A 与天体 B 之间的距离。步骤三：再
经过分析推理断定：如天体 B 的质量不变，天体 A 的质量越大，
天体 A 和天体 B 之间的引力越大。天体 A 的质量越小，天体 A
和天体 B 之间的引力越小。同样的物体质量增加一倍引力增加一
倍，所以天体 A 和天体 B 之间的引力与天体 A 的质量成正比；
如天体 A 的质量不变，天体 B 的质量越大，天体 A 和天体 B 之
间的引力越大。天体 B 的质量越小，天体 A 和天体 B 之间的引
力越小。同理，同样的物体质量增加一倍引力增加一倍，所以天
体 A 和天体 B 之间的引力与天体 B 的质量成正比；天体 A 和天
体 B 之间的距离越大，天体 A 和天体 B 之间的引力越小，天体
A 和天体 B 之间的距离越小，天体 A 和天体 B 之间的引力越大。
这一步实质上已经把天体 A 的质量 M、天体 B 的质量 m 和天体
A 与天体 B 之间的距离 r 在万有引力公式中的位置确定了。步骤

四：根据对天体的观测数据进行分析，可以得出天体 A 与天体 B 之间的距离 r 在公式中的次方数是2。或经下述分析得出 r 的次方数。如果把天体 A 和天体 B 看作是两个质量点，那么天体 A 对天体 B 的引力一定受天体 A 的引力场强度决定。天体 A 对天体 B 的引力场强度与以天体 A 为球心、以天体 A 与天体 B 之间的距离为半径的球面积成反比，而球面积 $S=4\pi r^2$，所以，天体 A 与天体 B 之间的距离 r 在万有引力公式中的次方数为2。步骤五：经过量纲分析，添加万有引力系数，进而提出了具有广泛意义的万有引力定律：物体 A 和物体 B 之间的引力与物体 A 的质量和物体 B 的质量的乘积成正比，与物体 A 和物体 B 之间的距离的平方成反比，即 $F=GMm/r^2$。

这就是广种重收的典型例子。对于解决复杂问题，特别是隐隐约约知道有关联，但不知道关联的具体内涵时，广种重收能起到重要作用。

七、捕风捉影

所谓捕风捉影，是指捕捉事物表征的蛛丝马迹，以寻找表征的本质的工程。在伸手不见五指的漆黑夜晚，把一套房屋内所有房间的门都打开，如果把其中一个房间的灯点亮，只要你观察足够细致，就会发现其他任何房间都会多少变亮一些。这可能是人人都遇见过的蛛丝马迹，但也可能是没有人捕捉到的蛛丝马迹。如果把所有房间的墙面、地面、天花板和家具都涂成白色或涂成镜面，没有点灯的房间都会亮度大增，就更容易观察。但是，可能没有人这样做过，其原因是，几乎还没有人意识到这一蛛丝马迹的价值。然而，这一蛛丝马迹却意味着光线在复杂通道中具有传播性，而光线在复杂通道中的传播性就是光纤的根。可见，捕风捉影对创造活动与科学技术进步具有重大意义。

八、因需造具

所谓因需造具，是指以需求为目标，创造解决需求问题的工具的工程。从广义上讲，许多创造活动都属于因需造具范畴，比如，要上房顶，创造梯子；要拧螺丝，创造扳手；等等。然而，这里因需造具中的需和具分别是系统性需求和无形性工具。人类最大的因需造具工程就是创造数学的工程，宇宙间本无数学，只有事物的空间形式和数量关系，数学其实是人类创造的解决空间形式和数量关系问题的工具。当我们有解决某一类问题的需求时，一一解决这一类问题中的每个问题是不现实的。例如，如果我们仅仅需要知晓一个圆的面积，可以将钢板称重，反向推出圆的面积，可能没有必要去创造一个 $S = \pi R^2$ 的工具用于圆的面积的计算。但是，如果需要知晓直径各不相同的许许多多的圆的面积，一一通过钢板称重的方法是不现实的，必须创造 $S = \pi R^2$ 这一工具。为了解决变速运动的速度与距离的相互求和问题、曲线的长度与切线问题、曲线包络的面积问题、曲线回转体的体积问题、极值问题、流体力学问题、传热等工程数学问题，等等，人类发明了微积分、微分方程、偏微分方程、傅里叶变换和拉普拉斯变换等工具。上述实例都属于因需造具工程。为了解决某一类问题，人们往往会根据问题的特殊性，制造一个逻辑物，无论这个逻辑物是定律、原理，还是载体。这个逻辑物的出现，会从根本上改变对解决这一类问题的效率，与此同时也会深化对这一类问题的认识。由此可见，因需造具具有革命性。

第五章　寻找已知的瑕疵

无论在人们看来已知是多么精湛，但绝对不存在完美的已知，一切已知都是不完美的。以下是寻找已知的瑕疵的几个例子，寻找已知的瑕疵是创造活动的一种，至少是一种超越，也可能是一种颠覆。所谓寻找已知的瑕疵就是批判，就是用批判的眼光观察已知，寻找已知的瑕疵就是对批判进步性的利用。

一、热力学第二定律原始阐述方式的瑕疵

热力学第二定律可能是世界上最无可置疑的定律，但是热力学第二定律传统阐述方式存在瑕疵。热力学第二定律极具代表性的传统阐述方式有两种：一是英国科学家开尔文（W. Thomson, Lord Kelvin）的阐述方式，It is impossible for any device that operates on a cycle to receive heat from a single reservoir and produce a net amount of work. 二是德国科学家克劳修斯（Rudolph. J. E. Clausius）的阐述方式，It is impossible to construct a device that operates in a cycle and produces no effect other than the transfer of heat from a lower-temperature body to a higher-temperature body. 这两种极具代表性的传统阐述方式讲的都是循环工作装置的属性，不是热的属性，因此，从本质上讲，这两种阐述方式都不属于热力学第二定律范畴，因为它们根本没有涉及热的属性，而仅仅涉及了循环装置的属性。

科学地阐述热的属性才是热力学第二定律的根本。开尔文和克劳修斯的阐述就好比在阐述细菌属性时说，人类不可能制造出能够彻底消灭细菌的灭菌药来。那么问题来了，究竟是人类的能力问题还是细菌具有不可彻底消灭性的问题，细菌具有不可彻底消灭性才是细菌的属性，而人类如何如何，根本不属于细菌属性的范畴。因此，可以断定开尔文和克劳修斯对热力学第二定律的阐述方式是有瑕疵的，尽管他们两位的阐述方式没有影响人们对热的属性的理解。正是找到了这一瑕疵，作者才提出了第二篇第二章所述的热残留定律，从而揭示了热的基本属性。

二、热力学中 P-T 解析法缺失

在热力学中，P 为工质的压力，T 为工质的温度，V 为工质的体积，S 为工质的熵。P-V 关系和 T-S 关系，虽然能够描述热过程与循环，但是很难明确工质状态的变化情况，且在实际中不易测量。P 和 T 是工质的状态参数，P-T 关系才最能体现热力过程与循环中的工质状态变化的本质。在热力学中，虽然在研究焦耳-汤姆逊系数时和在三相图中使用了 P-T 关系，但在解析热力过程与循环中，P-T 关系的应用完全缺失。在解析热力过程与循环中，P-T 关系应用的缺失严重影响人们对热力过程和循环中工质状态的理解，事实上，也严重影响着热机新技术和新型热机的开发。为此，作者提出了 P-T 解析法，用以解析热力过程与循环，即利用热力过程与循环中工质的温度与压力，来描述与分析热力过程与循环的方法。图3-36、图3-37和图3-38是用 P-T 图表示的不同热力过程和循环，其中图3-36所示为等温过程、等压过程、等容过程和绝热过程的四种基本过程的 P-T 图，图3-37为卡诺循环的P-T 图，图3-38为斯特林循环的P-T 图。

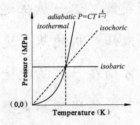

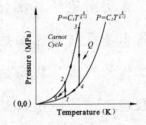

图 3-36 四种基本过程的 P-T 图　　　图 3-37 卡诺循环的 P-T 图

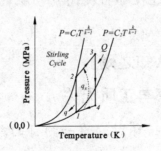

图 3-38 斯特林循环的 P-T 图

P-T 解析法从根本上揭示了热力过程和循环的工质状态的本质，为研发热机新技术和新型热机提供了极为重要的分析手段。

三、热力学中对热机逻辑本质的阐述缺失

热机已有150多年的历史，但是，关于热机工作的逻辑过程的描述却完全缺失，即关于热机逻辑本质的阐述完全缺失。虽然，有"吸—压—爆—排"这一描述，可是，这一模式并不具有代表性，比如，蒸汽机（朗肯循环）并不存在压缩（压）过程，而燃气轮机和航空发动机（布雷登循环）并不存在爆炸（爆）过程，为此，关于热机逻辑本质的阐述是完全缺失的。这一缺失意味着开发新型热机的方向的缺失。正因为找到了这种瑕疵，作者才提出了如上所述的"收敛—受热—发散"这一热机逻辑本质。这一逻辑本质是所有已知热机和所有未知热机的基本逻辑，是热机有效工作的根本，提高热机效率的方向在于提高收敛、受热和发散的程度。一切减小收敛程度、减小受热程度和减小发散程度的过程都将降低发动机的效率；一切增加收敛程度、增加受热程度和增加发散程度的过程都将提高发动机的效率。

四、卡诺循环认知之殇

（一）热机效率与工质无关

卡诺在研究卡诺循环时，唯一的目的就是要判明热机的极限效率，而不是判明实际热机的效率。而实际热机的效率与其工质无关的前提条件为热源温度是事先确定的。由于对这一点认知程度的欠缺，工质物性对实际热机效率的决定作用往往被忽视。事实上，热机的所有动力都来源于膨胀过程的温降，若温降大，单

一循环的效率高，整机效率也高，反之亦反。膨胀过程的温降取决于膨胀比（容积比、压比）和工质绝热指数。工质绝热指数对温降的影响极其重大。例如，水蒸气需要4000个压比（约合1500个容积比）才能由630摄氏度降到35摄氏度（温比约为2.93），为实现同样的温比，氮气需要42个压比和14.7个容积比，而氦气仅需要14.6个压比和5个容积比。工质的绝热指数实质上标志着热力过程与循环对机构的要求，绝热指数小的工质，机构的膨胀比必须大，否则，效率不可能高。然而，这一点往往被忽视，一家国际巨头公司的Steamer项目就因这个问题吃了不少苦头。

工质的绝热指数决定着热力循环对机构的要求，决定着实际热机的效率、体积功率和性能等。有机朗肯循环事实上无法提高循环的效率，只能提升循环的功率密度。

（二）热机效率与机构无关

卡诺在研究卡诺循环时，隐藏着的一个基本假设就是机构是万能的，即机构的承压能力、承温能力和膨胀能力都是不受限制的。这显然与实际热机不符，给世人造成了严重误导，尽管这一误导不是卡诺之过。在实际热机中，机构是热力循环的载体，机构的承压能力、承温能力和膨胀能力都是有限的，且都是决定热机效率的根本要素。

（三）高低温热源是事先存在的，不可造

卡诺在研究卡诺循环时，隐藏着的另一个基本假设就是，高温热源和低温热源是循环之外的事先存在，不是循环过程造的，即不是循环过程的内在要素。

然而，在实际热机中，绝大多数热机的高温热源是人工造的，所有热机的低温热源是热机的机构通过膨胀过程造的。也就是说，卡诺循环的取向和实际热机的取向恰恰相反。

（四）T_1、T_2 谁主沉浮没有得到明示

虽然有卡诺定理存在，但是由于对卡诺定理的明确解析的缺失，所以，人们对高温热源和低温热源对热机效率的影响存在误解。几乎所有人都认为高温热源温度越高越好，低温热源温度越低越好，这的确没有错，但是对于谁更具决定作用这一问题，即对如果提升高温热源的温度和降低低温热源的温度只能选一项时到底选哪项，几乎没有人能够做到明示的程度。这里的含糊不清对于活塞内燃机领域的影响颇为严重。

事实上，如果低温热源的温度（T_2）高，提高高温热源的温度（T_1）对效率的提升作用不大，增大膨胀过程的温降，进而降低 T_2 才是提高效率的根本手段。如图3-39所示，T_2 对热机效率的决定作用远远大于 T_1。这意味着在实际热机的设计中，应当把最大注意力放在如何增大膨胀过程中的温降，即把最大注意力放在如何使膨胀结束时的工质温度更低的目标上。实现这一目标的途径有两个，一是增加膨胀比，二是提高工质的绝热指数。

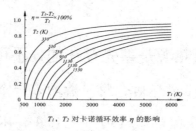

图 3-39 高低温热源温度与卡诺循环效率解析图

五、逻辑性否定的否定之不可抗拒性

在技术研发领域，随着时间的推移，会出现许许多多的新技术思想和新技术方案，新技术思想和新技术方案的出现当然是技术进步的必然要求，但是，如果新技术思想或新技术方案不具有可能性，则会造成社会资源的浪费，而且往往这种浪费是巨大的。被广泛接受的、逻辑性不成立的新技术思想或新技术方案往往会造成巨大的社会资源的浪费，也往往会严重阻碍技术进步的步伐，因此，判断新技术思想和新技术方案是否具有可能性是不可或缺的环节。所谓可能性，是指逻辑性否定的不可否定，包括逻辑性成立和逻辑性不可判。而不能性是指逻辑性不成立，即逻辑性否定的否定，即可被逻辑性否定。任何一个新技术思想，任何一个新技术方案，都必须经历逻辑性否定的洗礼才能判断其是否具有可能性。只有逻辑性否定无法否定的新技术思想和新技术方案才具有可能性，才可能具有开发的价值。因此，用逻辑性否定来洗礼新技术思想和新技术方案是不可或缺的过程。逻辑性否定的否定意味着不能性，是不可抗拒的批判，具有不可抗拒性。

下面是作者所完成的逻辑性否定的否定中的几个例子：1.由于膨胀缸和压缩缸的容积相同，美国的分置循环发动机违反热力学的增效逻辑，因此是一个无开发价值的逻辑错乱系；2.德国的所谓 K 发动机，是美国的分置循环发动机的一个变种，也违反热力学的增效逻辑，也是无开发价值的逻辑错乱系；3.源于美国的 HCCI 发动机技术违反燃烧三要素与正时点的过量锁定逻辑，因此是一个无开发价值的逻辑错乱系；4.各类旋转活塞发动机均违反补偿性密封所必需的单一方向性这一逻辑，因此均无开发价值；5.直蚌线发动机违反机械运动自洽性的逻辑，必然造成气缸无法承受的活塞侧向力，进而导致气缸破裂或活塞损伤，除非其偏心旋转体的质量趋近于零，因此直蚌线发动机无开发价值。

这些逻辑性否定的否定不仅可以规避社会资源的巨大浪费，也是动力领域的思想性进步。

第六章　走向无形逻辑物

逻辑物包括许许多多，但对于人造无形逻辑物来说，定律、知识产权、技术和标准是主流。走向定律是创造活动的级越，是对科学技术制高点的奔袭与占领，是创造活动的规律性、逻辑性交付。走向知识产权是创造活动的权属性交付。走向技术是创造活动的功能性、竞争力性与商业性交付。走向标准是创造活动的产业发展主导性交付。下面将对走向定律、走向知识产权、走向技术和走向标准一一进行论述。

一、走向定律

所谓走向定律，是指将创造活动成果提炼上升为定律，以定律的形式交付。

（一）过量定律

在研究分析发动机燃烧发生与否的过程中，作者发现如果想让发动机燃烧必然发生，必须使发动机燃烧所需要的充分必要条件过量。作者认为，发动机燃烧的这种现象绝不可能仅仅是个案，这一定是某一隐性规律的蛛丝马迹。事实上，一切充分必要条件，其实都是有限次实验或理论分析归纳的结果。人们往往认为，充分必要条件的存在一定会导致事件必然发生，其实不然，充分必要条件也必定有度之别。

假设在 X 条件下，经过100次实验证明物质 A 在300℃时可充分必要地着火燃烧，那么在过量定律出现之前，人们肯定会认为条件 X 和温度300℃是 A 着火燃烧这一事件发生的充分必要条件，而且会认为只要条件 X 和温度300℃具备，A 着火燃烧这一事件就会确保发生。

其实人们错了，在100次实验中次次发生的事件并不一定在第101次实验中必然发生，这才是真正正确的逻辑。如果在条件 X 具备的前提下，一开始我们可以用290℃实验，发现 A 没有着火燃烧；然后我们将温度提高到295℃，发现 A 时而着火燃烧，时而不；再然后我们将温度提高到299℃，发现 A 10次着火燃烧，一次不；最后我们将温度提高到300℃，发现 A 在100次实验中次次都着火燃烧，那么，人们就会认为条件 X 和温度300℃是 A 着火燃烧的充分必要条件。然而，不难看出，在条件 X 和温度300℃的前提下，如果这个实验进行到第101次，A 不发生着火燃

烧的可能性是存在的；如果这个实验进行100亿次，出现一次 A
不发生着火燃烧的事件是完全有可能的。

　　上述这个例子讲的是深度方向上的度的问题，即深度方向上
的过量问题。其实，在广度方向上也存在度的问题，也存在过量
的问题。例如，通常认为可燃物、氧和达到着火点的温度是着火
燃烧的充分必要条件，我们可以忽略这一充分必要条件中隐含的
可燃物和氧相遇等显而易见的条件，其实，这一充分必要条件中
还隐含着其他条件，例如氧的浓度、压力、可燃物的量和氧的量
等，这些条件也是缺一不可的。例如，一个氧原子不可能使可燃
物发生着火燃烧，两个氧原子如何，100个氧原子如何，100亿个
氧原子如何，以及各种充分必要条件的要素的不同匹配，等等。

　　事实上，任何事件（例如一个化学反应的开始与终结等）的
发生都不可能时长等于零，而是都需要时间，而任何需要时间的
都是过程，任何过程都是不可逆的，任何不可逆过程都会导致条
件的变化。任何一个条件变化的需要时间发生的事件其条件都必
然是过量的。这意味着过量属性和过量定律具有普遍真理性。

　　综上所述，若要使某一事件一定发生，其充分必要条件无论
在深度方向上还是在广度方向上都必须过量。由此可以看出，所
谓的充分必要条件也有度之别，而且在深度方向和广度方向上都
有度之别。若要使某一事件一定发生，其充分必要条件无论在深
度方向上还是在广度方向上都必须过量。这一结论可简述为：如
果要确保某一事件发生，必须使其充分必要条件过量。这一结论
还可以简述为：一个必定发生的事件，其充分必要条件必然过

量。这就是作者提出的过量定律。过量定律与事件的属性无关，无论是自发事件还是非自发事件（也可以说自发过程和非自发过程）都是如此，如果要确保其发生，必须使其充分必要条件过量。任何事件的发生都是状态的改变，任何状态的改变都必须确保摧毁或翻越状态坝。根据作者提出的广义振荡定律，状态坝的摧毁和翻越过程同任何其他过程一样，都是振荡性过程，振荡性过程就至少在微观尺度上存在顺逆过程，为此都需要过量的条件。在生活中也是如此，假设十个人每天可以装配十台汽车，如要确保明天装配十台汽车，明天就必须用十个以上的人。

事实上，从根本上讲，任何连续发生两次或两次以上的同一事件其充分必要条件都是过量的，无论它是多么小概率的事件。过量定律是对条件过量属性的阐述，过量定律将导致科学原理与实验验证之间的逻辑关系发生重大变革，过量定律也是对归纳法的颠覆，因此，条件过量属性的被发现和过量定律的被创造是思想领域的重大进步。

条件过量属性的存在，意味着任何事件都需要条件，任何规律都需要条件，任何定律都需要条件，因为规律的存在是一种事件，定律的成立也是一种事件。这就是说，任何规律都可以被湮灭，任何定律都可以被抗拒，只要我们能够改变其条件。这还意味着，从绝对意义上讲，任何定律都不是放之四海而皆准的真理，任何规律与任何定律都只是某一条件下的规律与某一条件下的定律。但是，由于规律和定律的条件极其深广，往往难以逾越，所以，规律和定律的条件的改变性往往可忽略不计，因此，规律才称为规律，定律才称为定律。

爱因斯坦在提出相对论时，其实他是不知道牛顿定律系不是放之四海而皆准的，所以相对论的创造实质上是无指向性创造活动。如果爱因斯坦事先知道牛顿定律系不是放之四海而皆准的，那么，他创造相对论的创造活动就会变成有指向性创造活动。将无指向性创造活动转换为有指向性创造活动，将革命性地推动创造活动的进程。由此可见，过量定律的作用之巨大。

（二）扭矩守恒定律

同样，在分析变速箱的变速逻辑时，作者注意到如下现象。如果物体做匀速旋转运动，物体的扭矩矢量和等于零。为此，作者将其提炼为：物体的扭矩矢量和等于零，除非所述物体做变速旋转运动，并称之为扭矩守恒定律。扭矩守恒定律也可以阐述为：物体的输入扭矩之和与其输出扭矩之和的矢量和等于零，除非所述物体做变速旋转运动。扭矩守恒定律还可以阐述为：对 A 输入的扭矩不可能不等于 A 对外输出的扭矩，除非有第三方介入（含 A 变速运动）。这就是作者提出的扭矩守恒定律。扭矩守恒定律虽属技术定律，但对机械运动系统的分析具有重要意义。

（三）死不复苏定律（状态与时间痕迹定律）

图3-40是自由活塞发动机示意图，在研究自由活塞发动机失火的原因时，作者发现自由活塞发动机与普通活塞发动机不同，普通活塞发动机由于存在飞轮，所以无论活塞处于什么状态，例如处于上死点或下死点，体系内都存在着不停止的转动；而自由活塞发动机则完全不同，自由活塞发动机在活塞处于静止时，例

如，处于上、下死点时，体系内的所有运动都消失，所有部件都处于静止状态。自由活塞发动机失火的根本原因是其有死态存在，一旦出现死态，自由活塞发动机就不能自启动，这是自由活塞发动机的逻辑。在某一层面处于停滞状态的状态定义为这一层面的死态。死态也可以是指在动力学层面上处于停滞状态的状态，还可以是指在生物学层面上、电学层面上和化学层面上等一切其他形式层面上均处于停滞状态的状态。事实上，处于死态的任何孤立体系都不能自启动。为此，作者提出了：处于死态的孤立体系不可能复苏，除非有外界作用介入。这就是死不复苏定律，死不复苏定律也可以阐述为：处于死态的孤立体系将维持死态，直至外界作用介入。

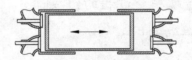

图 3-40 自由活塞发动机示意图

此定律还可以阐述为：在某一层面处于死态的孤立体系，不可能复苏，除非有外界介入，但熵为零的体系除外。

如果从体系内的逻辑讲，死不复苏定律亦可称为状态与时间痕迹定律，即：孤立体系若要自发改变状态，必须有时间痕迹存在。所谓时间痕迹，是指变化的痕迹，例如一个不断升温的过程、一个不断反应的化学反应过程、一个不断运动的过程、机械钟、电子钟，等等。死不复苏定律的影子随处可见，下面简单举例说明。例如，一个生物过程与化学过程完全停滞的种子是不可能自动发育的，除非有外界作用。例如，如果没有生物钟，人不可能自然醒来，除非有外界作用。再例如，一个孤立体系中的食物如果能够发霉，说明食物在进入这个孤立体系前细菌已经存在，食物已经在慢慢地发霉。

在发动机启动过程中，我们使蓄电池这一死态体系和发动机这一死态体系相互作用，就可以使发动机启动。这意味着，处于死态的体系之间的相互作用可以消除死态，当然，处于死态的体系之间的相互作用也可能无法消除死态。两个或两个以上处于死态的孤立体系间的相互作用究竟能消除死态还是不能消除死态，取决于参与作用的孤立体系间的要素逻辑的或缺性。

熵为零的孤立体系在没有外界介入的条件下，仍然自启动。熵为零的状态只是连续序变过程的组成部分。

（四）热惯统一定律

在多年的热力学研究的基础上，作者提出了卡诺循环（图3-41为 P-V 图上的卡诺循环示意图）本质的概念，并对卡诺循环进行了新诠释。作者认为，卡诺循环的本质是只有压程放热的热力学循环，卡诺循环的恒温压缩力度代表单一循环的功，绝热压缩力度代表循环的效率。这一结论可以深化对热力过程与循环的理解。根据卡诺循环的特殊性，当卡诺循环的恒温压缩段趋近于零时，恒温吸热段也必定趋近于零，即放热趋近于零时也就是吸热趋近于零时。但是，从 P-T 图上的卡诺循环（如图3-42所示）可以看出，任何相邻的两条绝热线都形成一个上扬的渐开空间，这说明，零排热的状态点的出现早于零吸热的状态点的出现。

这就意味着，当卡诺循环的恒温压缩段趋近于零时，系统不放热、不吸热、不对外做功，即没有任何外界作用介入，但卡诺循环可以永远周而复始、永不停歇。也就是说，不吸热的、不放热的、没有任何外部作用介入的卡诺循环系统可以永远不死，可以永远周而复始地循环下去。换言之，任何一个没有热伴随的、没有外部作用介入的逻辑盒子可以维持其现有状态。

这也意味着，任何一个没有热伴随的、没有外部作用介入的体系可以维持其现有状态。这实质上是热力学第二定律的另一种阐述方式。这一阐述方式更具本质性。

牛顿惯性定律的匀速直线运动状态和静止状态，均无热伴随，均无外部作用介入，所以匀速直线运动和静止状态才得以维持。不难看出，牛顿惯性定律与上述热力学第二定律阐述方式等价，是热力学第二定律的一个特例，是热力学第二定律的子定律。换句话说，热力学第二定律是牛顿惯性定律的根定律，而牛顿惯性定律是热力学第二定律的子定律。

为此，作者将任何没有热伴随的体系可以维持其现有状态，除非有外部作用介入这一阐述称为热惯统一定律。

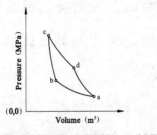

a-b 等温压缩　b-c 绝热压缩　c-d 等温膨胀　d-a 绝热膨胀

图 3-41 P-V 图上的卡诺循环示意图

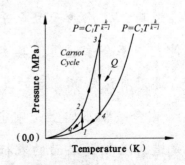

图 3-42 P-T 图上的卡诺循环示意图

此处所谓的热伴随是指本质性热伴随，在热机中是指工质的热交换，在运动体系中是指动能与热的转换。对热机的某个螺栓加热和对匀速直线运动或静止状态的物体升温与降温等非本质性热伴随不在此列。

（五）想象有源定律

宇宙中，任何有形存在（例如，物质、生命、体系、单元、构造物，等等）都源于宇宙，都源于同一奇点，都源于宇宙物质和物质总质量超越临界质量的这一本质，都必然存在本质的、必然的相互联系。而宇宙中，任何无形存在（例如，思想、精神、意识、规律系统，等等）都是有形存在的表征，因此，从本质上讲，任何无形存在也都源于宇宙，都源于同一奇点，都源于宇宙物质和物质总质量超越临界质量的这一本质，其间都必然存在本质的、必然的相互联系，无形存在与有形存在也都必然存在本质的、必然的相互联系。简曰之，任何无形存在都直接地或间接地是有形存在的表征。事实上，任何存在的任何表征一定合乎某种逻辑，生命源于物质，生命头脑的任何活动，也必然源于宇宙物质和物质总质量超越临界质量的这一本质。所以想象必然源于物质性逻辑，必然源于且合乎逻辑。有时，人们会认为某种主体的某种表征不合乎逻辑，其实，那仅仅是因为人们的认识还不够深刻，还没有认知其背后的真正逻辑。

生命头脑事实上是宇宙的造物，任何造物都是造者的继续，都是造者在相关层面的表征。想象是生命头脑这一宇宙造物的运转的产物，想象源于头脑，头脑源于宇宙，宇宙源于物质。为此，想象无法来自于无，而必然来自于有。想象有源，想象源于隐性逻辑，想象源于朦胧逻辑，想象根源于物质。这就是作者提出的想象有源定律。有时，想象看似超出经验、知识和认知等，即想象看似超出想象，其实不然，这是因为我们头脑中存在许许多多我们自身没有认知到的、没有感悟到的我们的造者的痕迹。

（六）制造定律

宇宙是造与被造的工厂，造与被造是宇宙永恒的主题。我们人类和其他一切都只不过是其中的一个角色。那么，因何而造，又因何而被造，是一个极其深刻的问题。假如，你是电脑制造工程师，你为什么能够造电脑，而电脑为什么不能造你？宇宙为什么能够造宇宙生命，而宇宙生命却造不了宇宙？为什么 A 可以造 X，X 却造不了 A？为什么 A、B、C 和 D 可以造 Y？

归根到底，没有别的因，只有负熵差才是根本的因。如果 X 的负熵位高低于 A，则 A 可以制造 X。如果 A 和 X 两物的负熵差趋于零，则相互不可造，除非有负熵位高高于 A 或称高于 X 的第三方的介入。如果 Y 的负熵位高至少低于 A、B、C 和 D 中的一个的负熵位高，则 A、B、C 和 D 可以合作制造 Y。

进一步上升提炼可以得出：任何制造过程都是负熵位高高于被造者的造者独立制造被造者的过程，或以与条件物相碰撞为条件的、负熵位高高于被造者的造者制造被造者的过程。简曰之，负熵位高高者可以独立制造负熵位高低者，或与条件物合作制造负熵位高低者。这就是制造定律。这里所述的制造定律与第二篇的制造定律是一致的。制造定律给人类创造活动以向前推进的信心与勇气。制造定律揭示着宇宙的一种运动规律，即负熵差是量变、质变及量变到质变的根本动力。

依据制造定律，对人脑的 upload 和 download 将完全可以成为现实，因这一工程并不需要过高位的负熵位高，但对人脑的 upload 和 download 具有极其重大的意义。

事实上，制造的类别可以分为七种：一是制造性制造，二是生命性制造，三是遗传性制造，四是客体克隆性制造，五是本体克隆性制造，六是命本源性制造，七是进化性制造。

所谓制造性制造，是指由非生命体出发且没有造者遗传物质参与的、产物为非生命体的制造。所谓生命性制造，是指由非生命体出发且没有造者遗传物质参与的、产物为生命体的制造。所谓遗传性制造，是指由生命体出发且有造者遗传物质参与的、产物为生命体的制造。所谓客体克隆性制造，是指由生命体出发但没有造者遗传物质参与的、产物为生命体的制造。所谓本体克隆性制造，是指由造者的遗传物质出发、产物是造者的一种形态的制造。所谓命本源性制造，是指由生命体出发、产物是非生命的制造。所谓进化性制造，是指由生命体出发、产物是更高级的生命体的制造。制造性制造、生命性制造、遗传性制造、客体克隆性制造、本体克隆性制造、命本源性制造和进化性制造，从本身看都是熵减的，但其过程却都是熵增的，事实上任何制造过程都是如此。所谓遗传物质就是造者信息的负熵流。

在制造过程中，只有造者的显性既有，即既有中的显性部分，例如已知的逻辑等，才能传递到被造者之中。造者的隐性既有，即既有中的隐性部分，例如创造力、性格等，不可能传递到被造者之中，除非有遗传物质被导入被造者之中。造者的不有理所当然不可传递。所以，被造者的规律与表征必定在造者的显性既有范围内，必定在造者的已知范围内，必然受造者的显性既有和已知的限制。造者的悟性性、情感性、未知性和创造力性等既有属于隐性既有，隐性既有不可传递，除非有遗传物质参与。因此，悟性性、情感性、未知性和创造力性等隐性既有必然无法无物传递到被造者之中，除非有遗传物质参与。所谓遗传物质参与就是传质参与。无物参与的制造实质上是有负熵势的参与，负熵势的参与不导致造者的负熵位高衰减。

人工智能及其智能机器是人的无遗传物质参与的造物，那么，人工智能及其智能机器的规律与表征一定受人类的已知的限制，只能在人类的已知范畴内活动，人类的未知和创造力等必然无法传递到人工智能及其智能机器之中。

所以，人工智能及其智能机器在创造力等隐性既有方面，不但不可能超越人类，就连与人类比肩也是不可能的。

（七）温速等价定律

从分子热运动理论可知，分子的热运动速度 V 与温度 T 的平方根成正比，但是，这是从速度所代表的动能的量和温度所代表的热能的量的角度讲的。如果，从速度对动能的传递作用与温度对热能的传递作用的角度讲，则完全不同。

如速度定律所述，运动速度低的物体不可能把自己的动能传递给运动速度高的物体，除非有第三方介入。那么，在没有第三方介入的情况下，为什么运动速度低的物体不可能把自己的动能传递给运动速度高的物体呢？作者认为，速度大小也标志着负熵位高的高低，速度高负熵位高高，速度低负熵位高低。事实上，速度定律的另一个等价阐述为：动能不可能从运动速度低的物体传向运动速度高的物体，除非有环境介入。而热力学第二定律可以阐述为：热不可能从温度低的物体传向温度高的物体，除非有环境介入。热可以自发地从高温物体传递到低温物体，但不能自发地从低温物体传递到高温物体。动能可以自发地从高速物体传递到低速物体，但不能自发地从低速物体传递到高速物体。

由此可见，物质的运动速度与物质的温度具有等价性，速度与温度均是负熵位高的标志。速度与温度具有等价性，都是负熵位高的尺度，这就是温速等价定律。

温速等价定律意味着，速度定律与热力学第二定律揭示着不同物理量的相同属性，揭示着同一规律，即负熵差具有矢量属性。温速等价定律还意味着，动能也有负熵位高高低之别，速度高的动能负熵位高高，速度低的动能负熵位高低。

定律对人类的最大价值是使人类简捷地理解事物的本质，简捷地利用事物的本质进行创造活动，例如，进行发现与发明创造。因此，走向科学定律、技术定律、根定律和子定律均十分有价值。

二、走向知识产权

在法治社会，创造活动一定要形成知识产权，否则，无法从创造活动中获取回报。应按照第六篇第二章论述的知识产权工程的第零产业模式实施知识产权工程，进而构建可靠的知识产权壁垒，实现从创造活动中获利。

专利的本质是科学性、上向性和解题性，构建专利权利要求是极其高水平的创造性活动，是发明人以外的人很难胜任的工程，因此，发明人必须自行构建专利申请文件中的权利要求。众多发明人不习惯也不会构建权利要求书，但是必须下功夫学习、弄懂、弄通。构建专利申请文件中的权利要求会对创造活动产生巨大的推动作用。发明人自行构建权利要求书不仅会决定性地提高专利水平，而且还会决定性地提高自身创造活动水平。

为提升走向知识产权的水平，应精通上向逻辑，上向逻辑是一种深刻，上向逻辑不仅是知识产权的基础与核心，而且是创造活动的基础与核心。

三、走向技术

创造活动是技术开发的根，没有创造活动就不可能有技术。技术的根本价值是解决技术问题与确立垄断性。技术不先进不可以，不能确立垄断性更不可以。所以在技术开发中一定要十分注重知识产权工程和对细节的穷尽。

技术是具有竞争力的产品的灵魂，如果没有新技术，产品谈不上是有竞争力的产品。技术是产品竞争力的基础，没有技术的产品不可能有竞争力。走向技术的基本逻辑是一独有三穷尽。

所谓一独有，是指至少有一项技术是自己独有的。

所谓三穷尽，是指穷尽未知、穷尽已知和穷尽细节。所谓穷尽未知，是指要穷尽一切追逐未知，即穷尽一切追逐超越与颠覆已知的创造活动，穷尽一切追逐科学技术创新。所谓穷尽已知，是指在技术开发中要穷尽一切努力进行现有技术的整合。所谓穷尽细节，是指在技术开发中要穷尽一切努力打造细节。

已知与未知相比微不足道。已经创造的东西与有待创造的东西相比微不足道。走向技术的根本就是创造出有待创造的技术，创造出有待创造的技术只能通过创造活动实现。只有创造活动才能实现穷尽未知、穷尽已知和穷尽细节，才能获得独有的先进技术，才能创造出具有竞争力的技术。

在技术开发中，任何技术的开发都应该在理念和先进性方面超越或颠覆竞争对手，并且穷尽所有细节。以发动机为例，发动机的设计开发应该遵守一超越颠覆与八奋斗的规则。所谓一超越颠覆，是指在设计理念和技术先进性方面超越颠覆竞争对手，所谓八奋斗是指：

结构：为穷尽可能奋斗；　　效率：为每一瓦奋斗；

体积：为每一毫米奋斗；　　配合：为每一微米奋斗；

重量：为每一克奋斗；　　　寿命：为二级等寿命奋斗；

外观：为频频回首奋斗；　　洁净：为一尘不染奋斗。

穷尽细节是许许多多产品经久不衰的根本所在。

如果能够做到多一字多、少一字少、改一字错，那一定是一篇极品文章。如果能够做到多一件多、少一件少、换一件错，那一定是一个极品系统。如果能够做到多一笔多、少一笔少、改一笔错，那一定是一项极品设计。

四、走向标准

标准是划分利益蛋糕的唐横刀，走向标准从表面上看是对产业的引领，而实际上是企业构建壁垒、获取高额利润的根本途径。创造活动是走向标准的根本途径，通过创造活动走向标准是提高企业竞争力的根本途径。提升创造活动水平，走向高级标准，是提升竞争力的关键。企业必须十分重视走向标准，创造活动只有走向标准，才能展示其对社会生产力的根本性贡献。

从物质文明和经济利益的角度讲，走向定律与走向知识产权是创造活动的初级阶段，走向技术是创造活动的中级阶段，走向标准是创造活动的高级阶段。

创造活动的初级阶段、中级阶段和高级阶段，相互依存、相互促进、相互不可或缺，全面掌控这三个阶段才能构建创造活动的良性循环体系，才能不断提升竞争力。

以上是关于创造活动演进逻辑的论述。从根本上讲，创造活动就是向更高负熵位高挺进的历程，其根本是上向逻辑，而创造活动的演进逻辑就是实施上向逻辑的攻略。

第四篇　论创造活动主体的特殊性

　　所谓创造活动主体，是指从事创造活动的人。创造活动的特殊性决定了创造活动主体的特殊性。各个领域的创造活动主体的特殊性基本相同，为此，本篇将以科技创新工程领域的创造活动主体为例，论述创造活动主体的特殊性。

第一章　能力要素的构成逻辑

一、内在极限与后天提升

　　人天生，且永远，各有所长，擅长做什么事是先天所赋决定的，不是后天能改变的。任何能力的内在极限都是先天所赋决定的，后天提升，如学习、训练和锻炼等，都只是对内在极限的趋近，而不是极限的再造。但是，由于要素逻辑的存在，某一方面

第 四 篇
论创造活动主体的特殊性

的高极限者并不意味着在其他方面也具有高极限，某一方面的低极限者并不意味着在其他方面也只能具有低极限，而且先天所赋并不意味着世袭性。不同方面的能力的差异性、无世袭性和需求的统一性决定了人无高低贵贱之分，都具有天然的平等性。然而，对于教育而言，选拔人才比教授知识更具决定性。教育的根本是发现和选拔个体所长、因材施教，培养正确的人生观、世界观和价值观，而教授知识充其量是教育的第三等要务。因此，教育从智力活动能力选拔向创造活动能力选拔的转移势在必行。

无论如何培养、如何投入，如果没有先天所赋特质，其不可能成为拿破仑、华盛顿或毛泽东；无论如何培养、如何投入，如果没有先天所赋特质，其不可能成为牛顿、爱因斯坦、普朗克、薛定谔、钱学森、于敏、杨振宁或屠呦呦；无论如何培养、如何投入，如果没有先天所赋特质，其不可能成为优秀的狙击手、优秀的运动员或优秀的艺术家。这是不言而喻的逻辑。

无论后天如何培养、如何投入，绝大多数人都只适合从事非创造活动，不适合从事创造活动。无论是哪里的大学生、哪里的硕士生，还是哪里的博士生，其绝大多数都不适合从事创造活动性工作，只适合从事制造性或实验性等智力活动性工作。

作者认为，制造性和实验性等智力活动性工作与创造活动性工作只是工作类别不同，没有高低贵贱之分。

人们错了，都以为只要读个好大学，特别是读个好大学的博士，就一定能够胜任创造活动。其实完全不然，创造活动是世间最为艰苦卓绝、绞尽脑汁的人类活动，是常人无法坐穿的人间第一炼狱，是没有坚韧不拔、浴火重生的钢铁意志根本无法趟过的河，是没有极其独特的先天所赋根本无法趟过的河，真正能够胜任创造活动的人即便在世界名校的博士毕业生中也是非常小的比例，因为现行的博士毕业标准基本上都是对智力水平的衡量。

人类社会是一个极其复杂的系统，每一类工作都是人类社会得以运行的串联支撑，都是不可或缺的。串联的必然是不可或缺的，不可或缺的必然是平等的，这是不言而喻的逻辑。创造力的内在极限者与其他人没有高低贵贱之分，只是某一方面的能力不同，所擅长的事也仅仅是社会分工的不同。

科技创新工程领域的创造活动主体称为创造家。所谓创造家，是指能够专门从事科技创新这一创造活动的、极具创造力的科技工作人员，其具有发现新存在、发现新现象、发现新科学规律、创造出新科学定律、创造出新技术定律、创造出新技术、创造出新解决方案和实施知识产权工程的能力。专门从事制造性工作的优秀的人称为制造师，制造师包括专门从事制造性工作的优秀的设计师和优秀的工匠，专门从事实验性工作的优秀的人称为实验师。全社会应该全面提升对制造师和实验师价值的认识，提高他们的待遇和社会地位，因为如果没有他们，创造家的作用也难以发挥，特别是在技术与工程领域，一流的制造师和一流的实验师更是不可或缺的。

在科技创新工程中，如果把创造家和顶级创造家比作头脑，那么，一流的制造师和一流的实验师就是心脏。这样的头脑和心脏对科学技术产出的革命性提升均不可或缺，对社会生产力的提升均不可或缺，对人类社会继续发展繁荣均不可或缺。

对制造师和实验师的待遇和社会地位的提升具有革命性，因为这将推动生产系统的科学化和高效化。与此同时，应将职业教育机构与普通高等教育机构一视同仁，将职业教育机构更改为与普通高等教育机构具有同等地位的专业教育机构，消除歧视，以全面彻底地推进生产系统的科学化和高效化。这是社会发展的必然要求。

创造家出思想，实验师和制造师负责验证与实验，创造家参与验证和实验，且根据验证结果和实验结果进行更深和更广的创造。创造家、实验师和制造师三者相互协调、相互配合、相互促进，形成以创造家为核心的科技创新人才团队。这样的团队将具有史无前例的攻坚克难的力量，将革命性地提升科学技术产出。

使受过高等教育的人，包括受过硕士和博士教育的人中的相当一部分实验师化和制造师化，并使他们专心致志地从事实验工程和制造工程进而使其得以量化，将对创造家的培育和人类创造活动水平的革命性提升具有革命性作用。

二、先天所赋并不意味着世袭性

任何局部、全部局部或局部的有限类的合，都不能决定特定的整体。因为，整体在包括局部的同时，必然包括局部关系。换句话说，任何系统都是由要素和要素逻辑组成，所以缺少特定要素逻辑的任何要素的合都不能决定特定的系统的特征。造者决定被造者之说的造者中包括要素和要素逻辑。所谓要素逻辑就是要素间的组成关系。

换句话说，要素本身，即便是全部要素，也不可能决定系统。就像一个拼图不可能仅仅由子块决定一样。要素逻辑是系统复杂性的根。从要素的角度讲，任何制造都不具有世袭性。先验性和先天所赋性并不意味着世袭性。因为制造过程包括要素逻辑。如果用高和低分别表示要素的负熵位高的高低，那么：高+高#高也#更高，高+低#高也#低，低+低#低也#更低，其中，#为不一定等于。这种不确定性对于负熵位高高的特征而言更为明显，反之亦反。要素逻辑的决定性具有物理性根据，不可抗拒。

例如，当一个系统的子件处于分离状态时，子件的负熵位高可能很低，但合起来就可能形成一个负熵位高很高的系统。同理，负熵位高高的子件之合也可能形成负熵位高低的系统。再例如，物质是生命的要素，物质不具创造力，而生命则具有创造力，其根本原因是在物质构成生命过程中，要素逻辑起到了决定性作用。不仅如此，不同物种的物质是相同的，而创造力则完全不同，其根本原因依然是要素逻辑的决定性作用所致。

事实上，对于子女的创造力，父母本身会更不具决定性作用，而对于子女的外表特征，父母本身的决定性作用会大一些。当 A 与 B 的合等于 C 时，A 的负熵位高和 B 的负熵位高不能决定性地决定 C 的负熵位高，而 A 与 B 的或缺性和不可或缺性，即 A 与 B 的相互关系具有决定性。换句话说，父母的特征并不能决定其下一代的特征，特别是负熵位高的特征，负熵位高越高的特征受父母影响越小。所以高创造力父母的后代的创造力不一定高，低创造力父母的后代的创造力不一定低。其实，创造力不高的人的后代可能具有高超的创造力，创造力高超的人的后代也可能不具有多少创造力，这不仅是社会的常态，更是一种规律。

第二章　创造家的标准

创造家是世界上最神圣的名字之一，因为他们是人类创造活动群体的代表，是人类认识世界和改造世界的先行者。创造家的根本特质就是具有高超的创造力，能够高效地从事创造活动。科技创新工作与其他工作完全不同，其根本是人类创造活动，科技创新工作其实不是传统意义上的工作，而必须是一种爱好与追求，必须是一种事业，否则无法完成。为此，创造活动主体（例如创造家），与非创造活动主体具有本质的不同。

非创造家者，不可能成为合格的科学家、教授、研究员和研发工程师。无论在哪个国家，都有许许多多所谓的科学家、教授、研究员和研发工程师是不合格的，他们不仅浪费了许许多多的社会资源，而且还严重阻碍了科学技术进步。人类社会发展到今天，只有创造活动才能解决人类面临的挑战，人类已经无法承受不按创造家的标准要求科学家、教授、研究员和研发工程师的混乱局面的继续存在。

　　知识渊博者不一定能成为合格的创造家，知识渊博仅仅是成为创造家的一个条件而已。无论你知识多么渊博，如果你不能对知识进行创造性整合与创造性运用，对于创造活动而言，你其实没多大价值，因为你对知识的掌握水平无论如何都不会超过一部三五千元的智能手机。当然，你如果从事智力活动，可能会有了不起的贡献。

　　无论你多么逢考必胜，如果你不能对你记忆系统的信息进行创造性整合与创造性运用，对于创造活动而言，你其实也没多大价值，因为你对信息的储存水平和输出水平无论如何都不会超过百八十元的 U 盘、千八百元的打印机和五六千元的电脑的协同。同理，你如果从事智力活动，可能会有了不起的贡献。

　　最强大脑者，如果他有高创造力，那么价值连城，如果他没有高创造力，对于创造活动而言，他其实也没多大价值，因为，其信息处理能力不会超过指甲大小的芯片。大脑中的知识、信息和已知范畴内的处理能力仅仅是土壤，如果没有高创造力，无论如何永远都是死气沉沉的荒凉。再同理，他如果从事智力活动，可能会有了不起的贡献。

　　医生无论多么兢兢业业，如果不能治病，何谓医生？农民无论多么辛辛苦苦，如果不能种出好庄稼，何谓农民？兵者无论多么出生入死，如果不能打胜仗，何谓兵者？如果科学家、教授、研究员和研发工程师不能发现新存在、不能发现新现象、不能发现新科学规律、不能创造出新科学定律、不能创造出新技术定律、不能创造出原始创新性解决方案或不能创造出原始创新性技术，又情何以堪？所以，以下标准并不苛刻。

一、前提标准

创造家的前提标准包括五个外在特质，或称五外在，也称五者。所谓五者，是指通道关闭者、身边笔纸者、凌晨破门者、特振偏好者和工作狂者。创造家至少要达到五者水平，如果一个人不属于五者，就不可能成为创造家。

所谓通道关闭者，是指为集中所有注意力进行思考，能够把所有不相关的感知通道关闭，做到视而不见、听而不闻、触而不觉的人。只有具备这种特质的人才可能具有高超的创造力。如果一个人做不到这一点，不可能成为真正意义上的创造家，因为，通道关闭能力是创造活动所必需的一种特质。

所谓身边笔纸者，是指随身携带笔和纸，休息时床头也要放有笔和纸，随时记录休息时、睡梦间和每时每刻灵感的人。越复杂、越有价值的思想要么在极度放松的环境下产生，要么在思想的激烈碰撞中产生，例如，休息时、半睡半醒时、放松环境下的独自思考时和激烈辩论时等。越复杂、越深刻、越有价值的思想的思考痕迹越是淡淡的，如同位于迷宫的深处，很容易忘记来路、忘记过程、忘记所在、忘记结论。如果思考的痕迹不是淡淡的，而是清清楚楚的，那么一定是所涉猎问题不够深、不够复杂，所以思考的价值也一定是平平的。因此，及时记录思考的痕迹和形成的思想，对创造活动来说极为重要。如果你没有这样的习惯，说明你缺乏真正意义上的创造活动经验。

所谓凌晨破门者，是指经常为了验证夜间或睡梦间获得的灵感，深夜或凌晨奔袭实验室大门进行实验验证，或者奔袭电脑电门进行理论验证的人。如果一个人能够等到明天去验证今夜就可以验证的新思想，那么此人肯定不具备成为一流创造家的特质。

所谓特振偏好者，是指在思考时偏好某种特殊振动的人，例如，某种音乐、小河流水、滚滚车轮声等。一切高超的创造活动在特定旋律存在时会进行得更加顺畅，特别是对想象与逻辑的相互撞击，旋律性振动尤为重要。一流的创造家都会有自己偏好的旋律。是否属于特振偏好者，是是否有可能成为一流创造家的一个标志。

作者是不是一流创造家不好说，作者偏好的特振是滚滚的车轮声，每每遇到深刻问题时，会独自驾车行于北京的四环或五环之上，行车时的滚滚车轮声对作者深度思考很有帮助，北京四环和五环之上的滚滚车轮声帮助作者解决了不少复杂问题。

所谓工作狂者，是指每周能工作80小时左右且在必要时两天两夜不吃、不喝、不眠仍能正常工作的工作狂人。干劲产生于兴趣，疲劳产生于无趣；干劲产生于追求，疲劳产生于无所追求。不能超时超狂工作就证明不感兴趣，不能超时超狂工作就证明无所追求，不感兴趣、无所追求不可能成为合格的创造家。事实上，可数日不思创造者和放假就不见人影者，不是也不可能成为创造家。超时超狂工作是创造家的基本特质之一。

牛顿在写《自然哲学的数学原理》时，常常忘记自己吃饭与否，有时衣服只穿了一半就一整天失神地坐在床沿上。他很少在夜里两三点前睡觉，常常在凌晨四五点才休息，往往一天只睡四五个小时。开普勒每天只睡几个小时，吃住都在望远镜边，这样的工作状态持续数十年，终于发现了行星运动的三大规律，提出了行星的轨道定律、面积定律和周期定律。爱迪生在数十年间，几乎每天都工作十好几个小时，每天晚上还要在书房读三至五小时书。特斯拉长期从早上10点半工作到次日凌晨5点，终于给世界留下了众多伟大的发明。爱因斯坦、康德和笛卡尔睡眠稍多一些，但是每天思考的时间仍然是十好几个小时。文艺复兴的后三杰，达芬奇、米开朗基罗和拉斐尔，无一不是绝顶的工作狂。中国科学家钱学森、郭永怀、邓稼先和于敏等，无一不是夜以继日的工作狂。

杰斐逊、林肯和华盛顿等都以勤奋和坚毅而著称。杰斐逊极其努力、手不释卷，才有了后来的《独立宣言》。林肯和华盛顿更是勤奋至极，夜以继日地工作更是家常便饭。毛泽东在战争年代，每天都有十几、二十小时坚守在作战地图旁，通宵达旦更是家常便饭。在取得全国政权后的和平年代，毛泽东每天仍然要工作十七八个小时。

事实上，任何一个真正的有成就者，非工作狂者，不可也。艰苦卓绝、绞尽脑汁不仅是一切重大贡献的贡献者所必需具有的素质与常态，更是创造家所必须具有的素质与常态。今天的科学家、教授、研究员和研发工程师中，绝对有许多像上述大家先生一样废寝忘食、夜以继日，为所在机构、国家和人类做出伟大贡献的可敬可尊者。但是，今天的科学家、教授、研究员和研发工程师中，也有众多缺乏质疑已知、超越已知、颠覆已知、敢为天下先的创新精神，缺乏实事求是、一丝不苟的科学精神，缺乏精益求精、穷尽可能的工程精神，缺乏尽职尽责、废寝忘食的敬业精神，与上述大家先生相比应当感到羞愧的人。

无论在哪个国家，应当感到羞愧的科技工作人员普遍存在，且是多数，不是少数，这些人根本不适合从事创造活动，他们永远不可能在科学技术领域里有大成就，当然永远也不可能成为创造家。他们之所以如此，从根本上讲，并不完全是他们个人原因，而是他们本不应进入创造活动领域，他们应从事智力活动。

工作是人存在与拥有一切权利的前提，多多地工作是多多地获得的前提。不仅如此，工作是世界上最快乐的事，玩命工作的工作狂者是世界上最快乐的人。

五者是成为创造家的前提条件，是起码的标准。如果你是科学家、教授、研究员或研发工程师，但你不是五者，那么你肯定是上不着天下不着地者，你根本不合格，你连入门级的创造家都不是，而且你永远不可能成为其中的一员，做创造家不是你来到这个星球上的使命，你应该彻底退出创造活动领域。

在非五者身上无论投入多少，都是无济于事的，他们不可能成为创造家，也不可能交付有价值的创造活动成果。政府、社会、机构和企业应当终止对非五者们在创造活动领域的支持与投入。因为，对非五者们在创造活动领域的支持和投入不可能取得真正意义上的成功，不仅是资源的浪费，而且也会湮灭了非五者们从事自己擅长的工作实现人生价值的可能性。

二、初级标准

创造家的初级标准包括五个内在标准，或称五内在，也称五先天，一是为超越和颠覆而生，具备超群的超越与颠覆的先天所赋特质；二是为逻辑和哲学而生，具备超群的逻辑思考与哲学思考的先天所赋特质；三是为好奇和解题而生，具备超群的好奇心和超群的解决问题欲望的先天所赋特质；四是为真理而生，具有实事求是、一丝不苟、坚忍不拔、永不言败的先天所赋特质；五是为求知而生，具有广泛学习兴趣与深刻认知能力的先天所赋特质。学得越深广越好，懂得越深广越好，但做得越专深越好。广泛的学习、广泛的涉猎，是做得专深的前提。

如果你不具备这五种先天所赋特质，你永远都不可能成为创造家，你应该彻底退出创造活动领域。在不具备这五种特质的人身上无论如何投入与支持，都是无济于事的，他们永远都不可能成为创造家，也不可能交付有价值的创造活动成果。五外在和五内在是选拔创造家和创造家培养对象的标准和根本抓手。

三、根本标准

创造家的根本标准，是发现新存在、发现新现象、发现新科学规律、创造出新科学定律、创造出新技术定律、创造出原始创新性解决方案或创造出原始创新性技术，且精通知识产权工程。创造出科学定律、创造出技术定律或创造出原始创新性技术，且精通知识产权工程的创造家，才是世界一流的创造家。创造科学定律、创造技术定律或创造原始创新性技术，且精通知识产权工程，是世界一流创造家的根本标准。

知识产权工程不仅是高深的创造活动，而且是创造活动的裂变剂，对创造家至关重要。

四、顶级创造家标准

所谓顶级创造家，不是传统意义上的科技英才，而是世界上最具创造力的科技英才，是创造力极强、极其善于发现与发明、专利阵破建能力极强，具有极其丰富的科技研发工程、新技术工程化工程和深度知识产权工程经验，精通专利语言、拥有300项以上发明创造或在相关领域的发明创造在世界排名前五，至少有一项重大发明创造已经产业化或至少有一项重大理论贡献的世界级创造家。专利阵破建工程是高水平创造活动，所以将专利阵破建的能力作为顶尖创造家的标准理所当然。顶级创造家是人类在创造活动领域里的领军人物，也称为熵零士。

第三章 创造家的选拔

一、自然选拔

世界上本无企业家群体，有了公司，企业家群体就自然而然形成了，大企业家也就自然而然出现了；世界上本无工人群体，有了工业，工人群体就自然而然形成了，大的工匠（大制造师）也就自然而然出现了；世界上本无教师群体，有了教育业，教师群体就自然而然形成了，大教育家也就自然而然出现了；等等。举不胜举的例子说明，只要某一行业出现，与其相对应的群体就会自然而然地出现，这一群体也会大浪淘沙式地得到优胜劣汰，不断提升发展，形成独立化的专业群体。这其实是一种自然选拔的过程，称之为自然选拔。

随着创造活动的独立化（见第六篇和第七篇）和创造家标准的出现，创造家的聚集、与非创造活动者的分离、创造家群体与非创造活动者群体的分离以及创造活动群体的独立化是自然而然的事，就像人类历史上每次社会分工一样，与新行业相匹配的群体会出现、会聚集、会与其他群体分离，且最终实现高级化与独立化。在创造活动独立化的背景下，创造家和顶级创造家的标准的出现，必然导致创造家和顶级创造家的出现、聚集和与其他群体分离，形成专门从事创造活动的、独立化的专业化群体。

二、人为选拔

人类创造力具有个体巨差性。创造力在人类个体之间存在严重差别。大部分人不具有足够的创造力，其创造力无法被培育提升至可以有效地、专业化地从事创造活动的高度；极少部分人具有相当高的隐性创造力，一经挖掘、激活和培育等外部力量作用就可以形成高超的创造力，这类人称为隐性创造力者；更少数人具有高超的显性创造力，即已经具有高超的创造力，这类人称为显性创造力者。隐性创造力者就是潜在创造家，即创造家的培养对象，显性创造力者就是创造家。

创造力并不具有世袭性，所以潜在创造家选拔是对个体的选拔，而与其父母和兄弟姐妹的创造力水平没有直接关系。

人为选拔包括两个方面：一个是选拔既存的创造家，按上述标准选拔即可；另一个是选拔创造家的培育对象，即选拔潜在创造家。

众所周知，在运动员培养过程中，如果找不到具有巨大潜力的运动员，无论如何培养都是无济于事的。当前的成绩往往只作为判断潜力大小，即判断先天所赋运动能力的一个参考，没有哪个教练会选择当前运动成绩很好，但没有巨大潜力的人作为培养对象。

目前，选拔科技人才的培养对象主要依据考试成绩，特别是在亚洲，例如，在中国和日本，把考试成绩作为选拔未来科技人才的唯一准则。事实上，人的大脑能力要素包含两个：

一是智力活动能力，即在已知范畴内的信息工程性活动及其表达的能力。二是创造活动能力，即超越或颠覆已知的思想性活动及其表达的能力。

传统考试，例如高考，选拔的是智力活动能力要素，而不是创造活动能力要素。创造家真正需要的是人的创造活动能力，不是智力活动能力，智力活动能力仅仅是其中一个要素而已。

像中国和日本高考这样的考试，最好的成绩莫过于三机者和四机者的水平。

所谓三机者，是指像录音机、照相机和打印机一样的人，这样的人像录音机一样把听到的记忆下来，像照相机一样把看到的记忆下来，考试的时候，像打印机一样准确无误地输出，得到满分，或仅仅因为"打印机过热或断墨"，丢了几分。

所谓四机者，是指像录音机、照相机、计算机和打印机一样的人，这样的人像录音机一样把听到的记忆下来，像照相机一样把看到的记忆下来，考试的时候，像计算机一样利用记忆的要素进行各种运算后，像打印机一样准确无误地输出，无论考题如何变化，都能得到满分，或仅仅因"系统"出点差错，丢了几分。

对于三机者、四机者及其接近者，人们往往称其为学霸。学霸的价值会因信息化和智能化等超级现代化的发展变得越来越低。虽然，学霸并不代表不具有高创造力，但是学霸也并不意味着就具有高创造力。如果把学了的都会的人称为学霸，把学了的不一定全会、没学的也能弄懂八九不离十的人称为学神，显然，学神比学霸更具价值，因为学霸是形态认知的强者，而学神是逻辑认知的强者。就像选拔足球运动员一样，没有经过培养与训练也能踢得差不多的人显然是有足球天赋的。学神往往是高创造力者的潜在者。具有高超创造力且是为超越颠覆而生者才会有大贡献，而这些人与逢考必胜的三机者和四机者并不等价，三机者与四机者，如果具有高超创造力且是为超越颠覆而生者，则无与伦比、价值连城，如果没有创造力，无论如何重金培育，同样都不可能在创造活动领域成为大家。

　　如果完全按中国和日本的现行高考选拔方式进行选拔，历史上那些大名鼎鼎的科学家、发明家、军事家、艺术家、战略家和政治家至少有一半以上都无法进入大学之门。连毛泽东这样的伟人也只是进入了长沙第一师范这样当时名不见经传的小小学堂。应当承认，唯考分论有其历史性渊源和历史性合理性，比如一百年前，熟练掌握知识就可以畅游且唱响天下，而今天没有高超的创造力，就无法在人类战胜日益增长的挑战中做出大贡献。

　　作者并不质疑唯考分论有其历史性渊源和历史性的合理性，但在创造活动日益重要的今天，作者强烈建议，必须由智力活动能力的选拔向创造活动能力的选拔转变。

　　哈佛大学的数百年历史证明，成绩达到优良的学生比成绩达到顶尖的学生更能成大才。为此，哈佛大学招生时只要成绩达到优良，成绩就不再起作用，而社会责任感、坚韧不拔的意志和领导能力则成为决定性因素。这是哈佛大学人才选拔的秘诀。人才选拔的秘诀就是所有顶级大学和科技研发机构成功的秘诀。但是，如果哈佛大学在人才选拔方面，能够更加注重对创造活动能力的选拔，即更加注重对创造活动能力特质的选拔，那么哈佛大学会对世界做出更大的贡献。

　　目前世界各国在教育选拔方式上都局限于对智力活动能力的选拔，而不是对创造活动能力的选拔，虽然各国在程度上略有不同。事实上，目前世界各国选拔的能力要素与想让被选拔者做的事所要求的能力要素风马牛不相及，这不仅是一个严重的世界问题，更是一个不能不解决的问题。

创造力是创造家的根本，创造力的内在极限是先天所赋的，具有先验性，创造力的内在极限的先验性决定了对创造家的育成而言，选比育更具决定性。

从根本上讲，上述的五外在和五内在就是对创造家和潜在创造家选拔的根本抓手，但是在具体层面应注重以下事项。

选追根问底者，选天真狂想者，选中瘾成性者，选孤傲者，选单挑宇宙和单挑人类文明的狂者，选勇于超越、颠覆一切的野心者，选执着、固执、坚忍不拔、浴火重生的刚者，选善于逻辑性提升和哲学性理清的悟者，选完美主义者，选质疑主义者，选批判主义者，选具有强烈自我实现需求的高傲灵魂者。

具有高创造力的人一定是追根问底者，一定充满强烈的好奇心和求知欲，崇尚新事物、遇事问底、乐此且不疲。例如，牛顿小时候就极具好奇心，他经常会问一些千奇百怪的问题。有一天，牛顿问母亲，风车为什么会旋转？母亲回答说，是风的力量推动风车旋转。牛顿又问，那风又是从哪里来的呢？母亲告诉他，水不是从高处往低处流吗？空气也一样，会从气压高的地方流向气压低的地方，空气一流动就产生了风。受到母亲给他讲解空气流动的启发，牛顿后来自己制造了风车。从中可以看出，牛顿追根问底、好奇、求知和崇尚新事物的意愿是多么的强烈。

具有高创造力的人一定是天真狂想者、孤傲者、单挑宇宙和单挑人类文明的狂者，一定是勇于超越、颠覆一切的野心者，一定是善于逻辑性提升和哲学性理清的悟者，也一定是勇往直前、无所畏惧的敢想敢干者。康德曾经说过，给我物质，我就能造出宇宙来，而且康德写书时，不惧百年无读者。阿基米德曾经说过，给我一个支点，我可以撬动整个地球。爱因斯坦的"相对论"发表以后，有人曾写了一本《百人驳相对论》，网罗了一批所谓名流对这一理论进行声势浩大的反驳，但爱因斯坦自信自己的理论是正确的，对反驳不屑一顾，坚持研究，终于使"相对论"成为20世纪最伟大的理论之一。由此可见他们的共同特质。

事实上，逻辑无形，但比金刚石还坚硬；逻辑无形，但比钢铁还致密；逻辑无形，但比黑洞还引力无穷。逻辑的这种坚硬、致密和引力无穷使人无法不穷尽所有。创造活动归根到底是隐性逻辑显性化的工程，是逻辑工程。逻辑工程者不可不天真狂想、不可不野心澎湃、不可不无所畏惧，除非你有意蒙混过关。

具有高创造力的人一定是执着、固执、坚忍不拔、浴火重生的刚者，对自己的思想超常执着和固执，能够克服一切障碍和各种主客观条件的束缚，去实现自己的思想。爱迪生于1879年10月22日点亮了世界上第一盏真正有实用价值的电灯。然而，为了延长灯丝的寿命，爱迪生进行了许多艰苦卓绝的试验，最终才得以成功。如果不是一个执着的刚者，应该早就放弃了。具有高创造力的人一定是钢铁般坚毅的刚者，有着虽千万人吾往矣的孤勇和决心。诺贝尔不仅越挫越勇，且有舍生忘死之精神。他做炸药实验曾多次险些丧命，然而，任何困难和危险都没有撼动他的初衷和希望，这种刚者的顽强意志使诺贝尔终于如愿以偿。

具有高创造力的人一定是强烈的质疑主义者，普遍怀疑已知，绝不循规蹈矩，绝不固步自封，善于考虑多种可能性，善于

跳出既有的模式，善于提出新颖的思想。在这个方面普朗克表现
得淋漓尽致。普朗克当年进入慕尼黑大学，在选择专业时，他在
物理和音乐之间犹豫不定。当时他已经是一个很不错的钢琴演奏
者，他的老师们都建议他不要选物理专业，理由是物理学大厦已
基本建成，从物理研究中不可能期望再得出什么新东西。然而，
恰恰因为老师们的理由让普朗克决不相信物理学大厦已建成，所
以他毅然决然地选择了物理学作为自己的发展方向。后来，普朗
克创立了量子理论，开启了物理学的新篇章，结束了经典物理学
一统天下的局面。这件事说明普朗克是何等强烈的质疑主义者。

具有高创造力的人一定是多思成瘾、中瘾成性者，具有高创
造力的人肯定会穷尽所有的力气于想象与逻辑的相互撞击与相互
交融之中。如果不中瘾成性，就无法艰苦卓绝、绞尽脑汁地砥砺
前行于思考的长河，当然也就无法趟过创造活动这条河。

具有高创造力的人一定是完美主义者、批判主义者、高傲灵
魂者，否则也无法艰苦卓绝、绞尽脑汁地砥砺前行于思考的长
河，当然也就无法趟过创造活动这条河，也就无法坐穿创造活动
这一人间第一炼狱。

亨利庞加莱曾经这样描述自己的发现：经过长期工作后的那
一顷刻间，闪光的潜意识里突然出现了惊人的灵感和富有爆发性
的思想。高斯描述如何找到某个困惑了他两年的定理证明方法时
曾经说过，不像是通过痛苦的努力，而像一个突然出现的闪电，
他似乎说不清楚原有的知识是如何与突然成功相衔接的。但是，
这实质上是长期创造思考积累的隐性动力作用下的顿悟，即艰苦

卓绝、绞尽脑汁过程后的顿悟。

其实，创造活动是极其艰苦卓绝、绞尽脑汁的活动，是人间的第一炼狱，没有独特的素质就无法趟过创造活动这条河，也就无法坐穿创造活动这一人间第一炼狱，也就无法创造出高水平创造活动成果。创造活动不是一般意义上优秀的水兵就能过的河。

从人的器官内科表征看，至少要按下述条件选拔潜在创造家和创造家。

选身强者。选每周能够轻轻松松工作80小时左右且在必要时两天两夜不吃、不喝、不眠仍可以正常工作的人。创造活动是世间最为艰苦卓绝的工作，堪称正常人无法坐穿的人间第一炼狱，是没有坚韧不拔、逆境重生的钢铁般意志无法过的河。没有身强之支撑，无法有效从事创造活动，不可能成为创造家。

选脑深快者。选能够快速捕捉蛛丝马迹，能够深度逻辑提升者。脑不深快者，不可能成为创造家。

选目明清者。选能够正确客观评价自己，不轻易改行，不轻易跳来跳去，不这山望那山高的人。选明白很少有人既适合做创造家又适合做企业家，还适合做行政领导的道理的人。

选明白改行成功的人是极少数的，明白越改越糟、越跳越糟者是绝大多数的，明白激情万丈得意洋洋而起、双眼朦胧两手空空而终者比比皆是的道理的人。

选明白任何一个机构、任何一个企业和任何一个国家都是爱才、重才的，明白如你真正有才能，你一定会得到你应该得到的一切，如你不是真正有才能，改行也白改，跳来跳去也白跳的道理的人。

选心感恩者。选感恩世界、感恩国家、感恩企业、感恩自家的人。选不问世界给了我啥、国家给了我啥、企业给了我啥、家庭给了我啥，常问自己，我为世界做了啥、为国家做了啥、为企业做了啥、为家庭做了啥的人。

感恩是快乐的源泉，感恩是力量的源泉。如果有感恩之心，你会快乐每一天，你会激情澎湃每一天，你将成就大事。如果没有感恩的心，你将痛苦每一天，你将身心疲惫每一天，你将一事无成。无感恩之心者，不可能成为创造家。

选肝刚烈者。选肝火旺、奔袭目标、不辱使命的人。选以解决人类难题为荣耀，以确保国家世界第一、确保机构与企业世界第一和确保自己世界第一为荣耀的人。肝不刚烈者，不可能成为创造家。

选胆无惧者。选想他人不敢想、干他人不敢干、敢于超越与敢于颠覆的人。选尊重强国、尊重世界巨头、尊重世界强人，但不惧任何强国、不惧任何世界巨头，也不惧任何强人的人。不是胆无惧者，不可能成为创造家。

选志坚毅者。选志如磐石、坚忍不拔、百折不挠、持之以恒的人。志不坚毅者，不可能成为创造家。

选义厚重者。机构和企业的就是民族的，民族的就是人类的。选与人厚重、孝敬父母、与机构和企业忠诚、与国家忠诚的人。与人不厚重者和与父母不孝者，不可能对机构和企业忠诚。对机构和企业不忠诚者不可能对国家忠诚。对国家不忠诚者不可能为人类尽职尽责。义不厚重者，不可能成为创造家。

选魂高傲者。选不拘于时、不拘于琐、不拘于名、不拘于利的人。选立大志、谋大事、成大器，不惜一切代价追逐对企业的贡献、对社会的贡献、对国家的贡献和对人类的贡献的人。魂不高傲者，不可能成为创造家。

三、逢考必胜者不是天然的创造家

人们也错了，都以为逢考必胜者必然是优秀的科学家、优秀的文学家、优秀的艺术家等大家。然而，任何大家都必须具有高超的创造活动水平，高超的创造活动水平是成为大家的前提。逢考必胜者只是高超的智力活动水平的拥有者，并不意味着其一定具有高超的创造活动水平。逢考必胜者与高超的创造活动水平的拥有者并不等价。逢考必胜是高智力的体现，而高智力是高创造力的必要条件，不是高创造力的充分条件。逢考必胜者并不是天然的创造家。针对某种能力要素的需求，首要的问题是发现与选拔出对这种能力要素具有高内在极限的人，然后，进行深度培育，这才是培育人才的关键。

四、博士不是天然的创造家

作为创造家人为选拔的重要环节，理清博士问题至关重要。博士是当今世界的最高学位者，博士学位与创造家的逻辑关系是什么？能够从事高水平创造活动的人一定能够读好博士，但是，读好博士的人不一定能从事高水平创造活动，创造家多为博士学位者，但是，博士学位者本身距创造家还有十万八千里路。这就是博士学位者与创造家的逻辑关系。社会为了培育博士投入巨大，也对博士给予厚望。对于社会来说，博士是社会的明珠、人类的宝贝、蓝天下最闪耀的星。然而，什么是博士和博士的使命是什么是博士需要解决的首要问题，也是教育需要解决的首要问题，更是人类创造活动革命性提升的一个重要问题。

那么，博士归根到底是什么？作者认为，博士是社会为突破认知边界和创造边界而培养的具有最高学位的社会成员，应当成为人类创造活动群体的代表，应当具有高超的创造力，应当胜任突破认知边界和创造边界的创造活动。这一点是博士培育的前提，是十分重要的教育问题。但是，今天的博士学位者并不直接等同于人类创造活动群体的代表和高超创造力的拥有者，这显然是教育的一种失败。

博士的使命归根到底是什么？作者认为，博士的使命是超越与颠覆，深广的知识不是博士的标签，更不是博士的荣耀，高超的创造力才应该是博士的标签与荣耀。获得博士学位仅仅是万里长征的第一步，仅仅是万丈高楼的第一块基石。

如果毕业五年内，一个博士不能发现自己获得博士学位时的知识是多么地不足、经验是多么地不足、创造力是多么地不足，那么，要么是他根本就没有创造力，不能胜任创造活动，要么就是他这五年混世了。通常说来，博士只有从意识到自己获得博士学位时的知识还十分浅薄、经验还十分欠缺、创造力还十分匮乏之日起，才有可能真正不辱使命。

博士中具有从事创造活动特质的人，要想成为创造家就应当十分注重理论与实践相结合，动手与动脑相结合，学习与超越、颠覆相结合，补经验、补知识、炼悟性、炼创造力。

知识必须要深广。博士应在毕业后一至两年内至少读二十本重量级的书，至少要横跨理、工、文、史、逻、哲等学科。《自然哲学的数学原理》《国富论》和《资本论》一定要读。而且，以后每年都应该至少读四五本重量级的书。没有逻辑学和哲学的支撑，脑不可能深，不可能有高创造力。

实践必须要深入。博士应该到一线去，且永远一只脚在一线，一只脚在办公室。理工科的博士，在毕业后一两年内要至少拆、装和修二十台机器（包括装置和系统），这些机器应该横跨机、电、通、热、流和车等行业，而以后每年都要剖析不同机器。文史哲的博士，在毕业后一两年内要至少参与二十个社会实践项目，而且以后每年都应参与数个社会实践项目。没有深入实践，不可能有快脑。

逻辑悟性必须要精湛。博士应该练习快速捕捉蛛丝马迹，练习深度逻辑提升，练习专利权利要求构建和专利阵破建工程。

创造力必须要高超。博士必须想不该想、问不该问，挂题于脑，精通创造活动的演进逻辑，勇于突破，解决关键问题。知识是基础，创造力是上层建筑，无论你有多少知识，如果你没有足够的创造力，对创造活动而言你都没有多少价值，你应当退出创造活动领域，因为那样你才可能有真正的贡献，甚至是大贡献。

博士是潜在创造家的重要来源，但是，博士只有具备如上行事的能力，且如上行事，才有可能成为创造家。如果博士不能够成为创造家，且不愿意成为实验师或制造师，即不愿意从事非创造活动，那么，他必将一生高不成低不就，不可能有大成就，且很可能一生非常尴尬，但如果从事其擅长所在，可能截然不同。

　　无论与运动员选拔相比，与艺术家选拔相比，与狙击手选拔相比，还是与其他任何专业性人员的选拔相比，创造家选拔都应更重视对其先天所赋的创造活动能力的选拔。然而，现行体制机制模式却完全无视对创造活动能力先天所赋的选拔，这是一个严重的社会问题。

第四章　创造家的培育

　　创造家培育的根本就是放纵潜在创造家。所谓放纵，就是信任、遵从、赋予资源。实施科技研发的社会劳动组织形式科学化，即实施社会分工，使创造活动独立化，是造就更多更伟大的创造家的根本途径。

一、启迪内在动力使高傲的灵魂显性化
（一）性格动力
通过宣传教育使社会提高对创造活动价值的认知，使社会认

清创造活动才是人类社会发展进步的根本动力，认清创造活动成果才是世界物质文明和精神文明的根基这一基本事实，且建立健全理解创造家、支持创造家和尊重创造家，能使创造家的创造力得以充分释放的社会机制，是人类社会存在、发展和继续繁荣所必需，是人类社会成员的根本性社会责任之一。

通过对创造家的高度理解、支持和尊重，使创造家的追根问底性，天真狂想性，中瘾成性性，孤傲性，单挑宇宙和单挑人类文明的狂性，勇于超越、颠覆一切的野性，执着、固执、坚忍不拔、浴火重生的刚毅性，善于逻辑性提升和哲学性理清的悟性，完美主义性，质疑主义性，批判主义性，高傲灵魂性等本篇上述的创造家特质得以显性化，得以培养提升，得以趋近其内在极限，是创造家培育的关键环节。

社会上大多数人都不能理解创造家的中瘾成性性，然而创造家的中瘾成性性是其必不可少的特质，可以说如果没有创造家的中瘾成性特质，今天的文明就不复存在。

创造活动是世界上最艰苦卓绝、绞尽脑汁的活动，只有对创造活动中瘾深重者才能在创造活动中砥砺前行，到达彼岸。

从另一个角度讲，创造活动是愉悦性活动，愉悦性活动与艰苦卓绝、绞尽脑汁并不矛盾，犹如神人吃朝天椒，快乐着、挣扎着。创造活动的愉悦性是世界上最毒的药，只要深度涉足，就会使人中瘾成性，欲罢不能，随便给它起个名字叫熵零药。所谓熵零药，是指创造活动给从事创造活动的人带来的无与伦比的、欲罢不能的愉悦感的无形药剂。

真正品尝过熵零药的人都会明白，熵零药的成瘾性远远比吸毒者吸的任何毒品都深重，都更加欲罢不能。熵零药能使人在思想意识正常时奋不顾身，而世界上任何毒品都不可能使人在思想意识正常时奋不顾身，所以，熵零药是名副其实的最毒的药。它能使人无论多么艰苦卓绝、无论多么绞尽脑汁，都将砥砺前行。

创造活动就是在熵零药的驱动下，艰苦卓绝、绞尽脑汁的人类活动。社会有责任通过一切可能的方式，理解、支持和尊重潜在创造家的中瘾成性性以及他们全负荷进行创造活动时的形态与表征，才能使潜在创造家成为创造家。中瘾成性性的显性化，会使创造家穷尽一切地进行创造活动，进而使人类社会得以快速发展进步。

上述众多特质简单地说就是性格特质。社会有责任通过一切可能的方式，理解、支持和尊重创造家与潜在创造家的性格特质，使他们的性格特质得以充分释放，进而形成其性格动力。这是创造家培育的一个关键环节。

（二）心理动力

坚韧不拔、浴火重生的钢铁般意志是创造家与生俱来的内在特质，但是，坚韧不拔、浴火重生的钢铁般意志仅仅依靠潜在创造家自身内在动力的释放往往是不够的，还需社会的鼓励、协助与支持。

如果社会和社会成员对潜在创造家的创造活动能够予以更多的理解、鼓励和支持，就会使潜在创造家的这种意志大大地显性化，并使其得以大幅提升，趋近其内在极限，进而在更高更广的层面上革命性地提高创造力。

创造活动不是一蹴而就的事，必须要经历许许多多的反复、许许多多的失败和许许多多的类成功真失败等人间第一炼狱式的折磨，才能成功，而每一次的失败都是对创造活动者心理上的深重打击。因此，社会必须确立鼓励失败等意识，全方位地理解、鼓励和支持潜在创造家的创造活动，使其心理压力变成心理动力。强大的心理动力会使创造家坚信够量的问号后，必有感叹号，只要不是同样的问号；坚信够量的失败后，必有成功，只要不是同样的失败；坚信够量的谬误穿越后，必有真理，只要不是穿越同样的谬误。这是挺进感叹号、挺进成功和挺进真理的根本途径。

这是一条定律级的哲理，但是，如果社会不能对潜在创造家予以鼓励、协助和支持，使其将更深重的钢铁般意志释放出来进而使自己成为创造家，可能没有人会按照这一定律级的哲理从事创造活动，那么社会进步的脚步就会严重放慢。

（三）悟性动力

所谓悟性，是指人类个体对复杂事物的快速认知、快速逻辑提升和对微弱差异的快速判明的一种特质，是善于逻辑性提升和哲学性理清的特质。悟性在人类个体间也存在巨大差异，悟性强是创造活动能力的组成部分，悟性强的人会自发地、不由自主地释放悟性。

但是，悟性释放需要可放松的外部环境、轻松的心理状态和天马行空独往独来的孤傲的思想境界，这就需要富足的生活条件、无后顾之忧的环境、崇高的优越感，即需要高傲灵魂。社会必须为潜在创造家提供富足的经济基础、广泛的尊重和引以自豪的社会地位，只有这样，才能使潜在创造家的高傲灵魂得以显性化，使更加深广的悟性显性化，使他们成为创造家。

（四）汇集创造性人才提升自我实现动力

如图4-1所示，美国心理学家亚伯拉罕马斯洛于1943年在其《人类激励理论》论文中提出马斯洛需求层次理论。

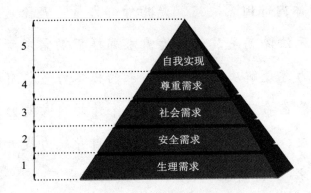

图 4-1 马斯洛需求层次示意图

在这个理论中，人类需求被划分为：生理需求、安全需求、社会需求、尊重需求和自我实现需求五类，依次由较低层次到较高层次排列。

其中，生理需求和安全需求称为初级阶段需求，社会需求与尊重需求称为中级阶段需求，自我实现需求称为高级阶段需求。

如果我们详细研究这一理论，就会发现：从本质上讲，在马斯洛需求层次理论中，生理需求、安全需求、社会需求以及尊重需求即初级阶段需求和中级阶段需求的满足与否均由外部因素决定，而位于顶端的自我实现需求，即高级阶段需求的满足与否由个体内部因素决定。

所谓外部因素决定，是指提供满足需求的条件的决定因素是当事人以外的社会成员或社会，而当事人对于提供满足需求的条件的作用微乎其微。例如，社会要为社会成员提供粮食、提供安全保障、提供社会成员获得尊重的法律环境与社会氛围，等等，而当事人对于提供这些条件的作用微乎其微。

所谓个体内部因素决定，是指外部力量，无论是社会成员还是社会，都无法像满足其他层次需求那样提供需求所需，个体自我实现的能力才是解决自我实现需求的根本力量。自我实现需求的满足，只能靠希望获得自我实现的个体的自身能力即个体的内在因素来解决，外部力量最多只能提供自身能力提升的环境，而不是能力本身。

在满足自我实现需求的过程中，外部力量只能作为提升当事人自身能力的环境来使用，却不能作为满足当事人自我实现需求的要素来使用。例如安全需求，只要社会或其他社会成员提供安全保障，当事人的安全需求就可以得到满足，这就是所谓的外部因素决定，而自我实现需求则恰恰相反。

我们以爬树为例进行说明，爬树爬得快者自然会获得自我实现需求的满足，但是，如果有人在树上钉钉子使爬树变得容易，这会使自我实现大打折扣，所以外部作用是无济于事的，甚至适得其反，只能依靠当事人自身的自我实现能力来满足自我实现需求。因为，树越难爬，自我实现的层次越高，给当事人带来的满

第 四 篇
论创造活动主体的特殊性

足感越强烈。这就是所谓的个体内部因素决定。

创造活动是最高级的人类活动形式，创造力位于人类智慧的顶端，是人类最高级的力量，因此，创造力提升属于马斯洛5的范畴，即个体的高级阶段需求。创造力是人类解决所有重大问题的决定性力量，创造力的提升是最高形式的自我实现需求得以满足的根本。创造活动的愉悦性就源于这个最高形式的自我实现。能够满足创造活动个体自我实现需求的只有代表超越与颠覆的创造力。个体创造力越高，自我实现需求越能得到充分的满足，只有自身的高超创造力才能满足个体最高形式的自我实现需求。

创造力提升会使个体的自我实现需求得到满足，自我实现需求得到满足会使个体获得极大的愉悦感，进而使其创造力得以进一步提升，进一步提升的创造力会使自我实现需求升级，而进一步提升的创造力会使升级后的自我实现需求得以满足，如此循环螺旋式上升形成创造力提升的正反馈过程，这一过程会使个体的创造力不断提升。也就是说，只要我们想办法使具有高超创造力隐藏其内的个体的创造力得以释放，其创造能力就会不断提升。

创造家的育成需要相应的社会环境、法律环境和科学有效的创造活动体制机制模式。在社会环境方面，大规模增加科技创新投入、大幅度增加创造家和潜在创造家的待遇都是十分必要的，是不可或缺的，也是创造家育成的重要条件，更是社会文明和社会发展的必然要求。但这不是问题的命脉，因为，无论哪个有体量的国家的科技创新投入和科技工作人员的收入均已处于临界点以上。所谓临界点，是指开展科技研发工作所必需的基本投入，投入在临界点以下时，增加投入是最具有决定性的命脉，投入在临界点以上时，增加投入是重要的、必需的、不可或缺的，但不是最具决定性的命脉。

在全社会范围内，加强宣传教育和舆论导向，形成学科学、爱科学、用科学和尊重科学与尊重创造家之风，有利于满足创造家和潜在创造家的尊重需求，有利于提升其创造力，有利于创造家的育成，对高效育成创造家是十分必要和不可或缺的，但这同样也不是问题的命脉。

仅仅受利益驱动与尊重需求的满足，农民可以把田种好，因为农民在粮食生产这个方面需求的重点不是自我实现，而是马斯洛理论的初级阶段需求和中级阶段需求。这也是一个小岗村经验就可以引发中国三农社会生产力根本性变革的根本原因。但是，三科（科技研发工程、科技研发机构和科技研发人员）与三农不同，不仅仅要满足科技工作人员的利益需求和尊重需求，更重要的是满足科技工作人员的自我实现这一根本性需求。

如果自我实现需求得不到满足，创造力就无法得到根本性提升，而自我实现需求得以满足的基础也是其高超的创造力，那么，提升科技工作人员创造力的第一个环节就成了关键的关键。

上述启迪性格动力、心理动力、悟性动力和自我实现动力的根本就是要启迪潜在创造家的内在动力，使其高傲灵魂显性化，进而使其创造力趋近于其内在极限。高傲灵魂需要强大的性格动力、强大的心理动力、强大的悟性动力和强大的自我实现动力，才能得以显性化。

目前，世界上虽然有各式各样的所谓创造力提升的方法，但是这些方法大多缺少系统层面的科学性，创造力的提升基本上都是寄希望于创造力的自然消长之中和机械性的步骤化之中。这显然是缓慢的、不科学的和不可靠的，也是无法被接受的。

创造力是一种特殊的能力，没有足够创造力的人很难使他人的创造力得以提升。隐性创造力者和显性创造力者的聚集、问题性相互碰撞、系统性的相互问题刺激与竞争，是创造力提升即自我实现能力提升的关键环节。

剥离非创造活动，使创造活动独立化，大量汇集显性创造力者和隐性创造力者，构建专门从事创造活动的创造活动群体，利用相互激活、相互挖掘、相互培育和相互竞争等群体效应实现创造力提升，以此促进自我实现能力增长，满足马斯洛5的自我实现需求，进而实现创造力的革命性提升，才是真正科学合理的方法，才是创造力提升的根本之道。

这是一种按照社会分工基本逻辑和马斯洛激励理论构建的对创造力提升具有根本性作用的高效模式。这种模式的实施会使潜在创造家快速成为创造家，会使人类创造活动水平得以革命性提升。这意味着创造活动独立化，是造就更多更伟大的创造家的根本途径，也是创造活动水平革命性提升的根本途径。

目前，由于教育等原因，世界各国的科技工作人员的自我实现能力均有待于提高，没有足够的自我实现能力就无法满足自我实现的需求。只有构建上述创造活动群体，实施创造活动独立化，才能系统性地提升创造力，才能系统性地育成创造家。

在这方面，新兴经济体国家更是没有其他选择，更是只有构建上述创造活动群体，实施创造活动独立化，才能系统性地提升创造力，才能系统性地育成创造家。

二、打造外部基础
（一）知识基础

没有经过严格训练的人可能也会替他人防身，但是要保卫一个国家，则需要训练有素的正规部队。没有多少知识储备的人可能也会有些创造，而且我们也不应否认这样的人有时也会有大的创造，例如瓦特。但是，这在统计学上讲意义不大，就像的确有中美国乐透大奖的人存在，却不能以乐透奖为生一样。

深广的知识储备往往是创造力得以深重释放的前提与基础。社会和机构应当使潜在创造家获得尽可能多的知识，熟知相关概念与定义，深刻把握相关定律。

这些知识要深、要广、要清晰，这些知识至少要涵盖自然科学的多个学科以及逻辑学和哲学。深、广且横跨不同领域的知识和科学的知识结构是创造家必备的基础。在获得知识的过程中必须杜绝死记硬背，而应注重知识背后的逻辑关系，注重对事物的逻辑认知。

改变教育模式是构建创造家知识基础的关键，如果能让小学生尽情地在玩耍中认知世界，中学生在身临其境中学习，大学生无领域地、无专业地博览群书，到了硕士阶段再领域化，到了博士阶段再专业化，世界上一定会出现更多更伟大的创造家。高中分科、大学分科与应试教育模式，是对人类创造活动的本质与逻辑关系认知完全缺失的产物，是对人类创造活动能力的摧残。

教授知识，远远不如教授知识的来龙去脉，例如，教授微积分，远远不如教授微积分的发明过程和发展趋势。学生弄懂了知识的来龙去脉，弄懂了微积分的发明过程和发展趋势，对相关知识显然会融会贯通。

教授知识，远远不如教授知识的来龙去脉，教授结果，远远不如教授结果的来龙去脉，这是不言而喻的逻辑，但是，现代教育却完全背离了这一逻辑。

例如，教授工程数学时，教了这个变换与那个变换，好像从来不教这些变换的来龙去脉，所以，学生只能像计算机一样死记硬背，可是，他们怎么也不可能在死记硬背方面超过计算机，所以，这样培养出来的学生往往用途不大，更难以成为创造家。

打造知识基础的目的不是为了增加自己信息库存和增加自己的 copy 式输出量，而是为了融会贯通，而是为了创造性输出。这是必须明确的哲理。如果不能构建用于创造性输出的知识，可能知识越多越会丧失创造力。

（二）验证基础

社会和机构应当为潜在创造家提供充足的验证和实验条件，这不仅可以使创造活动所获得的思想得以验证，也可以获得验证经验，还可以让潜在创造家在身临其境中获得更多的感悟、信息、灵感和数据，进而从根本上促进创造力的深重释放与提升，使创造活动向更深和更广挺进。

观万栋广厦，不如建一栋高楼，验证基础对创造活动，特别是对技术的发明创造极为重要、不可或缺，是潜在创造家成为创造家的不可或缺的基础。

目前几乎所有国家对科学研究和技术开发项目的管理都比基建、化工和能源等工程项目的管理严格得多，再加上评审模式的逻辑错乱性，就系统性地造成了科学家讨经费的局面。使科学家讨经费是头等隐性的错误，一个使科学家讨经费的体制机制模式会系统性地使科学家成为运作家和八面玲珑家，科学家的运作家化和八面玲珑家化必将导致科学技术领域的系统性不作为，进而严重阻碍社会进步。

（三）知识产权工程基础

几乎所有人都认为，知识产权工程是知识产权工程，科学技术是科学技术，两者完全不同，其实这完全错了。知识产权工程不仅是创造活动的权利化工程，更是创造活动的不可或缺的组成部分。知识产权工程是培育逻辑思维的极其重要的环节，知识产权的每个权利要求的构建实质上都是一个逻辑工程，都是创造思考与创造表达的工程，都是使创造活动向更深、更广挺进的工程。使潜在创造家经过严格的知识产权工程训练是创造家育成的必不可少的环节。

从事知识产权工程是促进深度思考与深度创造的非常有效的过程。知识产权工程不仅是创造家育成的基础，也是科技创新快速发展的基础，许多科技工作人员之所以科技成果少、水平低，其根本原因之一，就是他们缺乏知识产权工程基础和知识产权工程经验，无法实现创造活动向更深、更广的挺进。

有人不禁会问，牛顿、爱因斯坦和普朗克等伟大的科学巨匠并不懂知识产权工程，不也创造出伟大的成就了吗？没错，历史上，许许多多伟大的科学家可能从来没有进行过知识产权工程。但是知识产权工程的核心是创造思考与创造表达，所有伟大的科学家都有自己的定律、理论或方程，而任何定律、理论和方程都是高超的创造思考和高超的创造表达的结果。事实上，创造定律、创造理论和创造方程的工程与今天的知识产权工程的核心完全相同。因此，从本质上讲，任何一个伟大的科学家都是创造思考与创造表达的高手，实质上也都是知识产权工程的高手。

（四）认可基础

社会认可对创造家和潜在创造家十分重要。社会应当建立健全与创新驱动发展相适应的体制机制模式，建立健全完备的专利制度，鼓励冒险精神、鼓励新奇思想、尊重新思想的价值，确立包容错误、鼓励创新、鼓励失败、奖励创造的相关制度设置。

（五）待遇基础

体力活动者如果有许多金钱，肯定不会愿意继续从事体力活动，会将大部分时间和金钱放在游山玩水和尽情享受生活之中，或放在鸟语花香等其他爱好之中，除非这个体力活动者有理想、主义和情怀方面的追求。智力活动者也一样，智力活动者如果有许多金钱，肯定不会愿意继续从事智力活动，同样会将大部分时间和金钱放在游山玩水和尽情享受生活之中，或放在鸟语花香等其他爱好之中，除非这个智力活动者有理想、主义和情怀方面的追求。所谓理想、主义和情怀方面的追求，是指类似于一名战士为了捍卫正义、保卫和平和保家卫国，自觉自愿地不怕牺牲、勇往直前的追求。这种追求是人类最崇高的追求，这种精神是人类最崇高的精神。但是，这是在特定时期、特定场合和特定人群中才能看得见的事。一般而言，无考核地给予非创造活动群体过高的待遇不利于社会生产力提升，不利于社会进步，也不利于这一群体自身的发展与生活水平的可持续提升，因为没有社会生产力的提升，过高的待遇不可维系。

欧洲某些国家过快、过度地提高非创造活动群体的待遇，使国家濒临倒闭，这些例子已经从侧面证明了这一结论的正确性。作者并不反对非创造活动群体收入的提升，反而建议大幅提升这一群体的收入，只是建议必须树立科学合理的考核程序，而不应该无考核地、不科学地提升非创造活动群体的收入。

然而，创造活动者则完全不同，首先必须使创造活动者具有优厚的待遇才能使他们的创造力得以深度释放，而且，进一步提高从事创造活动的人的待遇会使他们消除后顾之忧，使他们更加全身心地、全负荷地从事创造活动。待遇越高，他们会越努力创造，绝没有相反的可能。因为燏零药使其欲罢不能，越无后顾之忧，越会更加勇往直前。从事创造活动的人的更加勇往直前，会不言而喻地促进从事非创造活动的人的待遇提升，因为社会财富的总量会因从事创造活动的人的更加勇往直前而剧增。

因此，社会应该极大幅度地提高潜在创造家和创造家的待遇。创造家有钱会更创造，或者说科学家有钱会更科学。大幅度提高潜在创造家的待遇，会使他们的创造力迸发，进而推动社会进步。如果不能使创造家的收入、荣誉和地位成为个人待遇的世界制高点，人类必将困难重重。

（六）资本基础

创造活动是世界上产出投入比最大的人类活动，创造活动需要重金投入，也必须对创造活动进行重金投入，对创造活动的重金投入不仅仅是因为产出投入比的问题，更是因为只有对创造活动的重金投入，才能实现创造活动水平的革命性提升与科学技术产出的革命性提升。此外，创造活动成果是财富的种子，需要资本这一氮磷钾微才能成为财富的参天大树。对于潜在创造家和创造家来说，如果自己的创造活动成果成为参天大树，那是对他们莫大的鼓舞、奖励和促进。社会必须打通资本渠道，让更多的创造活动成果成为参天大树，这样才能造就更多的创造家，才能使科学技术产出革命性地提升，使社会生产力革命性地与极大地提升。社会必须为创造活动建立雄厚的资本基础，必须为创造家和潜在创造家打造雄厚的资本基础，才能使更多更伟大的创造家辈出，社会的发展才能更快、更好。

（七）创造活动的价值认知与演进逻辑的基础

使潜在创造家按第二篇所述脉络品味创造活动的破边性与裂变性，进而使其充分认知创造活动的价值，是创造家育成的一个极其重要、不可或缺的环节。同理，使潜在创造家按第三篇所述的创造活动的演进逻辑进行训练并培育，也是创造家育成的一个极其重要、不可或缺的环节。

　　知识是入库的建筑材料，创造活动是建造万丈广厦的工程。必须使潜在创造家深刻认识到创造活动的破边性与裂变性所代表的价值，才能使潜在创造家成为创造家。为此，应当使潜在创造家熟知第二篇所述的创造活动的价值的内容，深刻体会创造活动的破边过程与裂变过程，进而提升其创造活动水平。不仅如此，创造活动演进逻辑是创造活动的方向与脉络。知识解决思考的支点，想象与逻辑的相互撞击与相互交融解决思维的流动，只有思维的流动才能形成创造。创造活动的演进逻辑是从事创造活动所必须掌握的方向与脉络，对创造活动的这些方向与脉络的深刻把握，是创造家所必需。为此，对潜在创造家进行创造活动的演进逻辑的训练，是将潜在创造家培育成创造家的不可或缺的环节。

　　正如上文所述，任何真正的大家一定是哲学家，创造家（例如科技巨匠）的欠缺根源于科技工作人员的逻辑能力与哲学能力的欠缺。知识固然重要，固然不可或缺，实验固然重要，固然不可或缺，但是，如果一个科技工作人员不能实现逻辑性突破与哲学性理清，就不可能有大贡献，也就不可能成为大家。

　　如上所述，逻辑能力与哲学能力来源于高傲灵魂，而高傲灵魂来源于先天所赋、无后顾之忧的经济基础与引以自豪的社会地位的合，或来源于先天所赋与存亡压力的合。

　　只有使哲学与逻辑成为潜在创造家和创造家的心智的一部分，才能实现人创合一。为此，哲学与逻辑学必须成为大学乃至高中的必修课程。

　　质疑已知、超越已知、颠覆已知、敢为天下先的创新精神，实事求是、一丝不苟的科学精神，精益求精、穷尽可能的工程精神，尽职尽责、废寝忘食的敬业精神，对于创造活动主体来说均不可或缺。

来自于高傲灵魂的精神与意志是一种极高形式的负熵，具有极大的穿透力。创造家培育关键之关键就是要培育高傲灵魂。创造家培育的根本途径就是剥离非创造活动，使创造活动独立化，大量汇集显性创造力者和隐性创造力者，构建专门从事创造活动的创造活动群体，且按照本章所述行事。

创造家伟大而弱小，属于弱势群体，需要建立健全与创造家育成相匹配的法律环境。例如，建立健全专利制度，建立健全与鼓励失败相关的法律法规，建立健全与创造家的待遇和荣誉相关的法律法规，建立健全科学有效的科技项目支持与评价体制机制模式等。

科学选拔、精心培育、重金放纵创造性人才，是人类社会驶向更美好明天的必经之路。

第五篇　论创造活动与专利制度

专利制度是国际通行的一种利用法律和经济的手段明确发明人对其发明享有专有权，以保护和促进技术发明与创造的法律制度。最早实行专利制度的国家是威尼斯。威尼斯于1474年颁布了第一部具有现代特征的专利法。此后，专利制度在世界各国得到了广泛的应用与发展。

为了促进国际交流合作和技术贸易，世界各国先后签订了一系列有关保护工业产权和工业品外观设计的国际公约。1883年在巴黎，法国等11个国家缔结了《保护工业产权巴黎公约》，简称《巴黎公约》，《巴黎公约》是第一个也是迄今为止最重要的国际专利公约，目前，世界主要国家均已加入《巴黎公约》。专利制度是人类社会法律制度的重要组成部分，而且随着人类社会的发展，专利制度会日趋重要。

现将世界专利制度的重要时间节点列示如下：

— 1474年　威尼斯专利法诞生，标志着世界上第一部具有现代特征的专利法诞生；

— 1623年　英国垄断法诞生；

— 1790年　法国专利法诞生；

— 1877年　德国专利法诞生；

— 1882年　中国光绪皇帝批准赐予专利；

— 1883年　《保护工业产权巴黎公约》诞生；

— 1885年　日本专利法诞生；

— 1925年　《工业品外观设计国际保存海牙协定》诞生；

— 1944年　中国专利法诞生；

— 1950年　中国《保障发明权和专利权暂行条例》诞生；

— 1968年　《建立工业品外观设计国际分类洛迦诺协定》
　　　　　诞生；

— 1970年　《专利合作条约》诞生；

— 1977年　《国际承认用于专利程序的微生物保藏布达佩
　　　　　斯条约》诞生；

— 1984年　中国新专利法诞生；

— 1994年　《与贸易有关的知识产权协议》诞生。

　　这些时间节点诞生的与专利制度相关的条约和法律文件等构
成了现代专利制度。现代专利制度是专门针对人类创造活动而构
建的法律制度，包括专利申请制度、专利审查制度、专利的归属
制度和专利代理制度等。专利法、专利审查指南和专利代理制度
是专利制度的核心。

　　专利制度不仅与人类创造活动息息相关，而且对人类创造活

动水平的革命性提升及对人类社会发展与世界进步具有极其重要的意义，因此，这一制度的科学与否极为重要。然而，现行的专利制度存在许许多多的严重问题，如发明创造专利性判据的逻辑错乱问题等。不仅如此，在鼓励创造活动和保护创造活动成果方面，现行专利制度的力度还远远不够，应大幅度提高侵权赔偿力度，这不仅仅是社会公平的要求，更是人类社会发展的要求。

现行专利制度的问题是根本性的、逻辑性的，因此，现行专利制度是建立在逻辑错乱基础上的海市蜃楼，不仅有朝一日必然坍塌，而且严重制约人类创造活动水平的革命性提升。理清现行专利制度的问题，依据人类创造活动的本质与逻辑关系，重新构建专利制度不仅势在必行，且已迫在眉睫。建立健全科学的、符合人类创造活动的本质与逻辑关系要求的专利制度也是革命性地提升人类创造活动水平的必然要求，革命性地提升科学技术产出的必然要求，革命性地和极大地提升社会生产力的必然要求。

现行的专利制度问题严重、逻辑错乱至极。事实上，专利制度的根本应是科学性、上向性和智物同权性，而发明创造专利性判据的根本应是科学性、上向性和解题性，但西方专利制度的制定者们在对这些一无所知的前提下，就稀里糊涂地制定了专利制度。更为甚者的是其他国家不分青红皂白地盲目翻版，导致当今世界各国的专利制度都处于逻辑错乱状态。因此，重新构建专利制度确实势在必行，确实迫在眉睫。

下面将依据创造活动的特殊性，对世界各主要国家的现行专利审查制度、专利审查指南和专利法等的问题以及新专利法要点分别进行论述。

第一章　现行专利审查制度和专利审查指南的逻辑错乱性

一、关于专利不可真理确权性认知的缺失

　　一个主体不可能保证一定会找到另一个主体散落到大海里的针，除非，完全彻底地搜索整个海洋。为什么如此？其根本原因是搜索主体与散落主体不是同一主体，进而无法知晓被散落到大海里的针之所在。

　　一个国家的房产证的检索主体与发放主体是同一主体，或检索主体完全知晓发放主体的发放信息，只要检索主体将自己的档案数据检索完毕或将发放主体的发放信息检索完毕，就可以毫无疑问地确定房产的归属，确保房产证的权利的稳定性。如果房产证检索主体和发放主体不是同一主体，且检索主体不能完全知晓发放主体的发放信息，那么，检索主体就不可能确定房产的归属，也就无法确保房产证的权利的稳定性。

　　确权后权利绝对稳定的确权称为真理性确权，即可以绝对确权的称为真理性确权。无法实现真理性确权的确权称为不可真理性确权，即无法绝对确权的确权称为不可真理性确权。不可真理

性确权的称为具有不可真理确权性。

已知技术信息具有隐蔽性，进而具有不可完全知晓性。例如，若干年前，在一个偏僻国家的偏僻农村的一户与外界基本隔绝的农民家的地下室里，发生了一次产品交易，而且留存了票据。这一交易信息，对于专利审查员来说具有隐蔽性和不可知晓性，所以，已知技术和产品的信息对于专利审查员来说是无限的，是不可被完全知晓的。如果恰恰上述这一产品背后的技术与今天的专利申请所公开的技术特征相一致，而由于专利审查员在审查这一专利申请时无法知晓那一产品及其技术的信息，从而授予了专利权。但是，如果哪一天有哪个人发现了那个票据，就完全可以把这一专利权无效掉。

由此可见，已知技术和产品的信息对专利审查员的无限性和不可完全知晓性决定了专利不可能被真理性确权，专利权不可能真理性稳定，专利具有不可真理确权性。事实上，在任何专利申请的审查中，专利审查员的信息都是有限的，因此，专利不可能被真理性确权，即专利具有不可真理确权性具有逻辑真理性。专利审查就像上述的海里寻针一样，没有确定性，也像上述的无法确定房产归属一样，没有确定性。

假设一个骗子通过欺骗手段把别人的房子卖给了你，只要你取得了房产证，你的房产权就是稳定的，尽管原房主将你和那个骗子一同起诉到法庭，你的房产权也是稳定的，除非你与那个骗子是同谋。如果你与那个骗子不是同谋，你就是善意第三方，你的权利会受到法律保护。然而，专利则完全不同，专利制度为专利设定了无效程序，这个无效程序的本质就是，你获得专利授权后并不代表你就拥有专利权，只有经过无效程序洗礼后，专利权仍存在才算权利稳定。但事实上，无效程序洗礼过程与上述审查过程一样，也不具真理确权的可能性。

事实上，其他方面的已知信息也是不可完全知晓的，哪怕是书本上的，因为没有哪个专利审查员能够对相关领域书本上的已知信息完全知晓，所以，用于审查发明创造的专利性的信息是不可完全知晓的。因此，专利具有不可真理确权性的属性，即专利不可能有绝对意义上确权的可能性，只能被社会性确权。也就是说，专利只能通过协商认可确权或诉讼确权。所谓协商认可确权，是指经协商获得当事方认可以获得权利，所谓诉讼确权，是指通过诉讼程序确权。既然最后都要通过协商或诉讼，那么，前期审查确权是完全没有必要的。当然，不可能确立专利授权即稳定的专利制度，因为，这不仅不具备可行性与合理性，而且还会造成难以预料的混乱。所以，无论如何，专利的前期审查确权完全不具科学性、不具合理性，也完全不具必要性。

专利具有的不可真理确权性的属性决定了专利申请审查的非必要性。原因很简单，如果从根本上讲手术不能治病，那么手术还有必要吗？如果确权不算数，那么，还有必要进行确权吗？显然，都是没有必要的。由此可见，专利审查制度是多么的逻辑错乱。事实上，因为信息（例如，论文、期刊、书籍、专利、专利申请和产品等）不可能被全部获得，也不可能全部被审查员知晓，也就是说，检索到的信息即便是海量的，也不可能是全部的信息，审查员无法穷尽知晓所有信息，所以专利不可能被真理性确权。既然专利不可能被真理性确权，那么为什么还要审查？显然是没有弄清楚专利具有不可真理确权性这一逻辑。由此也可以看出，现行专利审查确权制度没有实际意义。

二、审查的创造活动属性决定专利的不可审查确权性

专利审查工作究竟是创造活动还是非创造活动？可能专利法的造法者们从来都没有考虑过这个问题，但这个问题涉及专利法和专利审查制度的根本，十分重要。

如果我们假设专利审查工作属创造活动，那么就等于我们认定专利审查员都具有高超创造力，因为不具备高超创造力的人就不具备评价发明创造的创造性高低的能力。试想，一个非微积分高手怎么可能评价一个偏微分方程解法水平的高低；一个非流体力学高手怎么可能评价马赫环美轮美奂之奥妙；一个非函数变换高手怎么可能评价拉普拉斯变换的绝伦之处。然而，这仍然属于非创造活动领域的评价，但是，在真正的创造活动领域则更是难以理清。

评价发明创造的创造性高低与我们看电影可不是一码事，看电影，我们可以评价演员演技的高低，因为，即便不是演员，每个人的内心都有一个尺度，这个尺度是在生活中形成的，而演本身就是生活的一种再现和表征。然而，审查专利则完全不同，不是观众看电影，而是导演在审演员的演技，导演必须比演员的水平高才能鉴别演员演技的好坏，对于专利审查来说，不具有比发

明人更高的创造力是不可能审查发明人的发明创造的，除非有评价发明创造的创造性的客观判据存在。因为，有了评价发明创造的创造性的客观判据，专利审查员、专利复审委合议组和知识产权法官的工作就变成了检索、比对、科学理论验证或实验数据对证及其代言等的智力活动。换句话说，发明创造专利性的客观标准会使专利审查工作由创造活动转化为非创造活动。

从逻辑上讲，没有任何人或任何群体能够评价发明创造的创造性的高与低，除非评价者有高超的创造力，或有客观判据存在。换句话说，如果没有客观标准，专利审查就必须是创造活动，专利审查员就必须具有高超的创造力。然而，绝大多数专利审查员不可能具有高超的创造力，所以，在没有客观标准的现行专利法下审查专利申请，是完全不可实施的工作，也是没有意义的，更是严重的逻辑错乱。确立专利审查的客观判据，应当成为专利法的不可或缺的内容，否则，专利审查过程必将是逻辑错乱的。没有发明创造专利性的客观判据，专利审查必定是高超的创造活动，这必然导致专利不可审查确权性。

三、专利审查是社会资源的巨大浪费

如上所述，由于信息的不可完全知晓性导致专利具有不可真理确权性，专利审查确权不能成为专利权的真正判据。不仅如此，发明创造专利性客观判据的缺失决定了专利审查属于创造活动。专利审查的创造活动属性也必然导致专利具有不可真理确权性。虽然，确立判断发明创造专利性的客观判据是不可或缺的，但是，确立判断发明创造专利性的客观判据并不意味着专利的不可真理确权性消亡。因此无论如何，专利都具有不可真理确权性，专利审查确权都不能成为专利权的真正判据。也就是说，专利的审查确权永远不算确权。

审查确权也不算确权的审查确权，还要审查确权，绝无仅有，不可思议，也毫无意义。众所周知，每个国家的专利审查工程都消耗着巨大的人力、物力和财力，而这巨大的人力、物力和财力的消耗没有任何意义，是社会资源的巨大浪费。也就是说，现行专利审查制度白白地浪费着巨大的社会资源。事实上，只有当许可、转让、实施和争议解决等专利使用节点出现时，根据发明创造专利性的客观判据，进行审查与确权才具有现实意义和必要性。

四、原始创新性发明和组合发明的提法有悖逻辑

所谓原始创新性发明，也称为原创发明。依据第六篇第二章所述，发明创造分为改进性（点）、开拓性（线）、技术规律性（面）和科学规律性（体）四类，后三类实质上均属原始创新性发明，但依次变得更为复杂广泛，故应加以区分。然而，与发现不同，任何发明创造都是组合的，都是由两个或两个以上要素组合的，无一例外。换句话说，发明只能分为改进性发明和原始创新性发明，没有组合创新与组合发明之说的道理，因为，任何创新和任何发明都是组合的。因此，关于组合创新或组合发明之说有悖逻辑，也与事实不符。

五、专利审查步骤的逻辑错乱性

世界各国关于专利审查步骤的相关规定，都包括对要求保护的发明的技术特征拆分进行评价，以及将多项现有技术组合后与要求保护的发明进行比对的内容。然而，发明创造是建筑物，不是建筑材料，不可拆分。发明创造本身是由已知构建的、能够解决技术问题的未知，发明创造具有系统性、不可拆分性和不可多项现有技术合并比对性。如果发明创造的技术方案可以拆分比对，或将多项现有技术合并与本发明创造进行比对，那么全世界就不可能存在任何可以授权专利的发明创造，因为拆分与合并从根本上摧毁了发明创造的本质。所谓发明创造的本质，就是发明创造是构建，构建的就是系统性的，就是不可拆分的。如同用建筑材料构建的建筑物，如果把建筑物拆分成建筑材料进行评价，或将现有多个建筑物的建筑特点合并与被评价的建筑物比对，那么世界上还能有不同的建筑物吗？显然，答案不言自明。

在审查创造性时，将多份现有技术中的不同技术内容组合在一起对要求保护的发明进行评价的这一规定，不仅是对发明创造的本质理解的缺失，更是不可思议的逻辑错乱。因为，这一规定意味着在审查建筑物时，可以将任何已有的建筑物拿来加之以任何已知的要素，并将它们任意组合与拆分，且看看可不可以得出被审查的建筑物，显然，只要审查人员足够努力，得出被审查的建筑物是必然的事。换句话说，这种审查方式的指向显然是任何发明创造都不属发明创造，这种审查违背了专利的系统性和不可拆分性，是一种严重的逻辑错乱。

根据这一规定，任何复审委和任何知识产权法院判定任何专利的无效都是合规、合法的。而目前，地球上之所以有专利存在，是因为专利审查人员没有真正履行这一规定，只是凭感觉授权的结果，如果忠实履行这一规定，地球上将没有任何专利。这显然是难以想象的逻辑错乱，却鲜为人知。

现行专利审查制度和专利审查指南的逻辑错乱性是专利制度的一种系统性逻辑错乱，这种系统性逻辑错乱使现行专利制度下的审查、确权和争议解决均无章可循。

第二章 现行专利法的逻辑错乱性与
对创造活动的歧视性

如果一部刑法没有给某一罪名的成立制定客观判据，法官完全可以根据主观判断裁定嫌疑人是否为罪犯，那么，这部法律肯定是逻辑错乱的，这是毫无争议的共识。

只要你真正科学地、细致地和深入地研究专利法，你就会发现全世界任何一个国家的专利法均逻辑错乱到了不可思议的程度，因为，任何国家的专利法都没有给发明创造的专利性制定客观判据。因而，任何一个专利审查员、任何一个专利复审委合议组和任何一个知识产权法官，都可以完全凭借主观意志来决定专利申请的命运，决定授权专利的命运。这难道不是不可想象的逻辑错乱吗？那么，为什么全世界的专利法均逻辑错乱？因为世界各国的专利法均是原始专利制度的翻版。最早创造专利法时，主要是当时的国王和贵族们所为，他们是社会的领导者，但可能缺乏对发明创造、科学逻辑和法律逻辑的理解，所以，创造出了看似合乎逻辑但却存在着严重逻辑错乱的专利法。在后期发展完善过程中，专利法的造法者们在缺乏对人类创造活动的本质与逻辑关系的研究、认知与理解，缺乏对发明创造的本质和对专利制度特殊性的研究、认知与理解的情况下，翻版了以往的专利法，所以导致现行专利法系统性的逻辑错乱。

更为严重的是，各国在不加仔细研究的前提下，在许许多多专利法学者不求甚解的前提下，互相翻版使专利法一错再错，进而导致了世界各国专利法均逻辑错乱的现状。许许多多的专利法学者和专利法的造法者，从不质疑已知专利法的科学性，从不探求专利法的真理性，认为专利法与其他法类同，翻版一下，微调一下，适合本国国情和政治制度一下即可。其实，他们完全错了，因为，专利法不是单纯的规则性法律，而是科学性和上向性应同时具备的法律。不能理清专利法的科学性和上向性，就不可能创造出真正意义上的专利法。

知识产权极其重要，但世界各国的专利法都是建立在逻辑错乱基础上的海市蜃楼，有朝一日的坍塌是必然的。专利法对人类创造活动水平提升的作用是决定性的，对科学技术产出的革命性提升的作用是革命性的，因此，深入研究专利法，摆脱传统专利制度的束缚，建立科学的专利法及相关制度既是革命性提升人类创造活动水平所必需，也是革命性提升科学技术产出所必需，还是极大提升社会生产力所必需。

一、法律的科学属性和社会属性二元属性

任何法律都包括科学属性和社会属性二元属性。

所谓法律的科学属性，是指不依人的意志为转移的客观属性，即法律所具有的科学的、不依人的意志为转移的和不允许有自由裁量权的客观逻辑性。例如，刑法中关于盗窃罪的判据，有明确的客观规定，张三到底是不是盗窃犯，只能让客观事实证明，法官既无决定权，也无自由裁量权，法官在审理案件过程中，只能审理证据，忠实地做证据的代言人。如果法律的科学属性不能得到坚守，必将天下大乱。

所谓法律的社会属性，是指法律的由法律制定者主观决定的主观属性，即法律所具有的不具科学逻辑的、依人的意志为转移的和允许有自由裁量权的主观规定性。例如，刑法中，在某一罪名成立的前提下，规定的惩罚方式、惩罚力度和自由裁量权的有无与范围等，均属于法律的社会属性。法律是为社会服务的，法律的社会属性也是必要的，如对同样的盗窃犯，不同国家的法律可以有不同的惩罚措施，这是完全可以理解的，也是无可非议的。而且，犯罪的结果尽管一样，犯罪的过程却可能完全不一样，根据罪犯犯罪情节的恶劣程度，在一定范围内调整惩罚力度

有利于罪犯改过自新，有利于社会进步。

不仅如此，罪名是有限的，犯罪情节是无限的，如果不留有自由裁量权，将形成篇幅长得难以读完的法律。显然，一部篇幅长得难以读完的法律一定是一部难以实施的法律。

二、科学属性是专利法的根本属性

发明创造的本质是科学技术新思想，是一种向上的逻辑，即上向逻辑，因此，专利法应该是人类社会所有法律中，涵盖科学成分最多和对科学属性要求最高的法律。用科学的、不依人的意志为转移的和不允许有自由裁量权的客观逻辑，判断发明创造的专利性应该是专利法的基本前提，所以法律的科学属性也应该是专利法的根本属性。在专利法中，最根本的科学属性莫过于对发明创造专利性的客观判据。然而，在全世界的专利法中，关于判断发明创造的专利性的判据都是主观的，一切都由专利审查员、专利复审委合议组和知识产权法官的知识水平及对事物的判断能力、感觉甚至心情决定。

科学属性的缺失必然会导致系统性的逻辑错乱，社会属性属于人为规定范畴，不存在逻辑错乱问题。事实上，真理只是谬误这个海洋中独特的一滴水，如果少了真理这滴水，海洋就会全部变成谬误，如果有了真理这滴水，谬误的海洋就会变成真理性体系。现行专利法科学性的缺失导致了专利法的系统性逻辑错乱。

各国专利申请人都有时而专利授权容易、时而专利授权困难的遭遇，各国专利管理部门都有根据某种原因决定放宽授权和收紧授权的情况。这是何等不可思议的现象，这等同于 A 偷了东西，法官可以随意定 A 是或不是盗窃犯，法院也可以根据需要要求法官从严推定或从松推定，如果有从严推定或从松推定之说就等于无据推定。在文明的社会里，在创新驱动发展的背景下，还有比这种乱象更严重的吗？造成这种乱象的根本原因是专利审查中客观判据的缺失。

对于发明创造是否具有专利性的判断属于法律的科学属性，必须客观，必须不设自由裁量权，否则全世界没有任何一件专利能存在，只要知识产权法院的法官想驳回或想无效。为判断发明创造的专利性，确立客观的和不依人的意志为转移的判据是专利法最基本的、最必不可缺的内容，但是现行专利法完全忽略了发明创造专利性的客观判据。

三、在发明创造专利性问题上，不应留有自由裁量权

目前，全世界的专利审查员都具有专利授权与否的完全自由裁量权，全世界的专利复审委合议组和知识产权法官均具有决定专利有效与否和专利申请授权与否的完全自由裁量权。

全世界的专利审查员完全可以按照自己的主观意志决定任何专利申请的授权与驳回，而不受任何法律约束。其根本原因就是专利授权与否没有客观判据。全世界的专利复审委合议组和知识产权法院的法官完全可以按照自己的主观意志决定驳回或支持任何专利的无效申请，而不受任何法律约束。其根本原因同样是专利授权与否没有客观判据。其实，全世界的专利法和专利审查指

南已经逻辑错乱到可以驳回任何一个专利申请、可以无效任何一项专利的程度，不仅如此，也已逻辑错乱到只要技术方案不同，就可以授权任何一项专利申请、可以维持任何一项专利的程度。

这意味着专利法是极其逻辑错乱的，其根本原因就是在发明创造专利性问题上没有客观判据，只有主观说辞，且都留有完全自由裁量权。在发明创造专利性问题上，哪怕留有一丝的自由裁量权，都意味着发明创造专利性的客观判据的缺失，也都必将导致专利法的系统性逻辑错乱。

四、对发明创造要素逻辑的明示缺失

发现是对未知既存事物与未知既存规律的认知与表达，例如，对新元素与新规律等的认知与表达，等等，然而其中的表达过程实质上是一种构建过程。因此，发现包含着两大要素，一是认知，二是构建，但是，发现中的认知的体量与深度都远远大于发现中的构建的体量与深度。在发现过程中，发现人通过认知过程寻获要素逻辑，再利用所寻获的要素逻辑和已知要素构建未知，例如，利用所寻获的规律（要素逻辑）和已知语言文字（要素）构建定律这一未知。

换句话说，走向定律实质上是认知与构建的共同结果，定律是对规律的表达，规律由认知而来，而定律本身是由构建而来。在走向定律的过程中，认知解决要素逻辑问题，定律的创造者通过认知获得要素逻辑，再通过构建创造定律。发明是在要素逻辑指引下由已知构建的能够解决技术问题的未知。发明也包括两大要素，一是认知，二是构建，但是，发明中的构建的体量与深度都远远大于发明中的认知的体量与深度。在发明过程中，发明人通过认知过程寻获要素逻辑，再利用寻获的要素逻辑和已知要素构建未知。

由此可见，发现与发明均包括同样的两大要素，均属于同一类过程，两者的差异仅在于认知与构建的体量与深度的差异，具体形态如图5-1所示。事实上，发现与发明不仅本身构成要素相同，同属于创造活动，而且，发现是发明的基础，发明是发现的继续，二者不可分割，相互不可或缺。

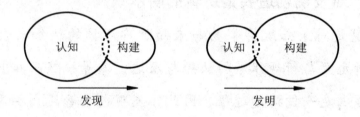

图 5-1 发现与发明的要素及其相互关系示意图

任何一种要素，要么是已知的，要么是未知的，任何未知要素不可能成为用于构建的要素，只能成为构建的结果，任何未知要素只有通过发现或发明才能变为已知要素，才能成为用于构建其他逻辑物的要素。构建只能以已知要素为基础，不可能以未知要素为基础，任何用于构建的要素只能是已知要素，但要素逻辑除外。所谓要素逻辑就是构建的逻辑，在发明过程中，要素逻辑是发明人通过认知过程寻获的，是发明人的已知，但却是他人的未知，同理，在发现过程中，要素逻辑是发现人通过认知过程寻获的，是发现人的已知，但却是他人的未知。

构建至少需要一个要素和至少一个要素逻辑。例如，将铀235的质量增加到多少多少公斤的临界值后就会发生核裂变反应，这就是构建过程。其中，一个要素是铀235，一个要素逻辑是质量增加到临界值这一逻辑。事实上，无论是发现过程中的构建还是发明过程中的构建都至少需要一个要素和至少一个要素逻辑，要素是已知的，而要素逻辑是他人的未知。

发明也称为发明创造，发明创造就是利用已知要素构建未知的过程。所谓由已知构建未知，是指发明人利用自己所寻获的要素逻辑和已知要素构建一个迄今为止无人知晓的新载体的过程。所谓未知，是指在本发明的时间节点前的无人知晓。所谓已知，是指在本发明的时间节点前的所有已知规律和已知载体等一切已知。换句话说，任何发明创造都是由至少一个要素和至少一个要素逻辑构建的未知。其中要素逻辑属于发明人自己的已知而是他人的未知，但其他要素都是已知的，都是可以从社会、市场或他人处通过非创造活动获得的。例如，如果要发明汽车，必须在发动机、轮胎、车架和变速箱等全部都具备的前提下才能发明出汽车来。如果其中某一件还是未知状态，那么，发明人必须首先解决这一件的发明创造问题，必须首先发明创造这一件。

然而，有一位著名知识产权庭的庭长问作者：你的发明中，这一件可以买到吗？那一件可以买到吗？作者说：每一件都可以买到。然后，他说：那怎么能算发明啊？可见，现行专利法对发明创造要素逻辑明示的缺失所造成的逻辑错乱已经达到何等程度，不要忘记这位庭长是久经沙场的知识产权法庭的庭长之事实。事实上，与这个庭长具有同样观点的人，不仅是普遍存在，而且是近乎全部，不然社会上怎么会有组合发明和组合创新之说，且认为组合者水平低，而事实上，所有的发明与创新都是组合。现行专利法对发明创造要素逻辑明示的缺失不仅导致了概念上的逻辑错乱，也导致了对发明创造及对发现与发明的相互关系的理解的错乱，而理解的错乱必然导致系统性错乱。

五、世界各国专利法关于专利性的判据均逻辑错乱

世界各国专利法关于发明创造专利性的判据大同小异，尽管语言描述有所不同，但逻辑与本质是相同的。如果你详细研究中国专利法、美国专利法、日本专利法和欧洲专利公约及其专利审查规定中关于发明创造专利性判据规定的要点，以及这些要点的相关诠释，你就会得出这样的结论，这些国家的专利法关于专利创造性判据的规定虽各有不同，但无一例外地都将专利创造性判据设为主观判断，设为由主观臆造的基础来判断，因而都是逻辑错乱的。例如，突出的实质性特点和显著进步，那么，究竟什么是突出？究竟什么是显著？却没有客观根据，完全由专利审查员、专利复审委合议组和知识产权法官自行主观判断。

再例如，在国家的专利审查程序中，均显性或隐性地设立了相关领域技术人员之虚拟人概念，虚拟人知道发明创造或者实用新型所属技术领域中所有的现有技术，具有该领域中普通技术人员所具有的一般知识与能力，这又是一个混乱的逻辑。试想，如

果假定虚拟人是所属技术领域中所有已知的化身，那么设立虚拟人就没有任何意义，因为，只须用所属领域中的所有已知加以比对即可，设立虚拟人纯属多此一举。如果虚拟人不是本领域所有已知的化身，那么到底赋予虚拟人知晓多少所属领域中的已知呢？所知晓的百分数一定是小于百分之百的，那么就必定出现漏洞，那么设立虚拟人势必导致判断与审查的片面性。因此，设立虚拟人是完全没有必要的，是不合乎逻辑的。

事实上，相关领域的技术人员千百万种、层次千差万别，究竟以谁做标准？没有办法，专利审查员和知识产权法官只能把自己假设为虚拟人，这又变成了一个看似科学客观、实为完全主观的判据。在立法过程中，应当尽可能规避人的影响，除非不得不用人来判断。而现行专利法反其道而行之，在本不应该引入的前提下，引入虚拟人概念。虚拟人概念的引入，是使专利法向劣的行为。

另例如，上述这些国家的专利审查程序中均设置了显而易见性、非显而易见性和意想不到的技术效果三种表述或与其类同的表述。那么由谁来判断是否具有显而易见性，是否具有非显而易见性，又由谁来判断是否具有意想不到的技术效果呢？当然是人，是人就等于没有客观标准，因为人的个体观点千差万别，会得出完全不同结论，尽管其教育背景、知识背景和培训背景完全相同。显而易见性、非显而易见性和意想不到的技术效果及与其类同的规定，一听就知道是完全主观的判据。可不可授予专利权应该有客观判据，绝对不应由人进行主观判断。因此，上述各国专利法关于发明创造的专利性的规定均属逻辑错乱的规定。

此外，关于发明创造的专利性判据，中国的专利法规定专利的要件有新颖性、创造性和实用性；美国专利法规定专利的要件有新颖性、非显而易见性和实用性；日本专利法规定专利的要件有属于产业上可以利用的发明创造，且具有新颖性和创造性等；欧洲专利公约规定专利的要件有新颖性、创造性和实用性。其他国家的专利法与此类同。因此，世界各国专利法均以新颖性、创造性和实用性或其类同来判断一个发明创造的专利性。新颖性、创造性和实用性被称为专利的三性，现行专利制度规定，发明创造必须同时具有三性才有被授予专利的可能性。这看起来科学合理，但事实上，用所谓新颖性、创造性和实用性作为发明创造的专利性的判据，是逻辑错乱到不可思议程度的法律规定。

众所周知，如同笛卡尔直角坐标系中的 X、Y、Z 坐标轴相互独立一样，如果评价事物的标准有 N 个条件，那么 N 个中的每一个都应该是相互独立的。在同一方向上的递进指标不能同时作为评价条件，这一基本逻辑凡人皆知，但是世界各国专利法的造法者们却似乎不明白。因为创造性与新颖性是在同一方向上的递进。要求首先满足新颖性，再看看是否满足创造性的逻辑，好比一个公司招募保安员的告示上写着：条件一是满足身高180厘米；条件二是满足185厘米。这显然是极其逻辑错乱与荒谬的。

用实用性判断发明创造的专利性表面上看是非常有道理的，因为发明创造的目的是要解决技术问题，是要实际使用，但是这一条件仍然是逻辑错乱的。因为生产制造的可行性其实是无法评

价的，例如，用多少资源、多长时间和多高精度制造才算是能够
制造，是一年、十年还是百年制造出来才属能够制造，是使用万
分之一秒、一天还是一年才算具有实用性，等等，都是无法回答
的问题。莱特兄弟发明的飞机仅仅飞了12秒就成为一项伟大的发
明，但只能飞12秒的飞机怎么可能算作是具有实用性的呢？法国
人雷纳劳伦在1913年发明的冲压发动机在数十年间都无法生产制
造出来，但是他仍然得到专利授权，而且这一冲压发动机已经成
为今天最重要的发动机之一。所以，关于实用性的问题是不可能
被回答的，也无法成为专利性的判据。

由此可见，现行专利法中普遍采用的新颖性、创造性和实用
性判据是不科学的，是逻辑错乱的。这些判据的设定完全不具科
学性和可行性。因此，全球的专利审查员都是凭着自己的感觉主
观臆造授权和驳回的理由，完全是主观意志决定发明创造是否可
被专利授权，以及专利权是否稳定。

在现行的专利法及其他专利制度框架下，如果一个专利审查
员、专利复审委合议组或知识产权法官想为某一发明创造确权为
专利，只要这个发明创造与已知有区别，他们就可以做到，而无
须承担任何法律责任；如果一个专利审查员、专利复审委合议组
或知识产权法官想驳回某一专利申请，无论这一发明创造多么有
价值，他们都可以做到，而无需承担任何法律责任；如果一个专
利复审委合议组想判定某一专利权无效或一个知识产权法官想维
持某一专利无效的裁定，无论这一专利多么科学前瞻，他们都可
以做到，而无须承担任何法律责任；如果一个专利审查员或知识

产权法官想维持某一专利权有效，无论这一专利与已知的差异多么微小以至于没有任何创造可言，他们都可以做到，而无须承担任何法律责任。

事实上，在现行专利法的框架下，专利审查员、复审委合议组和知识产权法官，只要他们想，完全可以任意授权、任意驳回、任意无效和任意维持任何专利及专利申请，且无须承担任何法律责任。所有这些均源于专利法没有给发明创造专利性确定客观判据这一逻辑错乱。由于专利法的逻辑错乱，许多国家都有任意调整授权率的现象，这显然是逻辑错乱的，也是不利于提升科学技术产出的错误做法。从本质上讲，这种乱象并不是专利审查员、复审委合议组和知识产权法官之过，因为专利法中的关于发明创造专利性的任何判据和审查程序都以主观判断为依据，都是逻辑错乱的规定。可以说，世界各国专利法都是说是就是、说不是就不是，是也不是、不是也是，说你是你就是、说你不是你就不是的状态。

不仅如此，从中国专利法、美国专利法、日本专利法和欧洲专利公约及其专利审查规定中关于发明创造专利性判据规定的要点，还可以看出中国专利法、美国专利法、日本专利法和欧洲专利公约都是由翻版形成的。因为，它们都精准地犯了众多同样的逻辑性错误，如果不是翻版，这样的极其小概率事件难以发生。试想：如果 A、B、C 和 D 每人写了一篇关于同一问题的文章，四篇文章都存在众多逻辑性错误，且每篇文章的逻辑性错误都与其他三篇的逻辑性错误相同，那么，要么 A、B、C 和 D 相互翻版了，要么 A、B、C 和 D 翻版了同一来源，要么 A、B、C 和 D 翻版了相互翻版的不同来源，三者必居其一难道不是铁定的事实吗？相互借鉴无可置疑，但翻版已经是世界各国专利法的一个特征，其根本原因是专利法所必需的上向性所导致的高难度性。

六、专利开放式表述的排他性规则明示缺失

所谓专利的开放式表述，是指在专利的权利要求中，使用"包括"这一表述方式，例如，包括 A、B 和 C 等的表达方式。创造活动是一种上向逻辑，也就是说，发明创造是一种上向逻辑。如同任何东西变白困难、变污浊容易一样，任何事物的上向是困难的、下向是容易的。如同任何事物的上向是困难的、下向是容易的一样，任何上向逻辑是困难的、下向逻辑是容易的。如同一个洁白东西如不加保护，一定变色一样，如果一个上向逻辑不加以排他性限定，那么这个上向逻辑就会自动滑入下向，其上向性就会湮灭。

同理，专利开放式表述的排他性规则的缺失，必然导致逻辑错乱，因为，在专利开放式表述的排他性规则缺失的前提下，针对任何专利的开放式表述权利要求，都可以通过下向性的技术特征的添加使其上向逻辑的上向性湮灭，进而导致其失去专利性。

世界各国的专利法均无开放性表述的排他性规定，这说明世界各国专利法的造法者对这一逻辑的认知的缺失，即对发明创造的上向逻辑属性认知的缺失。专利开放式表述的排他性规则明示的缺失必然导致专利制度的另一个系统性逻辑错乱，必然导致世

界上无发明创造具有专利性，只要其具有开放性表述。所谓下向性的技术特征的添加，是指指向反动的、指向已知的、指向侵权的、指向互毁的和指向全域的技术特征的添加，以下统称为故意向坏性的技术特征的添加。

为此，在对开放式表述的权利要求进行技术特征添加时，不应包括可导致本发明创造反动化或可导致本发明创造的有益效果变劣的技术特征，不应包括可导致本发明创造已知化的技术特征，也不应包括可导致本发明创造侵害其他专利权的技术特征，还不应包括可导致本发明创造互毁的技术特征，同理，更不应包括可导致本发明创造全域化的技术特征。这一逻辑非常重要、不可或缺，但是世界各国的专利法对此均无规定。所谓反动化，是指违反科学原理化、不能工作化或不具实际功能化。

假设，张三的专利申请的权利要求中有包括 A、B 和 C 的表述，而 A、B、C 和 Q 所构成的技术方案是永动机，那么张三的专利申请应不应被授权呢？如果严格遵照现行专利法及相关规定，显然张三的专利申请不应被授权，因为，张三的技术方案是开放的，只要在张三的技术方案中添加 Q，张三的技术方案就变成永动机的技术方案了。永动机的技术方案在被保护范围内的专利申请是不应被授权的，所以，张三的专利申请不应被授权。

事实上，任何开放性表述的专利申请的技术方案经过故意向坏性的技术特征添加都可以形成永动机或其类同的技术方案。换言之，由于保护范围包括任何反动技术方案的专利申请都不可被授权，但是任何一个开放性表述的技术方案总可通过故意向坏性的技术特征添加使其成为反动技术方案（如图5-2所示）。这就意味着任何开放性表述的发明创造都不具专利性。这显然是由于专利开放式表述的排他性规则明示的缺失所导致的逻辑错乱。不仅如此，由于任何已知的技术方案都不可能被保护，所以，权利要求为已知和权利要求可已知化的专利申请都不可被授权，但是任何一个开放性表述的技术方案总可通过故意向坏性的技术特征添加使其成为已知的技术方案（如图5-3所示），这就意味着任何开放性表述的发明创造都不具专利性。

图 5-2 指向反动的添加示意图　　　图 5-3 指向已知的添加示意图

不仅如此，由于保护范围包括任何侵权技术方案的专利申请都不可被授权，但是任何一个开放性表述的技术方案总可通过故意向坏性的技术特征添加使其成为侵权的技术方案（如图5-4所示），这就意味着任何开放性表述的发明创造都不具专利性。不仅如此，假设专利申请1包括 A、B、C 和 D，专利申请2包括 X、Y 和 Z，如果实施故意向坏性的技术特征添加将 X、Y 和 Z 添加到专利申请1中，将 A、B、C 和 D 添加到专利申请2中，则专利申请1和专利申请2均不可被授权，即构成互毁（如图5-5所示），这就意味着任何开放性表述的发明创造都不具专利性。

不仅如此，包括全域技术特征的专利申请肯定不能授权，但是，任何包括开放式表述的专利申请总可以通过技术特征添加使其成为包括全域技术特征的专利申请，进而使其丧失专利性，这就意味着任何开放性表述的发明创造都不具专利性。

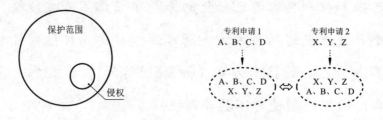

图 5-4 指向侵权的添加示意图　　图 5-5 指向互毁的添加示意图

创造活动是一种上向逻辑，创造活动的这种逻辑决定了专利法的另一个特殊性，即专利法必须具有的上向逻辑性。专利法必须根据这一上向逻辑，明示专利开放式表述的排他性，否则，会造成系统性逻辑错乱。排他性包括：技术特征添加不可指向反动，不可指向已知，不可指向侵权，不可指向互毁，不可指向全域。排他性的缺失将导致所有包括开放性表述的发明创造均丧失专利性。此外，专利法应当明确，在先申请的上位申请不应因其上位性予以驳回，且无须对此在先申请的瑕疵进行指控，但是上位申请不应构成在先申请的无效，上位申请也不应对在先申请路径延伸的技术方案有权，只能对由自身构成的新路径有权。

综上所述，专利法与刑法、合同法、公司法等其他法律完全不同，其科学性和上向性具有决定性。科学性和上向性决定了专利法的特殊性和难度极高性。专利开放式表述的排他性规则明示的缺失，是专利制度的另一个系统性逻辑错乱，必须予以修正。

七、对发现受益性保护缺失

发现与发明是人类创造活动的核心，所谓发现，是指包括科学层面的发现、社会学层面的发现、数学层面的发现和逻辑学层面的发现等一切发现，所谓发明，是指包括一切发明创造的发明。如上所述，发现与发明均包括同样的两大要素，均属于同一类过程，均属于创造活动，两者的差异仅在于认知与构建的体量与深度的差异。发现与发明不仅本身构成要素相同，同属于创造活动，而且，发现是发明的基础，发明是发现的继续，二者不可分割，相互不可或缺。换言之，发现是发明的灵魂，发明是发现的躯体，发现与发明不可分割，且相互不可或缺。

例如，浮力的内在规律的被发现形成浮力定律，而浮力定律实质上是所有类型的水面水下航行器等发明的前提。如果没有浮力定律，水面水下航行器等发明将成为无源之水无本之木。发现不仅对发明不可或缺，对社会进步的推动作用也是巨大的、不可或缺的，且更是决定性的。任何一个发明都始于发现，也不可避免地包括发现，而任何一个发现都包括发明，也终将导致后续的发明，这决定了发现被受益性保护的必然性。如果发明可获得受益性保护，那么发现获得受益性保护就更是理所当然，不仅如此，发现的受益性保护是社会发展的必然要求，因此，将发现列入专利法并不违反逻辑。然而，世界各国的专利法均将发现置于被保护范围之外。如果某人发现一座矿藏，这个人是具有一定的法定受益权的。而在现行知识产权制度下，发现规律和发现新物质等的发现是没有法定受益权的。由此可见，现行专利制度不仅具有逻辑错乱性，更具有剥削性。重新构建专利法，将发现列入保护范围势在必行。将发现新规律等各种发现列入受益性保护范围，对推动社会进步具有重大意义。

八、专利年费是对创造活动歧视心态的产物

如果你购买或制造一辆汽车，或者你购买或建造一栋房子，你在对这些拥有物进行物权行政性登记时，只需缴纳一次性行政登记费，你不需要再为维持登记的有效性而缴纳年费。这是世界各个国家通行的规则。行政登记费的支出具有合理性，因为，行政性登记时会产生相关费用，而这些费用应由物权拥有者承担。然而，如果你想对拥有的专利权进行行政性登记且要维持专利权有效，则情况就截然不同。你除需要缴纳一次性行政登记费外，你还需要缴纳年费，虽然有的国家是年年都要缴纳，有的国家是几年一缴纳，但是无一例外，都需要缴纳年费。更为不可思议的是，专利年费的额度会随时间的推移而不断极速上涨。从上述情况可以看出，人类社会对待创造活动成果权和对待物权的态度是完全不同的。那么，专利年费和专利年费增长的制度设置的逻辑是什么？针对这一问题有这样和那样的解释，但是世界各国的统一性逻辑是通过收取年费和使年费不断增长，迫使专利权利人尽早放弃专利权，进而推动社会进步。这听起来似乎有道理。但是，为什么不以同样的方式对待物权呢？为什么不通过对物权收

取高额年费迫使所有人放弃物权呢？那不是更能促进社会财富的流动，防止贫富巨差化，进而推动社会进步吗？事实上，专利年费和专利年费增长的制度设置的根本原因就是因为人类对创造活动的歧视和对创造活动成果的掠夺欲望。

在数千年的人类发展史中，人类创造活动一直被严重歧视，其价值也一直被严重低估与严重掠夺。自古到今，特别是当下，人类无时不在高喊重视科学技术，重视科技创新，但是，在人类的内心从来都是把物性的制造凌驾于思性的创造之上，把对物性的拥有凌驾于对创造活动成果的拥有之上，把物权凌驾于智权之上。这是人类历史中最为严重的错误之一，是人类前行路上的绊脚石，必须予以清除，要像对待物权一样对待专利权，否则会阻碍社会进步。作者也极其重视物权，更极其重视物质文明，但作者认为，如智权能得到公平对待，人类物质文明将更加发达。

九、专利短有效期是对创造活动成果掠夺心态的产物

物权是永远的，专利权是短暂的。现行专利制度对专利保护期是二十年。为什么对物权没有设置年限，而对专利权设置了二十年的有效期？其根本原因仍是对创造活动的歧视与剥夺心态。

法国人雷纳劳伦在1913年发明的冲压发动机已经成为今天最重要的发动机之一，但是，雷纳劳伦的后人无法获得任何收益。然而，如果雷纳劳伦在1913年做了一把椅子，在100多年后的今天，雷纳劳伦的后人仍然对这把椅子拥有物权。由此可见，现行专利制度是多么地不公平、多么地不合理，且是多么地具有掠夺

性。专利法立法的宗旨，应该是促进社会财富向创造活动群体合理转移，而现行专利制度的实质却是恰恰相反的。如果人类不能使社会财富向创造活动群体合理转移，如果创造活动群体不能成为社会财富的制高点，人类将无法战胜日益严峻的挑战。

第三章 新专利法要点

一、明确发明创造的构成与要素逻辑

在专利法中，应当明确发明创造的构成与要素逻辑：

1. 明确发明创造是在要素逻辑指引下由已知构建的能够解决技术问题的未知；2. 发明创造至少要有一个要素，且至少要有一个要素逻辑；3. 发明创造中的要素逻辑是发明人独有的，是发明人通过创造活动获得的，其他要素都可以是已知的，都是可以通过非创造活动获得的，例如，通过购买等手段获得；4. 如果要素逻辑为不知，那么，必须有实验结果对发明创造进行例证；5. 发现的结果属于发明创造。

二、明确发明创造专利性的客观判据

专利法应当明确发明创造专利性的客观判据，发明创造的专利性判据必须是客观判据。这一客观判据应该是科学性、上向性和解题性，而绝对不应是新颖性、创造性和实用性。所谓科学性，是指本发明创造符合现有的定律和科学原理，或经实验验证具有可行性。所谓上向性，是指在本发明创造的时间节点前，本发明创造是未知的、进步的。所谓解题性，是指本发明创造经科学分析或实验验证证明具有能够解决发明人所主张解决的技术问题的特性。在发明创造的专利性问题上绝对不应有自由裁量权。

三、明确发明创造的系统性

专利法应当明确发明创造具有系统性，明确专利的技术方案具有系统性、不可拆分性。明确不可用两项或两项以上现有技术的组合与要求保护的技术方案比对，只能用一项现有技术与之对比与评价。

四、明确开放式表述的排他性

专利法应当根据创造活动的上向逻辑，明确专利权利要求中开放式表述的排他性。即应当明确在对开放式表述的权利要求进行技术特征添加时，不应允许添加指向反动的、指向已知的、指向侵权的、指向互毁的和指向全域的技术特征。还应当明确，在先申请的上位申请不应因其上位性予以驳回，且无须对此在先申请的瑕疵进行指控，但是，上位申请不应构成在先申请的无效或侵权，在后的上位申请也不应对在先申请路径延伸的技术方案有权，即不应对在先申请的下位技术方案有权，而只能对由自身构成的新路径有权。创造活动的上向逻辑性决定了专利权利要求的收敛性和对开放式表述的排他性明示的必要性。

五、强化对原始创新性发明创造的保护力度

专利法应当强化对原始创新性发明创造的保护力度。所谓原始创新性发明创造，是指由开拓性技术思想、技术规律性技术思想和科学规律性技术思想所形成的发明创造，具体内容可见第六篇第二章的知识产权工程的第零产业模式中的相关论述。对原始创新性发明创造的专利技术方案的变劣性实施应认定为侵权。原始创新性发明创造要求极高水平的创造活动，且对推动社会进步具有更重大的意义。不仅如此，原始创新性发明创造会开拓一个新领地甚至开拓一个新领域，而原始创新性发明创造是这个新领地或新领域的第一块基石，在这个新领地或新领域的其后的发明创造基本上都是由这个原始创新性发明创造而衍生的。不仅如此，原始创新性发明创造会产生技术效果的革命性提升，即使变劣也会具有竞争力。为此，将对原始创新性发明创造的专利技术方案的变劣性实施认定为侵权，不仅具有合理性，也具有科学逻辑性，符合专利制度的宗旨。

六、确立保护发现的新规定

专利法应当确立保护发现的新规定，即确立专利保护范围包括发现新物质、新元素、新规律和新现象等发现性创造活动成果的新条款，新科学原理、新科学定律、新技术定律、新经济学理论等等新发现都应被列入保护范围。发现是发明创造之灵魂，发

明创造源于发现，任何具有可行性的技术方案都显性地或隐性地源于发现，源于科学原理、科学定律或技术定律。获得科学原理、科学定律、技术定律、数学原理、经济学原理、社会学原理等发现需要极其艰苦卓绝、绞尽脑汁的创造活动，而且这些发现性创造活动成果，对技术进步、科学技术产出的革命性提升以及社会进步都具有重大意义。为此，将发现即发现性创造活动成果列入专利法保护范围具有科学合理性，反之，既不公平也不合理，且违背专利制度的宗旨。将发现列为专利法保护之列既是人类社会进步与公平的象征，也是人类社会发展的必然要求。

七、大力提升专利保护力度

专利制度是提升人类创造活动水平的法治化途径，在创造活动日趋成为人类活动主旋律的背景下，在信息化和智能化等超级现代化的背景下，大力提高专利保护力度势在必行。专利法应当：1. 确立专利权与物权等价的保护思想；2. 大幅度提高专利侵权赔偿力度；3. 确立举证倒置规定；4. 取消专利年费；5. 确立专利保护期限为从专利申请日起至发明人死亡后30年止。

八、专利法的世界统一性

因为专利法是一部以科学属性为主的法律，所以各国专利法之间的差异与其他法律之间的差异相比微乎其微，世界各国专利法的统一和建立世界专利法也具有科学性、可行性和必要性。至少可以将专利法中除关于侵权赔偿以外的规定进行统一，这样有利于全球化，也有利于消除各国专利审查间的差异，也有利于提高效率，节省社会资源。因此，应当在各国专利法中明确专利法的世界统一性。

九、确立专利登记制度

如果为发明创造的专利性确立客观判据，与专利和专利申请相关的审理、审查、评价和确权工作就将变成智力活动。但是，由于专利具有不可真理确权性，专利仍然只能被社会性确权，即只能在其使用节点出现时，通过相应的程序对专利进行确权。因此，与专利和专利申请相关的前置审理、审查与评价，无论如何都不能对专利进行具有实质性意义的确权。在专利使用节点出现之前，对专利审理、审查、评价和确权是完全没有意义的，只能造成社会资源的巨大浪费。由此可见，确立在使用节点出现时才对专利和专利申请进行审理、审查、评价和确权的专利登记制度势在必行。专利登记制度实质上是把对专利的审理、审查、评价与确权过程推到了专利使用的节点上，即只有当专利拟被实施、被实施、被侵权、拟被许可、拟被交易和被评估等专利的使用节点出现时，才对专利申请进行审理、审查、评价，进而确权。专利登记制度只有为发明创造的专利性确立客观判据后才能实施。

专利登记制度不仅不会增加专利申请量和垃圾专利量，反而会使其减少，因为登记制度下的专利申请并不能为专利申请人和发明人构成多少荣耀，他们对申请专利会比今天谨慎得多。反过来讲，专利申请量和垃圾专利量即便剧增，又何妨？

有些国家将专利划分为发明专利和实用新型专利，而且还给发明专利和实用新型专利确立了不同的审查标准和不同的保护期限，这是完全不具科学性的，而且是逻辑错乱的。首先，实用新型专利给人的印象是其不属于发明创造，若其属于发明创造，为什么叫实用新型呢？事实上，实用新型专利属于发明创造，既然是发明创造，又为什么与发明专利有不同的审查标准呢？对实用新型专利通常采用登记制度，但登记制度不构成不同审查标准的必要性与科学性，也不构成不同保护期限的必要性与科学性。

世界范围内的专利申请量越来越多，检索越来越困难，实施更严格的分类乃至确立用于专利申请的专门语言都十分必要。

世界各国的现行专利制度不仅是在对人类创造活动的本质与逻辑关系认知的缺失的前提下制定的法律体系，而且是在对创造活动存在严重歧视和掠夺心态的前提下制定的法律体系。世界各国的现行专利制度不仅具有基础性和根本性的逻辑错乱性，而且具有剥削性和掠夺性。

专利制度与其他任何法律制度完全不同，人类创造活动的本质与逻辑关系是专利制度的基础，科学性、上向性和智物同权性应该是专利制度的本质，而科学性、上向性和解题性应该是发明创造专利性的本质。应当根据专利制度的科学性、上向性和智物同权性，重新构建专利制度。理清现行专利制度的诸多问题，重新构建专利制度是创造活动水平革命性提升的必然要求。

第六篇 论创造活动与科技创新工程

人类正面临着日益严峻的挑战，人类已无处索求，只有通过科技创新工程，实现科学技术产出的革命性提升，才能战胜这些挑战。所谓科技创新工程包括科技研发工程、知识产权工程和科技成果转化工程。

所谓科技研发工程包括科技新思想创造工程和新技术原理验证工程，即从0做到0.5的工程。所谓知识产权工程，是指发明创造工程、专利阵破建工程和专利运营工程。所谓科技成果转化工程，是指新技术工程化工程和深度知识产权工程，即从0.5做到1的工程，也就是科技研发板块和生产制造业板块之间的桥梁工程，包括收购科技研发板块的高价值0.5，对0.5实施新技术工程化工程和深度知识产权工程，打造深度知识产权化的产品原型，完成从0.5做到1的工程，以及止步于1，向生产制造业板块许可或转让深度知识产权化的1，收取回报的工程。

对于任何企业来说，对于任何国家与民族来说，对于全人类来说，科技创新工程都不是请客吃饭，而是生死攸关的斗争。

　　长期以来，为了科学高效地实施科技创新工程进而促进科学技术产出的提升，人类一直在不懈地努力着。例如，大量建设高等教育机构，大量建设研发机构，大规模增加研发投入和大幅度提高科技工作人员待遇，等等。这些努力都不同程度地推动着科技创新工程的进步，推动着科学技术产出的提升，也使人类社会向前发展着，但是，迄今为止科学技术产出提升的速度依然远远滞后于人类社会需求增长的速度，依然远远滞后于人类所面临的挑战的增长速度。

　　从根本上讲，经数千年的努力，人类并没有真正找到科学高效地实施科技创新工程的根本途径，也就没有真正找到革命性地提升科学技术产出的根本途径，也就没有真正找到革命性地和极大地提升社会生产力的根本途径，也就没有真正找到战胜日益严峻挑战的根本途径。关于提升科学技术产出，人类目前所做的一切，仅仅是依据在对人类创造活动的本质与逻辑关系的研究、认知与理解基本缺失的情况下所形成的科技创新工程体制机制模式进行努力。而这种科技创新工程体制机制模式都是在短视的实用主义主导下自然而然形成的，不具基础理论支撑，缺乏科学性、缺乏高效性，因此，在这种科技创新工程体制机制模式下再多的努力都没能也不可能使科技创新工程科学化、高效化。

　　科技创新工程的根本是人类的创造活动，这就意味着，仅仅注重科学技术本身，无法实现科技创新工程的科学化与高效化，无法实现科学技术产出的革命性提升。必须研究、认知、理解并尊重人类创造活动的本质与逻辑关系，从革命性地提升人类创造活动水平入手，才能科学高效地实施科技创新工程，才能实现科学技术产出的革命性提升，才能革命性地和极大地提升社会生产力，才能战胜日益严峻的挑战，才能充分满足人类日益快速增长的社会需求。

世界关于军事体系和世界格局方面的理论研究非常多，例如，《孙子兵法》《战争论》《海权论》和《大国轮回》等，而关于科技创新工程体制机制模式的研究基本缺失，即关于科技创新工程方法论的研究基本缺失。《国富论》实质上是关于社会生产力提升的论著，但由于年代与社会生产力发展阶段等原因，《国富论》并没有涉足科技创新工程的体制机制模式，换言之，《国富论》并没有涉足科技创新工程方法论。人类近代的众多科学技术文明都源于西方，西方对人类的贡献是不可估量的，西方是伟大的。但是，作者实事求是地研究发现，目前，西方发达国家关于科技创新工程的体制机制模式，即科技研发工程的体制机制模式、知识产权工程的体制机制模式和科技成果转化工程的体制机制模式，都是在短视的实用主义主导下自然而然形成的，是十分欠缺科学性和高效性的。不仅如此，全世界的关于科技创新工程的体制机制模式均是西方发达国家科技创新工程体制机制模式的翻版，所以，均缺少科学性和高效性。

不学习西方的伟大，自己无法前行，不理清西方的错误，世界无法前行。

自然而然形成的体制机制模式，可能具有低层次的合理性，但一定缺乏科学性、高效性和满足未来发展要求的前瞻性。例如，在《国富论》出现之前，自然而然形成的经济性体制机制模式已经存在，但这些体制机制模式是严重缺乏科学性、高效性和满足未来发展要求的前瞻性的，正是《国富论》的出现才使当时的经济性体制机制模式得以科学化、高效化，正是这一科学化与高效化，才使世界进入高速发展阶段。

科技创新工程的体制机制模式也一样，也需要基础理论研究与科学设置。

其他国家无需赘言，西方发达国家关于人类创造活动的本质与逻辑关系，特别是关于科技创新工程方法论的系统性研究严重缺失，进而导致现行科技创新工程体制机制模式的系统性逻辑错乱，这一系统性逻辑错乱严重地阻碍着世界进步。

西方发达国家领先世界是毋容置疑的，但是领先与否不是逻辑错乱与否的判据。试想，如果 A 用逻辑错乱的劳动组织形式建设混凝土大厦的时候，B 还在和泥巴，显然，A 会遥遥领先于B，尽管 A 是逻辑错乱的。

作者受过西方教育的系统性培育和西方文化的深广浸泡，也深知西方对人类文明的伟大贡献，作者深爱西方，但更深爱真理，所以就实事求是地阐述了自己的研究结论。此外，如果能够建立新型的科学高效的科技创新工程体制机制模式也会促进西方发达国家更快、更好地发展。

本篇将从科技研发工程、知识产权工程和科技成果转化工程这三大科技创新工程入手，论述科技创新工程与创造活动的逻辑关系，进而揭示科学高效地实施科技创新工程的根本途径。

第一章 科技研发工程

科技研发工程包括科技新思想创造工程和新技术原理验证工程。科技研发工程体制机制模式的科学化是提升科技研发工程水平和效率的根本途径。科技研发工程体制机制模式的科学化，说到底就是科技研发工程系统的负熵化，就是科技研发工程的社会劳动组织形式科学化，就是科技研发工程的社会分工，就是创造活动的独立化。

科学技术领域的确存在许许多多艰苦卓绝、绞尽脑汁地追求真理的人，的确存在着许许多多不求索取、功勋卓著的人，没有他们，今天的世界文明就不复存在，但是，实事求是地讲，这些可歌可颂的人的数量在科学技术领域总人数中所占比例还是个极小的数。相反，缺乏创新精神、缺乏科学精神、缺乏工程精神、缺乏从事创造活动的能力与素质的人比比皆是，他们占据着科学家、教授、研究员和研发工程师等从事创造活动的岗位。事实上，极其大量的不具备从事创造活动所需素质和能力的人在从事创造活动的岗位上，极其大量的不具备从事管理创造活动所需素质和能力的人在从事管理创造活动的岗位上，极其大量的不具备从事创造活动所需素质和能力的产业主体在从事着创造活动，极其大量的不具备主导创造活动所需素质和能力的产业主体在主导着创造活动，而真正具有高创造活动水平的人、机构和产业主体又无法获得充足的资源，这就是科学技术领域的真实状态。

从根本上讲，科技研发工程领域是世界上最自由、最松散和最难以量化的领域，是世界上效率最低和最难以管理的领域，是管理者最束手无策无可奈何的领域。这种局面不仅最为隐蔽地浪费着世界珍贵资源，也最为隐蔽地阻碍着科技创新工程的高效化与科学化，进而最为隐蔽地阻碍着世界的进步，其危害极为隐性、极为严重。这也是最具隐蔽性和最为严重的世界问题之一。

科技研发工程的体制机制模式如不彻底变革，科技创新工程就不可能进入快车道，科学技术产出就无法革命性提升，社会生产力就无法革命性地和极大地提升，人类就无法战胜所面临的挑战。解决这些根本问题的根本途径，就是尊重创造活动的特殊性和创造活动主体的特殊性，就是遵守创造活动的本质与逻辑关系所决定的规律，就是人类创造活动的独立化，就是放纵创造活动、量化非创造活动，就是放纵该放纵的人、量化该量化的人。

从本质上讲，上述根本问题并不完全是这些不合格的科学家、教授、研究员和研发工程师之过，也不是产业主体之过，更不是管理者之过，而是迄今为止人类缺乏对创造活动的本质和逻辑关系研究、认知、理解和尊重的必然结果。世界上没有有问题的人，只有有问题的体制机制模式，世界上本来就不存在不擅长的人，所谓不擅长的人只是因体制机制模式的原因没有找到其擅长所在而已。零度科学家（见本章之四）和思想僵化的技术领导者（见本章之五）如果从事自己擅长的工作，绝大多数都会有优秀的表现、卓越的贡献，而今天的局面完全是世界还没有实施创造活动独立化所致。

对科技研发工程的重金投入是科学技术产出提升的硬性指标之一，大幅增加对科技研发工程的投入是必不可少的，也是理所当然的。但因在人类数千年的历史中，创造活动的价值一直被严重低估，人类已经形成一种轻思想、重实物，轻创造、重生产的文化，这种文化导致对创造活动投入的严重不足。这种文化问题是科技研发工程的另一个根本问题，也是科技创新工程的另一个根本问题。解决投入问题的根本途径，就是在创造活动独立化的基础上，通过立法手段推动对科技研发工程投入比例的提升，推动对创造活动投入的提升。在创造活动独立化基础上的投入的提升对科技研发工程具有革命性作用，对科技创新工程具有革命性作用。

一、科技研发工程体制机制模式及其再造

（一）现行科技研发工程体制机制模式的问题

在世界上，大学制度建立得很早，但是，科技研发工程体制机制模式是自然而然形成的，在这种体制机制模式中创造活动和非创造活动相混淆，一个团队内的人不论擅长与否都试图既从事创造活动，又从事非创造活动，没有真正意义上的社会分工与量化，表面上看似卓有成效，实际上效率低下。在这种体制机制模式下，每个科学家、教授、研究员和研发工程师都自认为自己既

是优秀的创造家，又是优秀的制造师，也是优秀的实验师，无所不能，其实根本不然。

既能创造又能制造的人的确存在，但却是极其少数的。创造、制造和实验的确相互促进，科技工作人员的确应该均有所参与，但必须进行分工，专注自己擅长所在，否则，必然导致创造活动无法放纵，必然导致非创造活动无法量化，科技研发工程必然进展缓慢，效率也必然低下。

如上所述，目前全世界的科技创新工程体制机制模式都是西方发达国家科技创新工程体制机制模式的翻版，科技研发工程体制机制模式当然也毫不例外是西方的翻版。而西方发达国家科技研发工程体制机制模式是建立在没有社会分工基础上的，是未经科学设计的，是在短视的实用主义主导下自然而然形成的。

西方发达国家的这种科技研发工程体制机制模式类同于数十年前中国人民公社的体制机制模式，责、权、利不清，效率低下。可以说，目前科学技术领域是全世界所有领域中效率最低的。作者知道，这种说法肯定会成为众矢之的，但事实就是事实，真理就是真理。由于没有社会分工，即没有创造活动的划分及其独立化与专业化，无须详细论证，就可以证明科技研发工程领域的效率是最低的。

世界上没有人能够否认社会分工是提高效率的根本手段，因为这是社会经济学中的共识理论，是人类的共识，是有物理性根据的科学原理。如果你怀疑，你可以自己试试完成你的需求品的生产，你就会品味到没有分工的领域的效率低到何种程度。

全世界，除科技创新工程领域外的其他主要领域都有分工，而科技研发工程领域没有分工是不争的事实，所以，科技研发工程领域的效率最低是铁定的事实。不仅如此，三科的自由、松散且难以量化的基本属性也决定了科技研发工程领域社会分工的必然性和紧迫性。

简单地讲，西方发达国家创造了违反社会分工基本逻辑的、创造活动独立化完全缺失的科技研发工程体制机制模式，发展中国家盲目地翻版，这就导致全球范围内的科技研发工程体制机制模式都存在严重问题。不仅如此，发展中国家在科技研发工程领域中还缺少超越与颠覆的目标设定，所以发展中国家的科技研发工程的问题更加严重。

科技研发工程就好比是一群人抓兔子做晚餐，没错，慢者也有抓住兔子的时候。但是如果将快者训练得更快且只让快者抓兔子，让慢者生火做饭，显然是更科学、更高效的。

事实上，创造活动独立化缺失的科技研发工程体制机制模式实质是学习与教育的延续，而不是工作所应有的开始与状态。

（二）严格量化非创造活动，放纵创造活动

古今中外，任何机构、任何企业和任何国家都对科技工作人员束手无策，谁都没有好办法管理科技工作人员。科技工作人员拿到科技研发经费后，怎么做事，以什么态度做事，效率如何，谁都没有办法量化考核。究其原因，就是科技研发工程中存在创造活动，创造活动不可量化，也不应该被量化。创造活动确实不可量化，也的确不应该被量化，但是体力活动和智力活动是非创

造活动，是完全可以量化的。

只能从事科技研发工程的非创造活动的人员数量远远大于从事创造活动的人员数量，因此，对非创造活动进行量化，就会革命性地提高科技研发工程的效率和产出投入比。

量化非创造活动，意味着占科技研发工程绝大部分工作内涵的非创造活动，能以类同于流水线工作模式被量化，至少能以量化工程施工的模式量化非创造活动，这将大幅度降低科技研发工程的成本，提高科技研发工程的效率，将从根本上改变上不着天下不着地的科技研发工程现状，将彻底改变整个科技研发工程领域和科技创新工程领域的面貌，将革命性地提升科学技术产出。

创造活动不可量化，也不应该被量化，必须予以放纵。只有放纵创造活动才能提升科技研发工程的水平，促进科技研发工程向深度与广度发展的进程。

放纵创造活动和量化非创造活动是同等重要的两件事，是相辅相成的两件事，是相互促进的两件事。放纵创造活动和量化非创造活动是科技研发工程模式的根本变革，是提高科技研发工程效率与回报的根本抓手，是科学技术产出革命性提升所必需。

此外，量化科技研发工程领域的非创造活动还将大幅度提升非创造活动群体的收入，从而调动他们的积极性。放纵科技研发工程领域的创造活动也将使创造活动群体的收入大幅提升，消除其后顾之忧，进而大幅度提升创造活动群体的创造活动水平。

所谓放纵，就是信任、遵从、赋予资源。选与纵（即选人与放纵）的科学性、可行性、高效性和不可或缺性具有物理性根据，是社会活动组织形式的高级负熵工程，放纵该放纵的人是社会分工的高级化，更是社会分工的升华。

不仅人类社会的体制机制模式和军队指挥的体制机制模式等都是选与纵的缩影，动物社会的体制机制模式也是选与纵的缩影。对于人类创造活动而言，选与纵更是实现高效率的关键。然而，在科技创新工程领域，人类并没有按其行事。创造活动独立化的根本就是要实现科技研发工程领域的选与纵。

选拔出具有高超创造力、为超越颠覆而生的人，重金培育他们，重金放纵他们，他们会以天文倍率回报世界。这才是实现科技创新工程科学化与高效化的成本低、效率高的根本举措。

世界本无公司，公司的发明给世界带来了难以估量的重大进步。但不知有人想过没有，如果人类没有发明出公司，世界将会怎样？如果没有公司，世界不可能辉煌，这是不言而喻的逻辑。那么公司的本质是什么？公司起初是商人与契约，现在是企业家与契约，其本质就是选对人、信任他、遵从他、赋予他资源，这就是放纵。只要选对人，放纵就是最严格的量化管理，就是最严格的责任赋予，就是最高效的体制机制模式。公司的历史无可辩驳地证明了选与纵是资源配置的最大科学化，无可辩驳地证明了选与纵是成就辉煌的根本途径，无可辩驳地证明了选与纵是人类具有决定性意义的重大进步。亚当斯密无形手是放纵的社会贡献性的铁证之一。没有放纵，就不可能有辉煌，放纵是挺进辉煌的必经之路。放纵该放纵的人，是人类社会走向繁荣的关键所在，是人类社会发展的必然要求。与其他任何领域相比，科学技术领域是最需要放纵该放纵的人的领域，但是人类却完全忽略了这一点。这不得不说是人类的一个严重错误。

（三）三相混合物与科技创新链科学化

从传统科技创新链的要素来看，现行科技创新链包括高等教育机构、科技研发机构和生产制造业企业，且三者各有各的职责，各有各的使命。高等教育机构的职责是教育，是选拔人才、培育人才，使命是培育高素质人才，为科技研发机构和企业提供人才支撑；科技研发机构的职责是科技研发，使命是攀登科技高峰，推动科学技术进步，为生产制造业企业提供高水平的科技成果；生产制造业企业的职责是生产制造社会需求的产品，使命是解决社会物质产品需求问题。

曾几何时，这三个主体都变成了从事科技研发、企业经营和教育的综合体，作者称这一综合体为三相混合物。三相混合物模式，实质上也是在短视的实用主义的背景下产生的。迄今为止，在全世界范围内，关于科技创新链要素的分工和使命划分方面的研究完全缺失，因此，对三相混合物危害性和对高等教育机构、科技研发机构和生产制造业企业坚守职责和使命的必要性的认识也完全缺失。当下，高等教育机构、科技研发机构和生产制造业企业完全忘记本职，尽情地按着自己的感觉和意识行事。今天觉得办企业能赚钱，高等教育机构和科技研发机构就办了企业，明天生产制造业企业觉得办研究院和教育学院有价值就办了研究院和教育学院，而且还声称要搞原始创新，要培育高级人才。

因为局部效应和个案的成功，这种三相混合物模式被各个国家奉为灵丹妙药，尽情地翻版。例如，自十余年前，建设研究型大学的口号曾在某些国家响彻云霄，企业要搞原始创新的口号也曾响彻云霄，高校和研究机构办企业也如雨后春笋般层出不穷。目前，世界各国的高等教育机构、科技研发机构和生产制造业企业几乎均属三相混合物模式。如果认真分析一下就会明白，三相混合物模式不仅违反社会分工的基本逻辑，还造成大量社会资源的浪费，更严重阻碍科技创新工程的科学化与高效化，进而严重阻碍科学技术产出和社会生产力的发展与提升。

高等教育机构的职责是教育，是选拔、培育高素质人才。高等教育机构之根本目标在于选拔好人才、搞好教育，所有层面的计划、执行、监督及评价都应为这一根本目标服务。教育就是找到被教育者的擅长方向、因材施教、教书育人，教育就是使被教育者不断趋近其内在极限与不断提升其自我实现能力的工程，教育就是要培养学生高尚的人格、高度的社会责任感、正确的人生观、正确的价值观、正确的世界观、逻辑化与哲学化的思维方法和科学化的工作方法等，使被教育者能够成为对人类社会发展进步有贡献的有血有肉的完整的人。除此之外，还应该培育学生认识创造活动价值，践行创造活动演进逻辑的能力，培育其高超的创造力。这才是高等教育机构的职责、使命和擅长所在，如果能够做到这些就已非常了不起，堪称卓越。

高等教育机构的教师应该是教育家，教育家的使命是发现人才、选拔人才和培养人才，教育家可以搞以教学为目的的实验，但是绝对不应该搞科技研发工程，更绝对不应该搞企业经营，因为，科技研发工程和企业经营对于真正的教育家来说是非常艰难的事，教育家要想做好科技研发工程和企业经营可能比登天还难，除非你不是教育家。

如果说教育家要搞科研，应该研究如何发现与选拔人的擅长所在，如何使人的才能提升，如何使人全面发展。如何发现与选拔人的擅长所在，如何使人的才能提升，如何使人全面发展，是教育永恒的主题，是世界一流水平的研究课题。教育本身有无法穷尽的重大问题，等待教育家们去探索与研究。

例如，对于教育来说，选比教更重要，发现与选拔人的擅长所在和人的才能所在，是教育的基础与根本，培育人逻辑性和哲学性思维方法，培育人的科学工作方法、高度的社会责任感和正确的世界观与人生观是关键，等等，而教授知识充其量属于教育的第三等要务。那么，教育应该如何应对？

目前的高等教育机构完全迷失了方向。大学费尽心机从国家和各类机构取得大量科研经费，教师使出浑身解数去申请科研项目。申请到科研项目，意味着可以领到科研经费，意味着给学校创收、创造业绩。不仅如此，高等教育机构办企业谋求经济利益成风，教师以经营企业成功为荣耀，而不是以选好人、教好书、育好人为荣耀。在教师评职的标准中，教学效果的占比很小，且越来越小，而科研量和经济效益却占主导地位。这显然违背高等教育机构的办学宗旨，违背社会分工的基本逻辑，隐性地阻碍科学技术产出的革命性提升，隐性地阻碍社会进步。高等教育机构必须明确你擅长的是教育，你应该擅长的也是教育，科技研发工程和企业经营不是你的擅长所在，也不应该是你的擅长所在。大学校长应该是教育家，而不应该是董事长和研究院院长，或董事长的董事长和研究院院长的院长，也不应该必须是一流的科学家，但必须是一流的教育家。非一流教育家者成为大学特别是名牌大学的校长，是天下最不可思议之事。目前，全世界绝大多数大学校长都是科学家而不是教育家。认为一流的科学家一定是一流的教育家，如同认为神枪手一定是将军一样不靠谱。

大学教授和大学校长必须是教育家，大学教授和大学校长只有一心一意搞教学、专心致志办教育，才能使大学培养出有高创造力的高素质人才，自己才会有更美好的未来，国家才会有更美好的未来，世界才会有更美好的未来。

科技研发机构的职责是科学研究和技术开发，使命是攀登科技高峰，推动科学技术进步，为生产制造业企业提供高水平科技成果。实事求是地讲，无论在哪个国家，科技研发机构擅长的都是科技新思想创造工程和新技术原理验证工程，即擅长从0做到0.5的工程，而对于从0.5做到1的新技术工程化工程和深度知识产权工程则难以胜任，从0.5做到1的工作也不应该由科技研发机构完成，因为这也违反社会分工的基本逻辑。

然而，几乎所有的科技研发机构都试图把0.5做到1，再经营一个企业由1做到 N。目前，在科技研发机构，企业经营活动往往主导着科技研发。但是，经营好一个企业对于科技研发机构来说是非常困难的，从事教育也是非常不擅长的，因为科技研发机构的人员应该是创造家，不是也不应该是企业家和教育家。所以科技研发机构应当坚守科技研发工程，即坚守科技新思想创造工程和新技术原理验证工程，也就是坚守从0到0.5的工程。

生产制造业企业职责是生产制造社会需求的产品，使命是解决社会物质产品需求问题。企业应当专门从事产品设计、产品开发、生产、制造、市场营销、售后服务以及相关的经营性活动，企业可以搞与产品设计、产品开发有关的岗前、岗中培训，但是不应该搞科技研发，更不应该搞教育。教育、科技研发和企业经营是根本不同的门类。

生产制造业企业最擅长的是产品设计、产品开发、生产、制造、市场营销和售后服务等企业经营性活动，即擅长从1做到 N 的工程，而对于从0做到1和从0.5做到1的工程非常难以胜任，从0做到1和从0.5做到1的工程也不应该由生产制造业企业完成，因为这也违反社会分工的基本逻辑。然而，几乎所有大型生产制造业企业都建了研究院和教育学院，而且许多企业研究院还声称要搞原始创新和高级人才培养。其实，搞教育特别是搞原始创新是生产制造业企业完全不擅长的事、完全不能胜任的事，也难以做好，偶尔做好也要付出高昂的代价。三相混合物存在的根本原因是由于教育机构、科技研发机构和生产制造业企业的决策者们对社会分工逻辑认知的缺失，且受暂时性利益的诱惑和时髦心态的影响，进而丧失了对相关主体的清晰定位。

三相混合物模式使高等教育机构不能专心搞教育，科技研发机构不能专心搞科技研发，生产制造业企业不能专心搞企业经营，因此，教育、科技研发和企业经营均无法实现科学化、高效化。三相混合物模式使高等教育机构、科技研发机构和生产制造业企业日益趋同，丧失擅长、丧失专业性，且丧失竞争力。这不仅造成社会资源的严重浪费，而且严重阻碍科学技术进步，进而严重阻碍科学技术产出和社会生产力的提升。

在0.5和1之间存在一道科技研发机构和生产制造业企业都难以跨越的新技术工程化工程和深度知识产权工程的鸿沟。科技研发机构在鸿沟的一侧，生产制造业企业在鸿沟的另一侧，遥相呼应，却牵手无望。这就需要构建一种特殊的企业，专门从事从0.5做到1的新技术工程化工程和深度知识产权工程，进而跨越这一鸿沟。由于这种企业从事的是创造活动，所以称之为技术逻辑企业（其具体定义与特点见第七篇）。

科技创新链科学化对科技创新工程科学化、高效化以及对科学技术产出的革命性提升具有重要性意义。科技创新链科学化的构架如图6-1所示。在这种科学化的科技创新链中，由科技研发机构负责从0做到0.5的工程，由技术逻辑企业负责从0.5做到1的工程，由生产制造业企业负责从1做到 N 及 N 以后的工程，由高等教育机构负责提供人才保障。

这样，科技创新链的每一个链节都做自己最擅长的工作，而在主链上的科技研发机构、技术逻辑企业和生产制造业企业均处于责、权、利清晰的串联关系中，规避了重复研究，规避了重复开发，规避了零和式竞争态势。这是崭新的、科学的科技创新链，这一科技创新链也极大地优化了创造链和价值链。

这是一种经过科学研究、科学设置的科学化的科技创新链模式。在这种模式中，科技研发机构除获得国家研发项目资金支持外，还通过向技术逻辑企业出售知识产权化的0.5获取回报，技术逻辑企业通过向生产制造业企业许可或转让深度知识产权化的1获取回报，生产制造业企业通过向市场出售 N 获取回报，高等教育机构由政府拨款、学费和赞助得以运转。

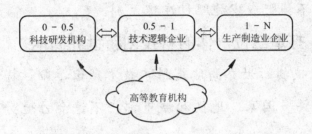

图 6-1 科学化的科技创新链构架图

在科技创新链要素中，教育是最为基础性的。把人培养成机器，可能是世界上最简单的事，把人培养成逢考必胜的机器，也不是什么难事，但把人培养成一个创造力趋近其内在极限的有血有肉的完整的人，才是真正的艰难事。因此，社会必须用教育家从事教育，只有在教育方面最优秀的人才能从事教育，并不是在科学方面优秀的科学家就能从事教育，更不是一个人只要能识字读书就可以从事教育。

无论从创造力提升的角度讲，还是从哪个角度讲，学前教育都比小学教育重要、小学教育都比中学教育重要、中学教育都比大学教育重要，这是不言而喻的逻辑，因此，社会必须把学前教育、小学教育和中学教育放在比大学教育更高的位置上。换句话说，社会至少应该用与大学教师同样优秀的人从事学前教育、小学教育和中学教育，也至少应该赋予从事学前教育、小学教育和中学教育的教师与大学教师同等待遇。但是，目前的体制机制模式却是恰恰相反。这是一个严重的世界问题，这种体制机制模式隐性地严重地阻碍着人类进步的步伐。事实上，如果不能把学前教育、小学教育和中学教育置于与大学教育同等或更高的位置上，与苗期不施肥或少施肥种庄稼无别。

（四）打造三位一体的科技创新世界高地

打造科技创新世界高地是科学技术产出革命性提升的关键环节，世界上许多国家、地区和城市都在不遗余力地努力建设科技创新世界高地，但都遇到了难以克服的困难。其根本原因是没有认识到，一个能够持续的科技创新世界高地必须是科技研发工程世界高地、知识产权工程世界高地和科技成果转化工程世界高地三位一体的世界高地这一问题。人们往往认为科技研发工程世界高地就是科技创新世界高地，很少认识到知识产权工程世界高地和科技成果转化工程世界高地的不可或缺性。科技创新世界高地的根本是科学技术领域人类创造活动的世界高地，而科学技术领域人类创造活动的根本内涵是科技研发工程、知识产权工程和科技成果转化工程。科技研发工程、知识产权工程和科技成果转化工程是一个相互促进、环环相扣、缺一不可的完整的创造链和价值链，其中每一个工程都是不可或缺的，如果三个工程相分离或某一个工程缺失就等同于创造链断裂和价值链断裂，就会使科技创新失去内在动力，科技创新世界高地就难以维系。

换句话说，科技研发工程世界高地、知识产权工程世界高地和科技成果转化工程世界高地是科技创新世界高地的三根支撑柱，其中任何一根支撑柱的缺失都会导致完整的、相互促进的创造活动工程体系和价值实现工程体系无法运转，创造活动水平的提升也就无法实现，自我造血升值也就无法实现，为此，科技创新世界高地也就不能自我维系与发展。具体地说，如果不能实现三位一体，科技研发工程的创造活动、知识产权工程的创造活动和科技成果转化工程的创造活动就不能相互促进，就无法实现创造活动的深广化与高级化，创造链也就难以持续。如果不能实现三位一体，就不会有足够的资金、资本来源，就只能依赖于外部投入，这样的科技创新世界高地缺乏灵活性、缺乏自主性、缺乏高效性，这必然导致价值链缺乏可维系性。

如果不能实现三位一体，科技创新就无法植根于生产制造业板块，就无法与生产制造业板块互动，就无法找到生产实践中的问题与需求，就会失去科技创新的方向，科技创新就会成为海市蜃楼，科技创新世界高地自身也自然无法发展壮大。如果不能实现三位一体，就无法实现从0做到1和从0.5做到1，不能做到1的科技创新就不能促进产业的发展，不能促进产业发展的科技创新世界高地自然无法维系。事实上，科技研发工程世界高地、知识产权工程世界高地和科技成果转化工程世界高地必须实现三位一体，才能使科技创新世界高地得以维系。

因此，科技研发工程世界高地、知识产权工程世界高地和科技成果转化工程世界高地的三位一体才是真正意义上的科技创新世界高地，才是能够高层次运转的科技创新世界高地，才是能够维系的科技创新世界高地。这意味着，对于科技创新世界高地来说，科技研发工程世界高地、知识产权工程世界高地和科技成果转化工程世界高地均不可或缺。

科技创新世界高地的建设需要大量的社会资源，例如土地、建筑物、相关设备设施、大量资金，等等，但是，仅有这些是远远不够的，还必须具有能够专业化地从事创造活动的创造活动群体。能够专业化地从事创造活动的创造活动群体，不是一般意义上优秀的科学家群体和工程师群体，而是能够专业化从事科技研发工程、知识产权工程和科技成果转化工程的，以顶级创造家为核心的具有高超创造力的团队。科技创新世界高地的主导主体对科技创新世界高地的打造与发展具有决定性作用。技术逻辑企业是专门从事创造活动的产业主体，是唯一能够打造科技研发工程世界高地、知识产权工程世界高地和科技成果转化工程世界高地三位一体的科技创新世界高地的产业主体。建立以技术逻辑企业为主导主体的科技创新世界高地，不仅是打造科技创新世界高地的必经之路，更是国家发展的重大战略。哪个国家率先创建具有相当体量的技术逻辑企业，并以其作为主导主体打造三位一体的科技创新世界高地，哪个国家就将主导世界科技格局。

（五）科技创新链管理

建筑物的所有权用法律的形式确定下来就形成了房产证，房产证的核发与管理和建筑工程管理都由建设委员会负责，因为这样不仅科学而且高效。知识产权管理的核心是科学技术领域的创造活动成果的确权，知识产权的本质和科学技术实际上同属一个领域，二者是不可分割的。然而，令人无法理解的是，世界上几乎所有国家都设有科技管理部门和知识产权管理部门，且科技管理部门不管知识产权的事，知识产权管理部门不管科学技术的事，进而导致效率低下和社会资源的巨大浪费。

事实上，科技研发工程和知识产权工程本属同一门类，科技管理部门和知识产权管理部门本属一家，应合二为一。不仅如此，科技研发工程、知识产权工程和科技成果转化工程均属同一门类，均属于科学技术性创造活动，三者应合并为创造活动产业，也就是第零产业（见本篇后续内容）。

科技管理部门和知识产权管理部门应合并为第零产业部，由第零产业部负责统一管理科技研发工程、知识产权工程和科技成果转化工程，即由第零产业部负责统一管理从0做到1的事宜以及1的输出的事宜。而1的接纳和1以后的事宜不应属于第零产业部的职责，应由工业部等其他部门负责管理。教育作为科技创新链的重要环节不仅应该独立，而且应该专业化。

（六）建立科学技术投入法

吝惜科学研究与技术开发投入是世界上少有的愚蠢，从经费投入的角度讲，真正能够决定一个国家、一个民族和一个生产制造业企业内在竞争力的，只有对科学研究与技术开发的那部分投入。科学与技术是最后一根救命稻草，这根救命稻草能否让一个国家、一个民族或一个企业大难不死、浴火重生，完全取决于是否对它敬畏、是否对它重金投入。二战后的德国和日本，可以说是满目疮痍、贫困潦倒，之所以这两个国家能够大难不死、快速崛起，根源于他们在科学与技术方面的优势。

世界各国，关于税收和社会保障方面的法律体系是十分完善的，但关于科学技术投入方面的法律规定却完全缺失。然而，人类社会发展到今天，科学技术已经居于社会发展的核心位置，科技创新已经成为一个国家发展全局的核心，用法律的形式确定对科学技术的投入与科学技术投入的使用模式势在必行。

目前，世界各国对科学技术的投入呈上升趋势，且许多国家对科学技术的投入已经在临界点以上，但是目前对科学技术的投入与社会对科学技术产出的要求相比还远远不足，而且科学技术投入的使用方式忽略了创造活动的特殊性，所以目前的科学技术投入的模式也缺乏科学性和高效性。比如，许多国家只注重对科技研发需求物的投入，例如，对设备、仪器等等的投入，而忽视对人才的投入。这严重缺乏科学性，应当人物并重，人才优先。用立法的形式确立科学技术投入的力度与科学技术投入的使用模式是科技创新工程特别是科技研发工程进入快车道的必然要求，也是科学技术产出革命性提升的必然要求。

二、计划与评审

（一）确立目标先行问题后置的计划制定方针

如果因实力不足，而不研究如何超越冠军，不按照冠军的训练标准进行训练，不仅永远拿不到冠军，挑战亚军和季军的可能性也是没有的。这在体育运动领域是不言而喻的逻辑。

其实，在科技研发工程领域也是一样的，如果不瞄准超越或颠覆世界一流，成为二流的可能性也是没有的。在科技研发工程的计划制定中，目标应该优先于条件，目标应该优先于问题，即先确定目标，再谋划如何解决问题达到目标，也就是目标先行问题后置。美国之所以能够领先世界这么多年，就是美国科技发展计划有意无意地选择了目标先行问题后置的计划制定方针。为什么许多国家追赶世界先进水平许多年，差距就是不怎么缩小？其根本原因就是没有确立目标先行问题后置的计划制定方针。这一条不改，永无赶超世界先进水平之日。

不瞄天，永远上不了天，不瞄云，永远穿越不了云，这是人人皆知的事，但是，许多机构、许多企业和许多国家的科技决策者们似乎并不明白。如果不是当年美国人瞄准原子弹这个天，人类还不知道什么时候才能拥有核武器，二战还不知道什么时候会终结。如果不是当年中国老一代领导人和老一代科学家瞄准"两弹一星"这个天（虽然当时"两弹一星"在世界上已经存在，但对当时一穷二白的中国来说，这就是天），中国还不知道何时才能拥有可靠的安全保障。作者绝对是和平主义者，但作者认为核武器的出现从根本上遏制了世界大战的爆发。

"不瞄天，永远上不了天，不瞄云，永远穿越不了云"是定律级结论。要想推进科技研发工程，要想成为世界一流，要想超越或颠覆世界一流，要想战胜人类所面临的日益严峻的挑战，就必须确立目标先行问题后置的计划制定方针，别无他途。

（二）少数服从多数的专家评审有悖科学逻辑

少数服从多数的专家评审是目前几乎所有国家都采用的对科

技研发工程立项审查的规则。但是，以少数服从多数的方式，对科技研发工程项目预期结果的可行性进行评审，实质上是一种逻辑错乱。科技研发工程项目的意义就在于新、就在于未知、就在于探索，如果评审专家都能够完全理解且赞同这个新、这个未知、这个探索，那么，这个新一定不够新，这个未知一定不够未知，这个探索一定具有确定性，具有确定性就一定不是探索，也不需要立项研究，应当直接生产制造。不仅如此，如果立项申请人能够一五一十、头头是道地说清楚相关项目所涉科技研发工程具有完全可行性的预期结果，那么为什么还需要研究呢？直接生产制造不就可以了吗？科技研发工程的不确定性才是其价值所在，不确定性越高，其价值也越高，具有确定性的研究是没有多少价值的，因为那无需研究，直接生产制造即可。

与其他项目根本不同，科技研发工程项目立项与否的标准是是否具有可能性，而不是是否具有可行性，如果将是否具有可行性作为科技研发工程项目立项与否的标准，不仅是严重的逻辑错乱，也会根本性地降低科技研发工程项目的水平，更会严重阻碍科技创新工程的进展与科学技术的进步。而科技研发工程项目的真正使命就是将可能性变成可行性，进而使科技新思想成为现实。所谓科技研发工程项目的可研报告应该是关于是否具有可能性的研究报告，而不是关于是否具有可行性的研究报告，科技研发工程项目的评审所要解决的问题是可能性与不能性的问题，而不是可行性与不可行性的问题，只有产品开发项目和建设项目等已知范畴内的项目才能以可行性与不可行性评审，在这个问题上全世界都错了。从评审人角度讲，可能性的判据就是第三篇第五章所述的逻辑性否定的不可否定性，而从被评审人的角度讲，可能性的判据就是是否具有不可被否定的逻辑自洽性，一切具有不可被否定的逻辑自洽性的必定至少具有暂时性的可能性，是否具有不可被否定的逻辑自洽性才是科技研发工程项目可立项与否的根本判据。具有不可被否定的逻辑自洽性的科技研发工程项目才具有真正的价值，例如，一个不能被世界上一流科学家否定的具有逻辑自洽性的科技研发工程项目意义何等重大，不言而喻。科技研发工程项目的目标是将可能性变成可行性，可行性是科技研发工程项目的目标，但绝不是科技研发工程项目立项的前提。

如果把可行性作为科技研发工程项目的立项前提，就如同设置如果一个运动员不能确保得冠军就不能参加比赛的规定一样荒谬，因为这样的规定将使你永无获得冠军希望。

科技研发工程的核心是创造活动，专家可能很优秀，但专家往往是已知的化身，是知识的化身，是经验的化身，而专家中真正有足够创造力的人是少数，甚至是极少数，没有足够创造力的人无法评价科技研发工程项目创造性的高低。因此，如果让专家以少数服从多数的形式评审科技研发工程项目，其评审结果肯定往往都是错误的。专家以少数服从多数的形式评审生产、制造和建设项目具有科学性，也是理所当然，而专家以少数服从多数的形式评审科技研发工程项目是一种逻辑错乱。

试想，如果当年用一批专家去评审牛顿关于研究力学三大定律的立项申请，且这些专家真正履职，你觉得能够通过吗？如果当年用一批专家去评审爱因斯坦关于研究相对论的立项申请，且这些专家真正履职，你觉得能够通过吗？如果当年用一批专家去评审哥白尼关于研究日心说的立项申请，且这些专家真正履职，你觉得能够通过吗？其实都是无法通过的，可能有人会说这只限于科学领域，但其实在技术领域也一样。比如，如果当年用一批专家去评审爱迪生研究白炽灯的立项申请，且这些专家真正履职，你觉得能够通过吗？如果当年用一批专家去评审特斯拉研究雷达的立项申请，且这些专家真正履职，你觉得能够通过吗？如果当年用一批专家去评审莱特兄弟研究飞机的立项申请，且这些专家真正履职，你觉得能够通过吗？其实这些也都难以通过。

开尔文是举世闻名的、伟大的科学家，就连他都曾认为不可能制造出飞机，只能造出比空气轻的飞行气球用于飞行。如果请开尔文作为专家评审莱特兄弟的飞机立项申请，那么，莱特兄弟肯定得不到支持。从结果可行性的角度讲，申请立项造更大的风车的结果可行性比申请立项研究力学三大定律的结果可行性不知要高多少倍，成功的概率也不知要高多少倍，那么，哪个价值更大，哪个意义更大，已毋庸赘言。事实上，在科学技术领域中，一切能够带来重大进步的探索与创造，如果严格按照现行立项评审模式评审，都将不复存在。人类历史上一切具有重大价值的科学技术进步，几乎都不是对项目预期结果的可行性进行少数服从多数的专家评审的结果。不仅如此，科技研发工程项目的预期结果的可行性具有不可评审性。如果对科技研发工程项目的预期结果的可行性进行评审，就会在某一点上造成平庸对卓越的扼杀，从而阻碍科学技术进步，阻碍科技创新，阻碍科学技术产出的提升。因为任何真正有意义的科技研发工程项目，都是对已知的超越或颠覆，都包括高水平的创造活动，其可行性需要极高水平的创造活动才能评审，而绝大多数专家虽然专业水平可能很高，但都属于知识的化身，而不是创造活动的化身，所以都不具有评审科技研发工程项目的预期结果的可行性的能力。不仅如此，将科技研发工程项目是否具有可行性作为立项与否的判据本身就是一种逻辑错乱。历史上，绝大多数的科技进步要么是创造家们低三下四、求东求西、倾尽所有创造的，要么是战略家或战略科学家决策支持而获得的，而不是少数服从多数的专家评审支持的结果。因此，可能性，即不可否定的逻辑自洽性才是科技研发工程项目立项的根本标准，而可行性和现实性则不是也不应成为科技研发工程项目立项的标准。

不仅如此，科技研发工程项目不是教育和培训项目，也不是生产、制造和建设等内涵已知的项目，而是需要解决突破认知边界和创造边界问题的项目，需要用最具创造力的人来完成。假设，用专家 A 评审科技研发工程项目预期结果的可行性，而且假设专家 A 能够履责，那么就意味着专家 A 的创造力比项目申请人的创造力高，既然如此，该项目应由专家 A 来承担，而不应由项目申请人来承担。如果不用专家 A 来承担这个项目，而让项目申请人来承担，一旦失败，并不能证明这个项目不可行。所以，还必须用专家 A 再承担这个项目一次才能真正确定这个项目到底可行与否，因为，已经假设专家 A 比项目申请人的创造力高。这显然是不科学的，也不符合节省社会资源的原则。也就是说，只有专家 A 直接承担这个项目才是科学合理的。因此，专家 A 一经被选为评审专家，其承担其评审的项目的资格就已经被赋予。这意味着，对专家 A 的选拔过程就等同于对专家 A 评审的项目的评审过程。那么，专家 A 又是怎么成为评审项目的专家 A 的呢？无非有两个途径：一是资格审查抽签途径。所谓资格审查抽签途径，就是专家 A 经过资格审查进入专家库，待评审时经抽签成为评审项目的专家 A。二是决策途径。所谓决策途径，就是决策人、决策团队或决策机构根据宏观标准考量选定专家 A 为项目评审专家 A。这显然意味着科技研发工程项目的承担主体只能由资格审查抽签或宏观决策来决定。

综上所述，对科技研发工程项目的预期结果可行性的少数服从多数的专家评审有悖逻辑，会造成平庸对卓越的扼杀，是阻碍科技进步、阻碍科技创新、阻碍提升科学技术产出的一种逻辑错乱性制度设计。究其原因，这并不是专家的水平、组织形式和敬业精神等技术性问题所致，而是从逻辑上讲，这种评审本身就是错误的。这一逻辑错乱包括两个方面：其一，应把是否具有可能性作为科技研发工程项目的立项与否的根本标准，而现行评审制度把是否具有可行性确立为科技研发工程项目的立项与否的根本标准；其二，少数服从多数显然是假设多数优秀，这显然是逻辑错乱的，一个群体中优秀的永远是少数。因此，以少数服从多数的形式评审科技研发工程项目是逻辑错乱的。这是定律级结论，如违反这一结论，对科技研发工程项目的预期结果可行性进行少数服从多数的专家评审，就会阻碍科技进步，阻碍科技创新，阻碍科学技术产出的提升。可能性即不可否定的逻辑自洽性才是科技研发工程项目立项的根本标准。下面用两个实例，进一步论证科技研发工程项目少数服从多数的专家评审模式的逻辑错乱性。

在20世纪90年代初，作者曾提出将手机、寻呼机、照相机和网络一体化的技术方案，相关管理部门组织一个国家的所谓业内专家组进行了评审，竟以技术不可实现为由否决了该方案。大家都知道，这个方案实质上就是当下的智能手机。其实，无论在科学技术的哪个领域，无论在哪个国家，这样的悲剧比比皆是。这些都从侧面证明着科技研发工程项目少数服从多数的专家评审模式的逻辑错乱性。

近年作者发明了如图 6-2所示的动能极速储放单元，现以这个动能极速储放单元的评审过程作为另一个例子，进一步论证科技研发工程项目少数服从多数的专家评审模式的逻辑错乱性和对科学技术进步的阻碍作用。

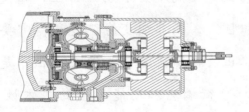

图 6-2 动能极速储放单元

汽车、工程机械、矿山机械、石油开采机械、坦克、弹射器、发供电等负荷变化大的动力系统的高功率负荷响应和高功率动能再生问题，是动力系统的一大难题。通常的解决方案是采取大马拉小车的方式解决负荷响应问题，采用放弃或小部分再生的方式解决动能再生问题。这些方法不仅造成制造成本高和使用成本高的巨大浪费，而且还严重阻碍了这类动力系统的节能减排力度的提升。科学地解决高功率负荷响应和高功率动能再生问题，是这类动力系统降低成本和节能减排的关键。为解决这一难题，近年，压力能储放单元、电能储放单元、电磁变速动能储放单元和机械变速动能储放单元相继被提出。这些单元虽然被加以开发，但均因功率密度问题、能量密度问题和成本问题等而无法实现真正意义上的商业化。如果详细研究蓄能、负荷响应和动能再生过程的内在逻辑，你就会发现，这类系统的过程可分为两类：一类是相变能流过程，另一类是非相变能流过程。所谓相变能流过程，是指利用化学反应或相变控制能量流动的过程。所谓非相变能流过程，是指利用飞轮和压缩空气等非化学反应性和非相变性过程控制能量流动的过程。

为了实现蓄能、负荷响应和动能再生，相变能流过程需要传热过程往往体积巨大，而非相变能流过程，需要正反馈变比装置和储放容积体。正反馈变比装置和储放容积体是通过非相变能流过程实现蓄能、负荷响应和动能再生的根本性要素。然而，蓄能、负荷响应和动能再生过程往往需要极速功率，也就是说，极速功率储放是解决这类问题的关键环节。作为极速功率储放容积体，飞轮是极佳的选择。因为飞轮存储的是动能，且与蓄电池和电容不同，其功率几乎趋于无限。例如，用相对保守的材料，质量为90kg，转速为10000 RPM 的飞轮可以以600 kW 功率持续输出10秒钟，这足以解决重型车辆加速和许多重型动力系统的负荷响应问题，例如，坦克、重型挖掘机等动力机械的负荷响应问题。用飞轮作为储放容积体是成本低、效率高、无后污染、最科学和最实用的解决之道。正反馈变比装置多种多样，但是，将变矩器作为正反馈变比装置，是体积小、重量轻、成本低、功率密度高、可靠性高的选择，利用变矩器的无级变速属性可实现正反馈变比功能。将变矩器和飞轮相结合构建的动能极速储放单元的本质是在动力系统中导入转速波动激烈的飞轮，进而实现动力系统的蓄能、负荷响应的提升和动能再生的功能。所谓转速波动激烈的飞轮，是指在输入端和输出端经非机械性传动连接的结构中，设置在输出端的飞轮，即转速随输出端波动的飞轮。

不仅如此，如果你详细研究无级变速装置，你就会发现，任何无级变速装置，如果变速范围在0～β（其中，β≠0）间，那么，输出端和输入端的传动比就可以实现无限广。这意味着，变矩器完全可以满足变速范围的要求。

为此，作者将变矩器与飞轮整合，发明了上述动能极速储放单元。变矩器和飞轮的整合至少可以按照下述五种方式设置，从而形成五种不同类型的动能极速储放单元：

1.直线单向动力流（即能流）动能极速储放单元

图6-3所示为无离合直线单向动力流单元储能过程:泵轮经涡轮使飞轮的转速提升，飞轮储能。图6-4所示为无离合直线单向动力流单元放能过程：在负载的作用下，涡轮和飞轮的转速急剧下

降，飞轮极速放能。

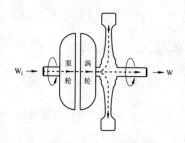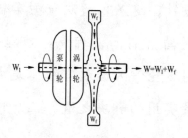

图 6-3 无离合直线单向动力流　　　图 6-4 无离合直线单向动力流
　　　单元储能过程示意图　　　　　　　单元放能过程示意图

图6-5所示为有离合直线单向动力流单元储能过程：泵轮经涡轮和离合器使飞轮的转速提升，飞轮储能。图6-6所示为有离合直线单向动力流单元放能过程：在负载的作用下，涡轮和飞轮的转速急剧下降，飞轮极速放能。

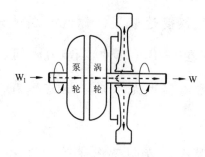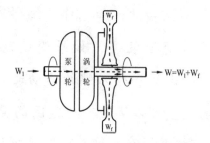

图 6-5 有离合直线单向动力流　　　图 6-6 有离合直线单向动力流
　　　单元储能过程示意图　　　　　　　单元放能过程示意图

2.旁置单向动力流动能极速储放单元

图6-7所示为单离合旁置单向动力流单元储能过程：蓄能泵轮经蓄能涡轮使飞轮的转速提升，飞轮储能。图6-8所示为单离合旁置单向动力流单元放能过程：飞轮经离合器、放能泵轮和放能

涡轮对负载做功，飞轮极速放能。

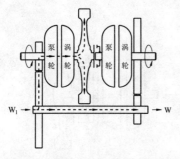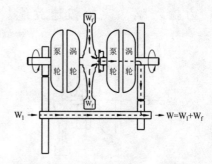

图 6-7 单离合旁置单向动力流　　　图 6-8 单离合旁置单向动力流
　　单元储能过程示意图　　　　　　　单元放能过程示意图

图6-9所示为双离合旁置单向动力流单元储能过程：蓄能泵轮经蓄能涡轮和蓄能离合器使飞轮的转速提升，飞轮储能。图6-10 所示为双离合旁置单向动力流单元放能过程：飞轮经放能离合器、放能泵轮和放能涡轮对负载做功，飞轮极速放能。

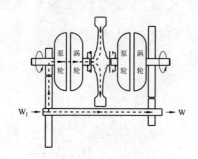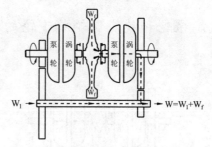

图 6-9 双离合旁置单向动力流　　　图 6-10 双离合旁置单向动力流
　　单元储能过程示意图　　　　　　　单元放能过程示意图

3.同路往复动力流动能极速储放单元

图6-11所示为同路往复动力流单元储能过程：动力输入端经两个泵涡叶轮和增速器使飞轮的转速提升，飞轮储能。在这里，所谓泵涡叶轮同时具有泵轮和涡轮的功能。图6-12所示为同路往

复动力流单元放能过程：飞轮经两个泵涡叶轮将飞轮的动能回送到动力输入端，飞轮极速放能。

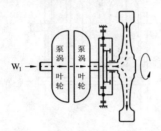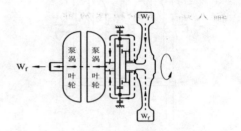

图 6-11 同路往复动力流　　　　图 6-12 同路往复动力流
　　　　单元储能过程示意图　　　　　　　单元放能过程示意图

4.串联往复动力流动能极速储放单元

图6-13所示为单离合串联往复动力流单元储能过程：动力输入端经蓄能泵轮、蓄能涡轮使飞轮的转速提升，飞轮储能。图6-14所示为单离合串联往复动力流单元放能过程：飞轮经离合器、放能泵轮和放能涡轮将飞轮的动能回送到动力输入端，飞轮极速放能。

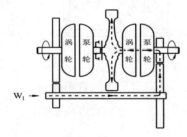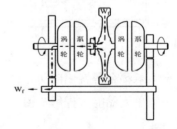

图 6-13 单离合串联往复动力流　　图 6-14 单离合串联往复动力流
　　　　单元储能过程示意图　　　　　　　单元放能过程示意图

图6-15所示为双离合串联往复动力流单元储能过程：动力输入端经蓄能泵轮、蓄能涡轮和蓄能离合器使飞轮的转速提升，飞

轮储能。图6-16所示为双离合串联往复动力流单元放能过程：飞轮经放能离合器、放能泵轮和放能涡轮将飞轮的动能回送到动力输入端，飞轮极速放能。

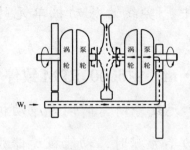
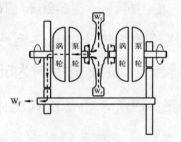

图 6-15 双离合串联往复动力流
单元储能过程示意图

图 6-16 双离合串联往复动力流
单元放能过程示意图

5.并联往复动力流动能极速储放单元

图6-17所示为并联往复动力流单元储能过程：动力输入端经增速器、蓄能泵轮和蓄能涡轮使飞轮转速提升，飞轮储能。图6-18所示为并联往复动力流单元放能过程：飞轮经放能泵轮、放能涡轮将动力回送到动力输入端，飞轮极速放能。

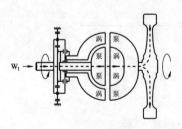
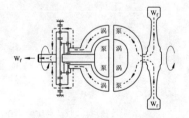

图 6-17 并联往复动力流
单元储能过程示意图

图 6-18 并联往复动力流
单元放能过程示意图

为了验证这一动能极速储放单元的可行性，作者针对图6-3和图6-4所示的无离合直线单向动力流单元进行了计算机模拟实验

验证。计算机模拟实验验证的验证条件为：输入原动机功率为
150 kW 电动机，扭矩238N•m，转速6000 RPM，原动机转动惯量
1 kg•m²；飞轮质量为56 kg，飞轮直径500 mm，飞轮转动惯量1.8
kg•m²。在图6-19、图6-20和图6-21中，实线为原动机单元的表
现，虚线为动能极速储放单元的表现。

实验一：负载扭矩同为585N•m，由6000 RPM致停

如图6-19所示，动能极速储放单元致停所需时间是原动机的
2.7倍左右；原动机致停时即原动机功率为零时，动能极速储放单
元的输出功率仍保持原动机额定功率的75%左右，动能极速储放
单元致停期内输出总功为原动机的2倍以上。

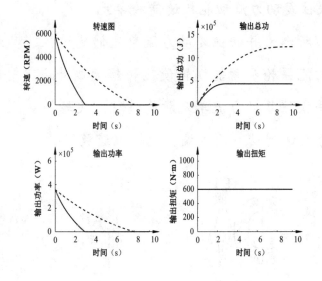

图 6-19 实验一的计算机模拟数据

实验二：三秒内由6000 RPM致停

图6-20是实验二的计算机模拟数据的曲线图。如图6-20所
示，原动机只需要负载扭矩585 N•m 就能实现在3秒内由

6000RPM 致停，而动能极速储放单元则需要负载扭矩920 N•m 才能实现在3秒内由6000RPM 致停，动能极速储放单元的扭矩和功率峰值分别为原动机的1.6倍和1.8倍左右，动能极速储放单元致停期内输出总功为原动机的1.8倍左右。

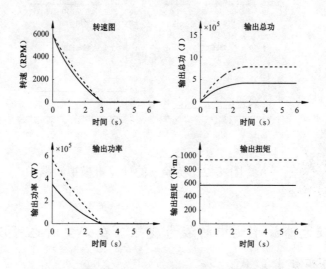

图 6-20 实验二的计算机模拟数据

实验三：负载扭矩同为400N•m，由6000RPM 致2000RPM

如图6-21所示，在400 N•m 负载扭矩作用下，动能极速储放单元由6000RPM 致2000RPM 所需时间是原动机的3倍左右，原动机致2000RPM 时，动能极速储放单元的转速约为2700RPM，功率为原动机的1.4倍左右。

从计算机模拟实验验证的实验一、实验二和实验三的结果可以看出，上述动能极速储放单元具有优秀的表现。此外，作者还针对图6-3和图6-4所示的无离合直线单向动力流单元进行了物理实验，其结果与上述三个实验的计算机模拟结果基本吻合。

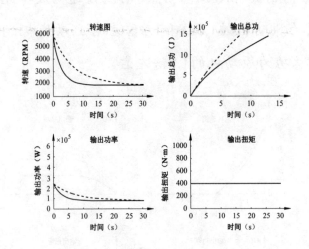

图 6-21 实验三的计算机模拟数据

　　动能极速储放单元中的液力变矩器在必要时也可以用第三篇所述的磁力变矩器取代。

　　动能极速储放单元可用于如下多个领域。

　　应用领域一：挖掘机、装载机、夯机等类周期性变工况动力系统。 工作过程：当动力系统负荷增加时，飞轮的转速会急剧下降，对负荷输出功率为 W_f，原动机（例如发动机）转速下降不大，可基本维持对负荷的输出功率 W_1，这时负荷所获得的功率 $W= W_1 + W_f$。W_f 随负荷增加而增加。因此，负荷在短时间内可以获得远大于原动机的功率，这相当于，在某一时间间隔内原动机功率得到了大幅度放大。当负荷减小时，飞轮会自原动机获取动力而增速储存动能。在包括离合机构的结构中，可以调整储能时刻，以增加动力系统的灵活性。以挖掘机为例，一般一个工作循环为15秒左右，其中3至5秒为重负荷时段。如果设置一个包括由约50kg飞轮组成的动能极速储放单元，可使150kW的挖掘机在重负荷时段，实现300kW持续输出5秒的极速功率输出模式（每0.1kWh的动能可以以360kW的功率持续输出1秒），或将150kW的挖掘机的150kW发动机换成100kW左右的发动机，进而降低成本和油耗。

应用领域二：动能再生系统。车辆刹车能回收过程：需要刹车时，使车轮传动系统对泵涡叶轮传动，将车辆的动能通过一对泵涡叶轮储存到飞轮中，或将车辆的动能通过蓄能泵轮和蓄能涡轮储存到飞轮中。放能过程：当需要车辆起步、爬坡或加速时，实施离合切换，使飞轮跨越机械变速机构对泵涡叶轮传动，将飞轮的动能通过一对泵涡叶轮按原路回送到车轮传动系统，或将飞轮的动能通过放能泵轮和放能涡轮另路回送到车轮传动系统中，进而大幅度增加车轮传动系统的动力，节省燃料消耗，节能环保。

应用领域三：飞轮储能弹射器。弹射器具有广泛用途，并不仅限于航空母舰，可以弹射巨石用于筑坝、防洪、拦江等，也可弹射海量水用于消防灭火等。例如，航空母舰飞机弹射器的瞬时功率约为20 MW至30MW，能量可达120MJ（约相当3kg汽油的热值），弹射重量25T至35T，高功率时长约为3秒左右，终了速度250 km/h至350km/h，加速度为4至5.5个G，每分钟弹射两三架飞机。可以看出，弹射器瞬时功率极大，在现代航母和战斗机的条件下，一个弹射循环的平均功率12MW左右，约占航母总功率的20%。弹射器的难题就是瞬间高功率能量储放问题，在历史上，曾有多种弹射器出现，但是目前较为常用的有蒸汽弹射器和电磁弹射器两种。由于水蒸气的绝热指数非常小，需要非常大的膨胀比才能使水蒸气中的能量变成动力，而航空母舰蒸汽弹射器的蒸汽汽缸不可能形成可观的膨胀比。可见，航空母舰蒸汽弹射器是一个效率极其低下的装置，会造成弹射功耗远远高于弹射的理论功耗。由此可知，航空母舰蒸汽弹射器不宜继续使用，而传统电磁弹射器，会造成发电系统的瞬间过载。因此，飞轮储能航空母舰弹射器是一个很好的解决方案。

1.飞轮储能动能弹射系统（如图6-22所示）。上述动能极速储放单元可以用于动能弹射器的开发。原动机通过蓄能泵轮和蓄能涡轮使飞轮转速提升，飞轮通过放能泵轮、放能涡轮和离合单元（例如，由泵轮和涡轮组成的液力离合传动装置等）驱动弹射牵引链高速运动以弹射飞机。

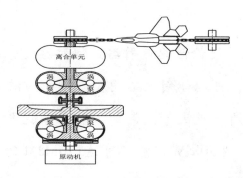

图 6-22 飞轮储能动能弹射系统示意图

2.发电机电动机一体化飞轮储能电磁弹射系统（如图6-23所示）。通过两个离合单元（同理，例如由泵轮和涡轮组成的液力离合传动装置等）和两个变速装置控制飞轮动能的储放，为电磁弹射直线电机提供极速电能。

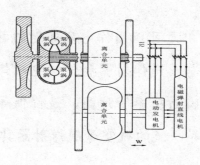

图 6-23 发电机电动机一体化飞轮储能电磁弹射系统示意图

3.发动机和电动机分置强驱式飞轮储能电磁弹射系统（如图6-24所示）。 电动机驱动飞轮蓄能，飞轮通过泵轮、涡轮、离合单元（此离合单元也可设为对地的离合单元）和变速机构对发电机极速释放动力，发电机为电磁弹射直线电机提供极速电能。

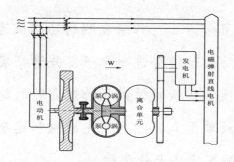

图 6-24 发动机和电动机分置强驱式飞轮储能电磁弹射系统示意图

4.发动机和电动机分置柔驱式飞轮储能电磁弹射系统（如图6-25所示）。 电动机经蓄能泵轮、蓄能涡轮和增速机构驱动飞轮蓄能，飞轮通过放能泵轮、放能涡轮、离合单元（此离合单元也可设为对地的离合单元) 和增速机构对发电机极速释放动力，发电机为电磁弹射直线电机提供极速电能，以此种方式可以解决电能的极速供给问题。

动能极速储放单元可以用作电磁弹射的蓄能装置，也可直接用于动能弹射器。与蒸汽弹射器和传统电磁弹射器相比，具有结构简单、重量轻、瞬时功率密度高、造价低等优点。动能极速储放单元对于开发世界一流的航空母舰弹射器具有重要意义。

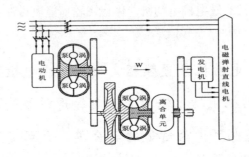

图 6-25 发动机和电动机分置柔驱式飞轮储能电磁弹射系统示意图

由上述内容可以看出，作者发明的动能极速储放单元是具有重要性和可行性的，是值得进一步研发并进而实现产业化的。换句话说，计算机模拟实验的结果和物理实验的结果都证明作者发明的动能极速储放单元具有相当的先进性和完全的可行性，是值得进一步研发、进而实现产业化的。

但是，在申请产业化研发工程项目的专家评审中，却未能通过专家的评审。因为，评审专家基本上没有弄懂上述内容的内在逻辑。那么，为什么专家弄不懂呢？原因有四：一是评审专家实实在在没有弄明白正反馈变比装置的逻辑，也没有弄明白任何无级变速装置，如果变速范围在0～β（其中，β≠0）间，那么，输出端和输入端的传动比就可以实现无限广的逻辑。因为很多专家不研究逻辑，仅仅是知识渊博而已，但是知识属于已知范畴，而科技研发工程项目需要的是对未知的撞击与穿越。二是多数专家比普通人更固化，越是专家，其思维越固化，越难以接受新事物，许多专家评审项目时，只要不在自己思野里的，一般都会否定。三是多数专家常常会认为只要不是在建制派专家圈子里的人基本都不靠谱，其申报的项目也往往会遭到抵制。四是大多数专家具有渊博的知识、高专业水平和高敬业精神，但缺乏质疑已知、超越已知、颠覆已知、敢为天下先的创新精神。

上述的评审实例绝不是个案，而是比比皆是的常态。对创造活动特别是科技研发工程项目的评审需要战略家或战略科学家，绝大多数的专家既不属于战略家，也不属于战略科学家，不具备评审科技研发工程项目预期结果的可行性的能力。不仅如此，少数服从多数的根本逻辑是假设多数优秀，这显然与逻辑和事实相违背。无论是专家群体，还是什么群体，优秀的总是少数的，真理掌握在少数人手里是真理，是放之四海而皆准的真理。

无论是从逻辑上论，还是从实践上论，都可以得出这样的结论：采用少数服从多数的专家评审模式评审科技研发工程项目预期结果的可行性，不具科学性，违反逻辑，阻碍科学技术进步。

人类在对创造活动的本质与逻辑关系的研究、认知与理解缺失的情况下，只因看起来科学合理，就稀里糊涂地普遍采用了少数服从多数的专家评审模式，对科技研发工程项目预期结果的可行性进行评审这一制度。人类的这一错误已经给人类造成了隐性的不可估量的损失。这不是损失了已经创造的财富，而是损失了巨大的财富创造能力，损失了本应得到的巨大财富，所以这种损失是隐性的、不易察觉的。如果人类能够更早认知到这种错误，今天的世界会与今天有着天壤之别，它会更加美好。

那么到底应该用什么模式来评审科技研发工程项目呢？应该采用熵零评审模式，所谓熵零评审模式主要包括下述内容。

1. 用战略家或战略科学家根据机构、企业、国家或全球科技创新的需求，确立科技研发工程项目的领域与方向。

2. 审查申请资助项目的承担主体的行政资格和专业资格，例如，诚信等行政资格和以往承担项目的成功率等专业资格。如行政资格符合要求，则放行，如不符合行政资格要求，则剔除。如专业资格符合要求，则排前，如不符合专业资格要求，则排后。

3. 审查申请资助项目的承担团队的核心人员是否具有五外在即是否为五者，五者承担项目的成功概率要远远高于非五者。如项目的承担团队的核心人员是五者，则放行，如不是，则剔除。

4. 审查申请资助项目的承担团队的核心人员是否为创造家或潜在创造家，创造家和潜在创造家承担项目的成功概率要远远高于非创造家和非潜在创造家。如项目的承担团队的核心人员是创造家或潜在创造家，则排前，如不是，则排后。

5. 用专家审查申请资助项目的所在领域与方向是否符合要求。但是，不应涉及项目预期结果的可行性的评审。如项目的所在领域与方向符合要求，则放行，如不符合，则剔除。

6. 用专家判断申请资助项目的研发内容与方法是否为已知，如其中之一为未知，则可放行，如两者均为已知，则剔除。

7. 用专家找出申请资助项目中专家认为不具费用前提下的技术可能性的问题，如果申请人对这些问题已知晓，且能给出关于这些问题的逻辑自洽的解决方案，则应放行；如果申请人对这些问题不知晓，或不能给出关于这些问题的逻辑自洽的解决方案，则应剔除。这里判断的是申请资助的项目是否具有技术可能性。

8. 实施逻辑性否定工程，放行不可被否定者，剔除被否定者，即用专家找出申请资助项目中专家认为不具科学可能性的问题，即违反已知定律或违反已知科学原理的问题。如果申请人对这些问题已知晓，且能论证其项目的逻辑自洽性，则应放行，如果申请人对这些问题不知晓，或不能论证其项目的逻辑自洽性，则应剔除。这里判断的是申请资助的项目是否具有科学可能性。

9. 用专家评价申请资助项目的上向水平，越是新的、越是意想不到的，且在限定经费范围内能够完成的项目的上向性越高，越应排前，反之应该排后。

10. 用专家进行后置评审，即在科技研发工程项目完成后，用专家评审项目的创造活动成果的水平。将评审结果作为考核项目完成情况的要素。项目的创造活动成果中的物理性成果，例如机构、装置、产品等，属于已知范畴，其评审工作属于智力活动，专家完全有资格进行评审。项目的创造活动成果中的非物理性成果，如定律、原理、猜想和技术方案等的评审工作虽属于创造活动，但与对项目预期结果的可行性评审相比要容易得多，且因成果已经存在，即便评审有偏差，对科技创新和科技进步的影响也不会太大。

11. 根据项目申请主体和项目承担人员项目的完成情况和成功率，评定其水平，决定其评分，进而决定该项目承担主体的下次申请的专业资格。

12. 当同一项目有多个合格的申请主体时，可采用抽签的方式决定。这句话听起来似乎有随意性大的嫌疑，其实完全不然，这个方法有着科学的内在逻辑。如上所述，用少数服从多数的专家评审模式评审科技研发工程项目预期结果的可行性是违反逻辑的，而抽签则不违反逻辑，只是正确率高低的问题，所以，后者的科学性要比前者高许多。因此，当同一项目有多个合格的申请主体时，就算采用抽签的方式决定，也比用少数服从多数的专家评审决定项目预期结果的可行性更为科学合理。

13. 将项目申请文件、评审过程、申请成功的项目、答辩现场音像、专家参与的全过程音像、评审意见和项目成果等公布于众，进行社会监督，是比少数服从多数的专家评审更严格、更有效、更科学的评审模式。

熵零评审模式不仅符合创造活动独有的上向逻辑性，而且是更严格、更有效、更科学的科技创新项目评审模式。摒弃用少数服从多数的专家评审模式决定科技研发工程项目预期结果可行性的制度设计，采用熵零评审模式是科技创新工程科学化、高效化以及科学技术产出革命性提升的必然要求。由于科技研发工程项目中存在创造活动，所以其适用于上述熵零评审模式，但是，上述熵零评审模式不适用于不存在创造活动的项目的评审。例如，生产、制造和建设工程项目不需要上述熵零评审模式，上述熵零评审模式对于这些项目的评审也不具科学性，而用少数服从多数的专家评审模式评审建设工程项目是科学合理的，也是必要的。

综上所述，用少数服从多数的专家评审模式评审科技研发工程项目预期结果的可行性，决定立项与否，是定律级的逻辑错乱，严重阻碍创造活动水平的提升，严重阻碍科技研发工程和科技创新工程的进展，严重阻碍科学技术产出的提升，也严重阻碍社会生产力的提升，应予以废除。

三、确立科技研发工程的新观念

（一）将科技思想创新置于首要位置

如图6-26所示，科技新思想是科技研发工程的种子，资本是氮磷钾微，人类历史上任何一次科技进步，无一不是科技新思想这个种子在资本这个氮磷钾微的浇灌下茁壮成长的结果。

在人类社会发展的历程中，科技新思想对科学技术进步、科学技术产出的提升和社会生产力发展的决定性作用与日俱增，科技新思想是科技进步的根，是社会生产力的根，科技新思想也是人类文明的根，因为，任何人类文明归根到底都根源于生产力的发展，而任何生产力的发展归根到底都根源于科技新思想。发现和发明构建了现代文明的基础，现代文明无一不是科技新思想的果实。在科技研发工程领域，有思想，现实（实物）终究会达成，没有思想，现实永远无法达成。事实上，科技新思想是科技进步的根，是社会生产力的根，是人类文明的根，是现代一切文明的根。思想上的差距是所有差距的根，思想上的落后必然导致全面落后，任何领先无不根源于思想上的领先。任何一个落后的企业、任何一个落后的机构和任何一个落后的国家，其思想一定是落后的。任何一个领先的企业、任何一个领先的机构和任何一个领先的国家，其思想一定是领先的。

拿破仑、华盛顿和毛泽东等之所以伟大，并不是因为他们的枪法多么准，而是因为他们具有深刻而正确的思想。毕昇、牛顿、爱因斯坦、薛定谔、爱迪生、特斯拉、钱学森、于敏、杨振宁和屠呦呦等一切科技巨匠之所以伟大并不是因为他们的手有多巧，多么会操作实验仪器设备，而是因为他们具有深刻而正确的思想。

图 6-26 科技新思想示意图

事实上，没有思想的高远，就无法前行，最多只能像热锅上的蚂蚁一样不知所措，只好爬来爬去。思想是一切的根，如果不能把思想置于首位，人类将没有希望。

认为蹦蹦车是好汽车的人绝对不是合格的汽车研发工程师，认为今天世界上最好的汽车是好汽车的人绝对不是一流的汽车研发工程师。认为今天的科技文明已经完美的人绝不是合格的科学家，只有认为今天的科技文明依旧问题多多的人才有可能成为一流的科学家，才有可能成为一流的创造家。

不要总低头看路上的艰难险阻，要在科技新思想的指引下，高高地昂首挺胸呼唤远方的山峰。科技新思想是科技研发工程的根，也是科技研发工程的起点与方向，如果不能把科技思想创新置于首位，科技研发工程就会失去起点与方向，科技研发工程就不能前行，科技创新工程也就不能前行。

一言以蔽之，思想是行动的根，科技新思想是科技研发工程的根、是科技创新工程的根、是科学技术进步的根，不可不置于首位。思想上的差距是最根本的差距，思想上的落后是最根本的落后，没有思想上的追赶根本无法追赶，没有思想上的领先跑死马也无济于事，没有思想上的领先永远都不可能实现追赶，更不可能实现超越、颠覆与领先。

（二）从 R&D 文化入手解决 R&D 问题

所谓 R&D 问题，是指 R&D 团队缺乏创新精神、缺乏科学精神、缺乏工程精神，理念差、不求进取、水平低、效率低、经验欠缺、粗枝大叶等问题。先进的 R&D 文化应该是超越、颠覆与穷尽可能的文化。一切 R&D 问题都源于 R&D 文化。从 R&D 文化入手解决 R&D 问题才是解决 R&D 问题的根本之道。然而，解决 R&D 问题的传统做法是增加投入和引进人才。增加投入和引进人才固然是好事，固然不可或缺，但这不是解决 R&D 问题的根本。许多机构常常抱怨，投入增加许多，人才也引进不少，但是 R&D 的水平和效率等仍不见明显改善。例如，中国的千人计划，从国外引进不少人才，但收效远未达到预期。究其原因，R&D 问题形成根源于 R&D 文化问题，而 R&D 文化问题的根本是社会创新文化问题，不解决社会创新文化问题就不可能解决 R&D 问题。仅仅引进人才和增加投入，显然难以在短时间内解决社会创新文化问题，也理所当然无法在短时间内解决固有的 R&D 问题。相反，高水平人才的引进还会造成引进人才和既存人才之间的薪酬及待遇差异等问题，进而造成矛盾、造成内耗，反而可能降低 R&D 效率。

在现有研发群体之外，以超越、颠覆与穷尽可能的 R&D 文化，重新构建科技研发工程团队是解决 R&D 问题的根本性解决方案。这会使超越、颠覆与穷尽可能的先进的 R&D 文化处于绝对主导地位，使本土的落后的 R&D 文化难以作祟，这样才能快速彻底解决 R&D 问题，进而快速实现创造活动水平、科技研发工程水平和科学技术产出的革命性提升。所谓超越、颠覆与穷尽可能的 R&D 文化，是指超越竞争对手、颠覆竞争对手、穷尽未知、穷尽已知和穷尽细节的 R&D 文化，是承载创新精神、科学精神和工程精神的文化，这是国际化的、最先进的、最具创新性的 R&D 文化。建立先进的 R&D 文化是超越或颠覆竞争对手的关键所在，是科技研发工程科学化与高效化的根本所在，是革命性地提升科学技术产出的根本所在，是提升竞争力的根本所在。

（三）认清创造活动的决定性作用，规避反向手魔咒圈

在科技创新中，如果忽视超越、颠覆与穷尽可能，即忽视创造活动，就会落入反向手魔咒圈。所谓反向手魔咒圈，是指存在于追赶先进科学技术过程中的看不见、听不到的恶性循环。这种恶性循环形成的根本原因是超越、颠覆与穷尽可能的科技研发工程的缺失。

虽然购买、引进、仿造和山寨是每个国家、每个企业和每个机构都存在的，有时也是必要的，但是，没有超越、颠覆与穷尽可能的科技研发工程不仅不能算作科技创新，充其量是试制、模仿或仿造，而且往往会适得其反，使自己落入反向手魔咒圈。

试想，如果一个发展中国家买一个发达国家的弹射器装在了自己国家的航母上，那么，这个发达国家就会用从这个发展中国家赚到的钱开发出更先进的弹射器，使这个发展中国家更加落后于这个发达国家。那么，这个发展中国家是不是会永远落后，而且会越来越落后？答案显然是肯定的。当然如果这个发展中国家永远不想造自己的弹射器，不在乎受制于人，则另当别论。

再试想，如果一个集成电路企业买另一个企业的光刻机用于自己的集成电路生产线上，那么，这个卖光刻机的企业就会用从这个买光刻机的企业赚到的钱开发出更先进的光刻机，使这个买光刻机的企业更加落后于这个卖光刻机的企业。那么，这个买光刻机的企业是不是会永远落后，而且会越来越落后？答案也显然是肯定的。当然如果这个买光刻机的企业永远不想造光刻机，不在乎受制于人，则另当别论。

其实，可以购买别人的先进技术与产品，如果这些技术和这些产品的技术是你想拥有的，你就必须把这些技术和产品的技术作为借鉴，作为超越、颠覆竞争对手的起点。作者这么说，听起来好像对发达国家和拥有先进技术的企业不公平，其实不然，一是事实上发达国家和拥有先进技术的企业也是在不断借鉴的过程中发展壮大起来的，二是正因为有追赶，发达国家和先进技术企业才能走向更高端。当然，在借鉴的过程中要十分尊重发达国家和先进技术企业的知识产权，要习惯为知识产权支付费用。

国际分工的确是科学高效的，但是，由国际分工完成的只能是具有多渠道的、不能构成制约力的。一个想拥有竞争力的、想获得领先地位的国家、企业和机构，必须把控一切关键环节的核心技术，否则，必将受制于人。科技创新工程特别是其中的科技研发工程的关键环节是一个串联系统。事实上，任何领域的关键环节都是串联系统，串联系统意味着系统内任何一点的缺失都将导致系统性瘫痪。国际分工不是科技创新无能者的救命稻草，以国际分工为自己的无能开脱是一种自欺欺人。

很多企业，不做自己的科技研发工程，不以超越或颠覆对手为目的，只专注于从国际巨头那里买来先进设备，甚至用科研经费来购买，生产出质量优良的产品，一时受益，就以为在科技创新上有了成就。殊不知，这恰恰帮了对手，使自己落入反向手魔咒圈，自己会更加落后，追赶会越来越困难，甚至大难临头，面临倒闭。事实上，反向手魔咒圈是科技创新工程中特别是科技研发工程中的一个看不见、听不到的恶性循环，它在不知不觉中帮了对手，害了自己，使追赶越来越困难。反向手魔咒圈是挡在追赶型国家、追赶型企业和追赶型机构前进路上的魔鬼之手，如不予以规避，不但追赶越来越困难，而且很可能会越追赶越落后。

为什么有的国家、企业和机构，科技工作人员众多，经费也充裕，就是与世界先进科技水平的差距不怎么缩小，甚至有些领域的差距还在不断拉大？其根本原因之一就是反向手魔咒圈在作祟。不追求超越、颠覆与穷尽可能的所谓科技创新都不是科技创新，没有超越、颠覆与穷尽可能的所谓科技研发工程都不导致科技进步。不追求超越、颠覆与穷尽可能的所谓科技创新兵未出已败北，因为没有超越、颠覆与穷尽可能的目标设定，就连跟跑也是跟不上的。

一言以蔽之，没有创造活动的一切所谓科技创新都不是科技创新，没有创造活动的一切所谓科技创新必然落入反向手魔咒圈，创造活动对科技研发工程和科学技术产出的提升具有决定性作用。

一个卖炒饭的人，不可能把自己炒饭用的锅卖掉，这是不言而喻的逻辑。期望卖炒饭的人把他的锅卖给自己的人，与期望天上掉馅饼的人无别。事实上，核心技术买不来，仿造不来，用市场换不来，化缘不来，只能自己创造，期待用自己创造以外的方式获取真正核心技术，与期待天上掉馅饼无别。真正一流的科学家买不来，也化缘不来，最好自己培育，真正一流的科学家都是有国家情怀的，事业所迫、正义所迫或无力回天的国家沦丧所迫是能使真正一流的科学家流动的唯一力量，期待仅仅用付钱的方式获取别国真正一流的科学家，与期待神仙下凡无别，除非他本来就是你自己的。核心技术和真正一流的科学家是世界上最为珍贵的战略资源，一切别人的核心技术都必定使你付出惨痛的代价，一切别人的真正一流的科学家都必将成为你的强劲对手。竭尽可能创造核心技术，竭尽可能培育或用事业汇集真正一流科学家是科技创新工程的一个关键。

（四）确立系统思维的观念

任何一个科学技术问题一定包含单元问题与系统问题。一般说来，人们往往会把更多的注意力投射到单元问题上。例如，建设一个能源供给系统，人们往往会穷尽一切可能追求每个单元的效率提升。穷尽单元效率提升固然重要，但是，往往每个单元在进入你的这个系统前都已经被提升至可能达到的高度，在没有单元技术突破的前提下，继续提升单元效率几乎不可能。然而，如果人们将其注意力转向系统，往往会云散天开。用系统思维方式成功解决复杂问题的例证举不胜举。下面仅以喷气航空发动机作为例子，论证系统思维的重要性。喷气航空发动机是非常复杂的动力系统，堪称制造业皇冠上的明珠。喷气航空发动机出现后，许多国家的工业制造巨头争先恐后地进行高效喷气航空发动机的开发，可以说为每提升1%的推进效率穷尽了所有可能。

但是有人从系统思维出发（如图6-27所示），在涡轮喷气发动机的动力轴上加了个推力风扇，把涡轮喷气发动机变成了涡轮风扇发动机，大幅度增加了向后空气的流量，降低了向后空气的速度，进而使推进效率提升了约30%。又有人把涡轮风扇发动机变成了行星齿轮涡轮风扇发动机，大幅度提升了叶轮机构与空气流的匹配，进而使推进效率又提升了约10%。最终又有人把行星齿轮涡轮风扇发动机变成了变节距行星齿轮涡轮风扇发动机，进一步地提升叶轮机构与空气流的匹配，进而又使推进效率再次提升了约10%。可以说，一个玩弄风扇的新思想定了天下。

此外，世界知名的米格-25效应也是一个证明系统思维重要性的例证。从这些例子可以看出，系统思维是何等的重要。第三篇第二章中的关于系统整合的论述，更加详细地论证了树立系统思维观念的重要性。系统思维往往是突破极限、突破技术瓶颈与突破创造瓶颈的钥匙和捷径，所以，树立系统思维观念对科技研发工程十分重要。

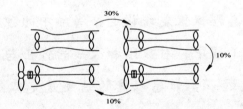

图 6-27 喷气航空发动机推进效率提升过程示意图

（五）鼓励失败

错误是指本不应出现却出现的违反已知的行为，是粗心大意等人为原因导致的结果，错误属于已知范畴，而不属于未知范畴，因此，所有错误都是低级的。人们通常所说的高级错误，实质上是指对极限和未知的撞击与穿越过程的事与愿违的结果。但是，对极限和未知的撞击与穿越过程的结果，无论如何都不属于已知范畴，也都不属于违反已知，更不属于粗心大意等人为行为所导致的结果，为此也就不属于错误范畴。也就是说，世界上不存在所谓的高级错误，错误就是俗称的错误，错误都是低级的。因其属于已知范畴，且属于人为原因所致，错误应该避免，但正如墨菲定律所述，错误在所难免。一个真正一流的科技工作人员应当是零错误者，如果做不到，一两个错误应该是极限了。对待错误的最高境界只能是包容，不能是鼓励。

失败包括错误导致的结果，也包括对极限的撞击与穿越造成的事与愿违的结果，还包括对未知的撞击与穿越造成的事与愿违的结果，但是，创造活动的失败属于后两者范畴。所以，在科技研发工程中，失败是对极限和未知的撞击与穿越所造成的事与愿违的结果，而对极限和未知的撞击与穿越是科技研发工程核心组成部分。因为，真理仅仅是谬误这个海洋中的独特的一滴水，所以，在科技研发工程中，对极限和未知的撞击与穿越所造成的事与愿违的结果远远多于如愿以偿的结果是定律级结论，也就是说，在科技研发工程中，失败远远多于成功是定律级结论。同理，在创造活动中，对极限和未知的撞击与穿越所造成的事与愿违的结果远远多于如愿以偿的结果也是定律级结论，即在创造活动中，失败远远多于成功是定律级结论。

事实上，要想获得真理这滴水，只有趟过谬误这个海洋，如不能踏进谬误的海洋，甭说获得真理这滴水，可能连看到真理的影子都是不可能的。也就是说，没有失败的结果铺路，不可能获得成功的结果，所以，失败就是挺进成功的路，失败就是成功的基础性组成部分。因此，仅仅包容失败是远远不够的，必须鼓励失败。

科技研发工程的小失败犹如军队训练时战士的轻微伤，没有这些轻微伤，哪里有钢铁战士？科技研发工程的大失败犹如军演中战机坠落、坦克倾覆、人员伤亡，这些看似悲惨，不应鼓励，其实不然，如果没有这些悲惨，哪里有虎狼之师，哪里有战无不胜的劲旅？事实上，真正强大的军队正是在这些悲惨中铸就的，正是通过认真总结这些悲惨的经验与教训才成长起来的。没有经历这些悲惨的军队，在实际战场上战败和被全歼的概率要远远高于在这些悲惨中成长起来的军队。

大失败根源于对大极限的撞击与穿越，没有大失败实质上意味着没有对大极限的撞击，更没有对大极限的穿越。没有哪个战争不是对大极限的撞击与穿越，没有上述的大失败，就等于没有对大极限的撞击与穿越，就等于未经过苛刻训练就上了战场，显然必败无疑。创造活动更是如此，没有失败不可能有成功，没有大失败不可能有大成功。创造活动的成功是对认知边界和创造边界的突破，世界上不存在没有失败的创造活动的成功，除非不是创造活动。兔亡于撞树的事确实存在，但期待没有失败的创造活动的成功，其实比守株待兔还幼稚。也就是说，没有失败不可能有科技研发工程的成功，没有大失败不可能有科技研发工程的大成功。

事实上，失败是对认知边界和创造边界这一极限的撞击与穿越的一种必然出现的结果，是创造活动向深度和广度挺进的根本途径，是向超越与颠覆挺进的根本途径，是向成功挺进的根本途径。没有失败，就不会有超越与颠覆。人类历史上没有哪个重大科技进步不是历经许多失败甚至是许多重大失败的结果。由不容许失败到包容失败的确是重大进步，但是，鼓励失败的作用却是革命性的，鼓励失败对推动创造活动水平的提升具有革命性作用，对促进科技研发工程进展和推动科学技术进步具有革命性作用，对科学技术产出的革命性提升具有革命性作用。

哪个机构确立鼓励失败这一科技研发工程新观念，这个机构就将突飞猛进地发展，哪个企业确立鼓励失败这一科技研发工程新观念，这个企业就将突飞猛进地发展，哪个国家确立鼓励失败这一科技研发工程新观念，这个国家就将更加突飞猛进地发展。如果世界确立鼓励失败这一科技研发工程新观念，人类文明进程的速度就会大幅度提升。

证明上述鼓励失败论科学性的例子在人类历史上数不胜数，下面仅以作者失败的经历论证鼓励失败的革命性作用。作者为发明一种新型变速箱，根据原始构思制造了许多样机进行实验都以失败而告终。如果仅仅用包容失败的观念，两三次失败、四五次失败，不责备他人、不责备自己就已经了不起了，实验验证与探索也应就此而止了。但是，作者按照鼓励失败的观念，继续调整思路、更改设计、重新制造、重新实验、再次失败了许多次，深入总结每一次失败的经验与教训，最终不仅发明了这种新型变速箱，还提炼出上述传动定律。可以看出，通过鼓励失败所获得的价值要远远超过为承受失败所必须付出的代价。

鼓励失败是科学的、正向的、开放的失败观与失败论，是成功对社会和决策者的必然要求。故意失败、唆使失败、已知事项所导致的失败和有意自毁性失败等低级意识不在鼓励失败之列。

四、三科属性与科技工作人员管理

（一）认清三科自由、松散和难以量化的属性

如第四篇所述，三科是指科技研发工程、科技研发机构和科技研发人员。三科的属性是自由、松散和难以量化。三农（农业、农村和农民）的属性也是自由、松散和难以量化。如果说三农难以管理，其实三科比三农更加难以管理，三农搞不好，农民自身要吃苦头，农民就会有压力，只要把控好、利用好利益这一抓手，运营好利益这一手段，三农管理问题就可以解决。然而三科问题则完全不同，三科中存在创造活动，创造活动不可量化，所以，三科搞不好，许多科技工作人员总可以找出八十六个理由为自己开脱，而且由于科技工作具有封闭性、神秘性和复杂性，几乎所有管理者都没有办法弄清楚到底是客观原因还是主观原因，都没有办法弄清楚事实真相。如果说农民是世界上最自由的人，其实科技工作人员比农民更为自由，因为农民种不好地生活会受影响，而科技研发工程搞不好，或者说科技创新工程搞不好，几乎不会影响科技工作人员的利益。

古今中外，都没有办法把责任二字与科技研发人员的工作态度及结果相联系，因为，一是管理主体确实没有科学的办法判明责任的归属，二是即便属人为主观问题，科技研发人员应当负有责任，但当事科技研发人员也能找出一百个理由将责任推卸掉，

最后只能不了了之。之所以如此，还是因为科技创新工程中存在创造活动，这种状况是创造活动的不可量化性所决定的必然结果。从整体上讲，目前全世界的科技研发人员均处于完全自由、松散和无法量化的状况，事实上，科技研发人员是全世界最自由的人。许许多多的科技研发人员因此而丧失敬业精神，丧失追求精神，进而走向懒散低效。当然，科技研发人员中也存在许多尽管完全自由、松散和不被量化也能艰苦卓绝、绞尽脑汁地追求科学与技术真谛的人，这些人可歌可颂，但其数量占比毕竟是极少数。所以，可以说目前的三科处于自由、松散、无法量化、无法管理和效率低下的状态。

科技研发工程中的创造活动确实有失败的客观属性和失败的客观理由，但是，究竟属于客观原因还是主观责任原因的难以判断性，往往成为科技研发人员推脱责任的说辞。由于对人类创造活动的本质与逻辑关系研究、认知和理解的缺失和对自由、松散、难以量化这一三科属性认知的缺失，目前世界上任何一个国家、任何一个机构，都没有管理三科特别是管理科技研发人员的有效手段。

再次明示，在科技研发人员中，也有不需要管理就能尽职尽责、鞠躬尽瘁，为企业、国家乃至世界贡献一生的人，世人应当向他们表示崇高的敬意，正是有了他们，才有了今天的世界文明。但是，这些卓越的大家先生和具有他们那种精神的人的占比实在是太小的数。在这里，作者向这些大家先生和具有他们那种精神的人深深鞠躬，以表达内心深处的敬意。

　　科技研发工程其实不是一种工作，而是一种上向追逐，是对人生价值的一种追逐，是一种没有兴趣和没有中瘾成性就无法完成的追逐。运动员为了夺冠可以遍体鳞伤，战士可以为国捐躯，老板可以废寝忘食，领袖和统帅可以为国日夜操劳，为什么科技工作人员就不能艰苦卓绝、绞尽脑汁？科技研发人员是人类创造活动主体的代名词，创造活动是世界上最为艰苦卓绝、绞尽脑汁的人间第一炼狱，是非艰苦卓绝、绞尽脑汁根本无法趟过的河，如果你未曾艰苦卓绝、绞尽脑汁，那么你一定是混世了。原因很简单，牛顿每天是那样艰苦卓绝、绞尽脑汁，开普勒每天是那样艰苦卓绝、绞尽脑汁，特斯拉每天是那样艰苦卓绝、绞尽脑汁，难道你不需要艰苦卓绝、绞尽脑汁就能趟过这人间第一炼狱抵达彼岸？所以，你肯定是混世的。那么究竟如何管理三科，特别是如何管理科技研发人员呢？其根本途径就是科技研发领域的社会分工，使创造活动独立化，放纵创造活动，量化非创造活动。

　　科技工作人员中许许多多做不到艰苦卓绝、绞尽脑汁，这种状态是没有分工的必然结果，是创造活动没有独立化的必然结果。如果对科技研发工程师进行社会分工，使创造活动独立化，放纵创造活动，严格量化非创造活动，就会使从事创造活动的人更加艰苦卓绝、绞尽脑汁地创造，也会使从事非创造活动的人的工作得以量化，他们也会竭尽可能地做好制造和实验等非创造活动。这样，科技研发工程就会科学化、高效化，科学技术产出的革命性提升就会得以实现。

　　高等教育机构和科技研发机构往往实行不坐班制，许许多多的人员时而来，时而不来，甬说早九晚五，上十下三（上午10点来，下午3点走）也是普遍现象。实事求是地讲，对于高等教育机构和科技研发机构的优秀科技工作人员来说，即对于真正意义上的科学家来说没有问题，也包括真正的敬业者，实施坐班制和不坐班制都无所谓，反正他们都会不遗余力地工作。但在此，再次明示，这样的人毕竟是少数，绝大多数人是没有资格享受不坐班待遇的，必须予以量化。

世界各国教育与科技工作人员中的绝大多数都达不到可以免除量化的卓越程度，达不到创造家的程度，达不到可以不坐班的敬业程度，本应该被量化，但是他们没有被量化，他们轻闲自在、高职厚禄、无所追求。这严重影响着这一群体的效率和产出，也严重影响着这个领域的真正意义上的卓越者、创造家和顶级创造家的应得利益，进而全面彻底地影响教育事业和科学技术事业的进步与发展。不仅如此，本应被量化而没有被量化其实是对社会公平的极大冲击。

高等教育机构和科技研发机构的不坐班制是懒散的一个根源、混世的一个根源、效率低下的一个根源，也是造成社会隐性不公的机制，是不合理的，也是违法的，因为任何国家都有法定工作日。容忍高等教育和科技研发机构的不坐班制与容忍公务员随便分房子，容忍士兵随便带枪回家看家护院和容忍国企随便涨工资是等同的。世界上只有那些从事能够精准量化且不存在实时依存关系工作的人可以不坐班，例如，部分手工业者等，而教育和科技研发领域中的绝大多数都不属于可不坐班范畴。只有那些有伟大贡献的人和五者们，可以不坐班，因为无论如何他们都会艰苦卓绝、绞尽脑汁地工作。

作者非常非常仰慕那些为教育事业和科学技术事业做出卓越贡献的大家先生，非常非常敬重为教育事业和科学技术事业而砥砺前行的教育家、科学家和工程师，也非常非常欣赏那些年轻有为的后起之秀。作者是有卓越贡献的老一代教育家、科学家和工程师的骨灰级仰慕者，是有卓越贡献的骨干教育家、科学家和工程师的骨灰级粉丝，是有理想有追求的年轻教育家、科学家和工程师的骨灰级欣赏者。但是，教育与科技的工作人员问题和科技研发体制机制模式问题一样，必须予以明示，否则，将严重阻碍教育和科学技术的进步，将严重阻碍科学技术产出的革命性提升，最终将严重阻碍社会生产力的提升。

上述所有问题都并不完全是某个人或某些人的问题，而是社会对人类创造活动的本质与逻辑关系的研究、认知与理解的缺失所致，是社会没有实施科技研发领域社会分工，没有实施创造活动独立化的必然结果。

实施科技研发领域社会分工，实施创造活动独立化是提高三科效率的关键，是提升科技研发工程水平和效率的关键。

（二）严格按照创造家的标准和育成方式行事

如第四篇所述，依据创造家的标准及其育成的根本途径，确立创造家的标准，确定选拔方法，进行创造家育成工作。确立只有创造家才能负责创造活动的规定，建立以创造家为核心的，创造家、制造师和实验师相互配合的科技研发工程团队。

（三）明确科技创新问题归根到底是科技工作人员的问题

科技创新问题各种各样，但是，归根到底是科技工作人员的问题，科技创新的必要条件是人牛和钱牛，但是归根到底是人牛，如果科技创新搞不好，主要责任是科技工作人员问题，次要责任是科学技术投入问题。在科技创新工程中，企业、机构、社会和国家应当竭尽全力增加科技创新投入，但是也必须使科技工作人员充分认识到，科技创新问题归根到底是科技工作人员的问题，科技工作人员是科技创新工程的主角，应负主要责任。原因很简单，当今世界任何一个稍有名气的机构的科学家手里的资源都要比牛顿、普朗克、爱因斯坦的多得多。

一个将军，无论武器水平如何，无论军队层次如何，都得打胜仗，不然，国将沦亡，他将是生不如死的败将。武器和军队差异的存在才是将军存在的价值，否则世界上就不需要将军了，统帅们在沙盘上比比武器、比比军队，胜负就已决定，为何还需要将军呢？一个战士要想有尊严，要么打胜仗，要么战死沙场，这是一种共识。一个将军要想有尊严，要么打胜仗，要么战死沙场，这更是一种共识。

一个技术总师，要想有尊严，只有超越已知、颠覆已知、穷尽可能，创造出世界一流技术或世界一流产品，别无他途，哪怕你积劳成疾，其他一切都是废话。一个首席科学家，要想有尊严，只有超越已知、颠覆已知、穷尽可能，创造出世界一流的解决方案、理论或定律，别无他途，哪怕你积劳成疾，其他一切都是废话。在人员水平差一点、条件差一点的前提下，创造出世界一流技术或世界一流产品，才是技术总师的价值所在。在人员水平差一点、条件差一点的前提下，创造出世界一流的解决方案、理论和定律，才是首席科学家的价值所在。一个科技工作人员，要想有尊严，要么艰苦卓绝、绞尽脑汁设计创造出世界一流技术或世界一流产品，或创造出世界一流解决方案、理论或定律，别无他途，要么积劳成疾，其他一切都是废话。但是，在现实中，许许多多科技工作人员却不识耻辱，经常给自己找这样或那样的借口来掩盖自身的问题。

其实，创造不出世界一流技术和世界一流产品，创造不出世界一流的解决方案、理论或定律，就是科技工作人员们的耻辱。原因很简单：其一，假设一个战士向上级报告说，由于天下雨了所以丢了阵地，难道不耻辱吗？任何理由都是苍白的，丢了阵地就是耻辱，一个活着的丢了阵地的战士就是耻辱的；其二，假设一个将军向统帅报告说，由于武器差了些所以打了败仗，难道不耻辱吗？虽然统帅也必须尽可能地为前线提供最先进的武器和尽可能多的保障，但是将军打了败仗就是耻辱，就是败军之将；其三，米格-25效应是怎么来的？米格-25效应的存在，不仅定律般地证明创造不出世界一流技术或世界一流产品就是研发工程师的耻辱，就是科技工作人员的责任，同时，米格-25效应也定律般地证明创造不出世界一流的解决方案、理论或定律，就是科学家的耻辱。败军将士上街逛逛可能都很不好意思，见人聊天可能都觉得脸红。但是，许许多多的科技工作人员可完全不同，哪怕什么都创造不出来，依然大摇大摆、依然无忧无虑、依然自我膨胀、依然自我感觉良好。不知何时，科技工作人员获得了免辱牌。其实，没有成就的科技工作人员就应该感到耻辱，就应该使其感到耻辱，除非其超越五者，积劳成疾。原因依旧很简单，无论如何流血负伤，打了败仗的战士和将军值得同情，但仍旧是耻辱的败军之士和败军之将，不值得崇尚。

作者不崇尚战争，但崇尚逻辑与精神。

在发动机企业，如果研发工程师连设计都设计不出一流发动机，那还玩什么？在汽车企业，如果研发工程师连设计都设计不出一流汽车，那还玩什么？在任何生产制造业企业，如果研发工程师连设计都达不到一流，那还玩什么？如果具备足够的条件（决策、资金和设备等），还开发不出世界一流技术与世界一流产品，在科学技术领域还做不到世界第一，那就是科技工作人员的责任，就是他们偌大的耻辱，就应该使他们感到耻辱。但是，在现实中，许许多多研发工程师连设计都达不到一流，却仍旧不以为耻，感觉良好。

许许多多科技工作人员对自己不作为的不识耻辱和社会对许许多多不作为的科技工作人员的惯养（sboiling），也是当今世界最大的隐性问题之一，严重阻碍着人类社会的前进步伐。

那么，为什么许许多多科技工作人员会如此呢？从本质上讲，他们都是社会的佼佼者，也都很优秀，这种局面依然并不完全是这些人员自身的问题，而是科技创新工程体制机制模式问题，只有使创造活动独立化，才能彻底解决这一问题。如果创造活动得以独立化，放纵创造活动，量化非创造活动，他们在严格量化下就会成为虎狼之师，就会成为了不起的社会贡献者。

人天生，且永远，是自私的动物；人天生，且永远，是自由弃责的动物。这是人性，人性不可抗拒，也不应被责备，因为人性与生俱来，融于人的每个细胞与基因之中，无法剔除，但，人性终究可以被疏导，终究可以被利用。

体制机制模式科学化的根本逻辑就是通过对人性的疏导与利用形成向上的力量，使人类个体与人类社会得以发展，使人类社会的需求得以满足。科技研发工程体制机制模式科学性的缺失，特别是创新文化与创造活动独立化的缺失，造成许许多多科技工作人员创新精神缺失和有错不识耻辱的状态，属于人性不应被责备的范畴，因为社会并没有建立对科技工作人员的问责体制机制模式。量化是问责的基础，因此，构建量化非创造活动的体制机制模式是科技研发工程乃至科技创新工程快速发展的必然要求。

事实上，人天生，且永远，是自私的动物之论并不是根本的根本，而人天生，且永远，是上向动物，这才是根本的根本，上向是人的最最基本的属性，任何人都具有为上向而放弃自私、放弃自由、放弃存在的基本属性。

自私的目的是自由，自由高于自私，而上向居于自由之上，这才是人性的基本规律。构建崇尚上向的体制机制模式，人就可以为之奋不顾身。例如，构建崇尚创造活动的体制机制模式，创造家就会奋不顾身地从事创造活动，贡献于人类。人天生，且永远，是甘心贡献创造活动的动物，这就是人天生，且永远，是上向动物的例证。

（四）制造师化与实验师化零度科学家

有一种所谓的科学家(含研发工程师)，虽说兢兢业业，今天研究猫狗相撞头破血流，明天研究猫鼠相撞头破血流，后天研究狗猪相撞头破血流，年复一年日复一日，岁岁月月，既不能上升到作用力和反作用力大小相等方向相反的定律，也不能下降到前所未有的微观尺度，这种所谓的科学家作者称之为零度科学家。零度科学家的存在，也并不完全是个体之过，而是社会分工缺失之过，是缺失创造活动独立化的一种必然结果。各类社会活动没有高低贵贱之分，只有擅长与否之别。零度科学家如果从事其擅长的职业，很可能卓有成就，那么零度科学家擅长的职业是什么？那就是制造师或实验师。

在目前的科技工作人员队伍中，零度科学家海量存在，占据科技工作人员的绝大多数，应将大量零度科学家制造师化和实验师化，并将其工作加以量化，这样可以形成高水平的制造师队伍和高水平的实验师队伍。高水平的制造师队伍和高水平的实验师队伍对于企业竞争力、国家竞争力和社会生产力的提升具有极其重要的意义与作用。

制造师化和实验师化的零度科学家们也会因此找到他们的擅长所在，进而找到人生的价值所在，并可由此获得更高的经济与社会地位的回报。

找不到擅长所在，不可能找到人生价值所在，人生的真正价值只有通过从事擅长所在才能得以实现。

（五）分流高等教育毕业生

科技研发工程的核心是创造活动，创造活动不是仅具有足量知识就能胜任的工作，而是需要具有足够的创造力才能胜任的事业。高等教育毕业生中相当比例的人，事实上是不具备足够创造力的，是不能有效从事科技研发工程的创造活动的。将本科生80%～90%、硕士生70%～80%和博士生60%～70%制造师化与实验师化，不仅是促进科技研发工程的科学合理的安排，更是让不适合从事创造活动的人实现其人生价值的根本途径。这些比例看似很高，甚至感觉离谱，其实不然，上了体校的，不一定能成为合格的运动员，上了军校的，不一定能成为合格的指挥官，上了艺校的，不一定能成为合格的艺人，打十车子弹的，不一定能成为合格的狙击手，这是不言而喻的逻辑。那么，为什么读了本科、硕士和博士就一定能成为从事创造活动的科学家和研发工程师呢？想想上了体校的，有百分之多少能成为一流的运动员，上了军校的，有百分之多少能成为一流的指挥官，上了艺校的，有百分之多少能成为一流的艺人，打十车子弹的，有百分之多少能成为一流的狙击手，就不难理解上述针对本科生、硕士生和博士生的分流比例的设定了。

事实上，上述这些比例可能还是过于保守的，因为，创造力和创造活动都具有不可叠加性，科技研发工程的创造活动只有具有一流创造力的人才能完成，因此，从事创造活动的要求是极其高的，只有极少数人才能胜任。无论是本科毕业、硕士毕业还是博士毕业，擅长创造活动的绝对是少数，而绝大多数只擅长从事制造师和实验师等非创造活动性工作。尽管博士的使命是从事高水平创造活动，但是并不代表博士毕业者就能够履行这一使命。擅长的人做其擅长的事是人类社会发展的铁律，大学本科毕业和硕士毕业的就要成为教授、研究员和研发工程师，博士毕业的就是天然的教授、研究员和研发工程师的局面如果不能一去不复返，科技研发工程不可能进入快车道。

现行体制机制模式没有对高等教育毕业生进行分流，造成许许多多不具备从事创造活动的能力和素质的高等教育毕业生在从事创造活动的岗位上无所适从，而从事生产、制造和实验等工作的一线人员几乎全部都是没有受过高等教育的。这种体制机制模式造成了优秀的制造师和优秀的实验师严重短缺的局面，这严重阻碍着科技创新快速发展，严重阻碍着科学技术产出的提升，也严重阻碍着社会生产力的提升。如果将相当一部分高等教育毕业生分流，并将他们制造师化和实验师化，就会彻底改变这一局面。对部分高等教育毕业生进行分流，并将其制造师化和实验师化，对科技研发工程、对科技创新工程快速发展、对科学技术产出的革命性提升和对社会生产力的提升均具有重大意义。

事实上，培养一流的制造师和一流的实验师的代价并不亚于培养教授、科学家、研究员和研发工程师的代价。一流的制造师和一流的实验师的作用往往并不亚于教授、科学家、研究员和研发工程师的作用。一个既不能出思想又不能从事高水平制造、高水平实验的所谓的科学家或所谓的工程师的社会贡献都远不如一个踏踏实实工作的工人，更远不如一个工匠。其实，他们是社会的剥削者，因为他们没有产出，却待遇很高。当然这也并不完全是他们个人原因所致，而是体制机制模式错乱所致。

换句话说，培养一个优秀工匠的代价，往往不亚于培养一个教授和研究员，其作用也往往毫不逊色，应大幅度提升实验师和制造师等工匠的待遇和社会地位。对制造师和实验师等工匠的待遇和社会地位的提升具有革命性，因为这将推动生产系统人力资源配置的科学化，进而推进生产系统的高效化。创造家的严重短缺、工匠的严重缺失和上不着天下不着地的科技研发人员的严重过剩是科技研发工程乃至科技创新工程的根本性障碍。

将所谓的动手者和动脑者等级化，其实比世界大战对人类的伤害还严重，比世界大战对人类社会的破坏作用还大，但这种负面作用极其隐性，不易被人察觉。深化分工、各尽所长，相互合作、人人平等，是解决人类社会问题的必然要求。

（六）放纵顶级创造家、创造家和潜在创造家

顶级创造家、创造家和潜在创造家是专门从事创造活动的人，放纵顶级创造家、创造家和潜在创造家是提高科技研发工程效率的根本途径之一，是科学技术产出的革命性提升的根本途径之一。放纵顶级创造家、创造家和潜在创造家就是要让这些人有丰厚的经济收入、令人羡慕的社会荣誉与备受尊重的社会地位，让他们无后顾之忧，放开他们的科研项目和对他们科研项目的支持，鼓励他们异想天开，鼓励他们在前所未有的深度和广度上探索未知，包容他们的错误，鼓励他们的失败，才能使他们在无拘无束的条件下向超越已知、颠覆已知和穷尽可能挺进。

放纵顶级创造家、创造家和潜在创造家，就是信任他们，遵从他们，赋予他们资源。放纵顶级创造家、创造家和潜在创造家，是推动科技研发工程快速发展的必然要求。

（七）确立奖励科学家的正确途径

许多国家往往会通过给予行政职务来奖励有贡献的科学家（含研发工程师），但是，大多数科学家的创造力会仅仅持续到从事行政工作时为止。因为通常状况下，肩负行政责任往往会使其失去发挥科技研发专长的机会。奖励有成就的科学家应该是荣誉、经济待遇和社会地位，而不是赏个高管职位或高级官员职位，除非其继续从事创造活动已经没有多大意义了，或其担任行政工作的贡献更为重要与紧迫。

中国科学家钱学森的伟大是众所周知的，但是如果当时让钱学森领导中国的"两弹一星"的整个工程，今天可能没有人知道钱学森这个名字，因为那样的组织形式不可能成就中国的"两弹一星"工程。科学家擅长的是科学技术领域的创造活动，而科学技术领域的创造活动与企业管理、行政管理和政府管理等管理事宜是截然不同的事。

五、使技术逻辑企业成为技术创新主体具有革命性

企业成为技术创新主体的思想是千真万确的真理，也是对人类技术创新历史的科学总结。但是，从这一思想的落实层面看，粗放地、盲目地认为所有生产制造业企业都是天然的技术创新的主体也是存在问题的。因为，技术创新的关键所在是从0.5做到1

的工程，即技术创新的关键所在是解决新技术工程化工程和深度知识产权工程的问题，而绝大多数生产制造业企业不具备从事和主导这两项工程的素质和能力，也就不具备成为技术创新主体的素质与能力。

事实上，从0.5到1的新技术工程化工程和深度知识产权工程包括对0.5的价值的判断、新技术可行性判断等要求高水平的创新文化、创新意愿和创新能力的主体才能完成的工程，而在目前绝大多数的生产制造业企业都缺乏实施这些工程所必需的文化、意愿、素质和能力。

虽然，绝大多数科技研发机构，即研究所、研究院、科学院和高等教育机构等科技研发机构，都有意愿从事从0.5到1的新技术工程化工程和深度知识产权工程，但是，绝大多数科技研发机构同样对这两项工程根本不擅长，也缺乏从事这两项工程的素质和能力。因此，绝大多数科技研发机构都不具备成为技术创新主体的能力。

然而，企业成为技术创新主体是科学高效地实施技术创新和科技创新工程的必然要求。既然在目前状态下，绝大多数生产制造业企业都不具备承担技术创新主体的文化、意愿、素质和能力。那么，现在就有两种选择，一是对现有生产制造业企业进行改造，使其具备承担技术创新主体的能力，二是让现有的生产制造业企业专门从事从1做到 N 及 N+的工程，即专门从事产品创新工程及生产、制造、营销、售后等经营性工程，另行培育一种具有高水平的创新文化、创新意愿和创新能力的专门从事技术创新工程的企业成为技术创新主体，即另行培育一种专门从事从0.5做到1的企业成为技术创新主体。显然，第二种选择更具科学性和高效性。

因此，应当培育一种具有高水平的创新文化、创新意愿和创新能力的专门从事技术创新工程的企业承担技术创新主体的职责，并使其居于科技研发机构和生产制造业企业之间，且与这两者形成串联业态，进而优化技术创新工程的创造链和价值链，这样就可以大力推动技术创新工程的发展。

创造活动的独立化将产生技术逻辑企业这一新型企业。技术逻辑企业是专门从事从0.5到1和从0到1的创造活动的企业，是完成从0.5到1的工程的专业企业。技术逻辑企业比科技研发机构更具完成高水平新技术工程化工程的能力，也更具完成深度知识产权工程的能力，比传统生产制造业企业更具创新能力和实施深度知识产权工程的能力。

事实上，技术逻辑企业是天生的技术创新主体，也就是上述需要另行培育的专门从事技术创新的企业。在技术逻辑企业成为技术创新主体的产业格局下，科技研发机构专心致志完成从0到0.5的工程，技术逻辑企业居于科技研发机构和生产制造业企业之间，接纳科技研发机构的高价值的0.5，完成从0.5到1的工程，为生产制造业企业提供深度知识产权化的1，生产制造业企业专心致志完成其擅长的产品创新工程、生产制造工程、产品营销工程和售后服务工程等经营活动，即专门从事从1到 N 及 N+的工程。

技术逻辑企业的特殊性意味着，技术逻辑企业成为技术创新主体会史无前例地推动技术创新工程的发展，会史无前例地推动科技创新工程的发展，会革命性地提升科学技术的产出。技术逻辑企业成为技术创新主体，会在前所未有的深度和广度上提升生产制造业企业的产品创新能力与竞争力。技术逻辑企业成为技术创新主体是让企业成为技术创新主体这一科学思想的具体落实。

当然，科技研发机构，特别是生产制造业企业也可以参与到技术逻辑企业之中，可以成为技术逻辑企业的合作者、委托者或股东者。

下面将进一步论述技术创新主体适应性问题。

（一）生产制造业企业技术创新主体能力的缺失性

生产制造业企业的本质是通过营销驱动和产品驱动盈利。实现产品驱动要远远难于实现营销驱动，所以绝大多数企业，特别是技术型国际巨头企业以外的大企业，往往是营销驱动型企业，基本上没有什么核心技术。虽然，几乎所有大型生产制造业企业都建立了自己的研究所或研究院，但是，从技术创新的角度讲，这些研究所或研究院的技术工作人员通常理念欠高远、知识欠深广、经验欠历练、创新精神欠缺、科学精神欠缺、工程精神欠缺和先进创新文化欠缺的程度令人非常震惊。

作者考察了解过许多大型生产制造业企业，包括多家世界500强企业和国际知名企业，几乎都是远看技术创新如火如荼，近看如牛拉碾子原地转圈圈，真正意义上的技术创新和真正意义上的技术创新人才都很缺乏。

这些生产制造业企业的研究所或研究院的技术工作人员，在产品创新方面可能很优秀，但在技术创新方面，绝大多数不求进取、不求超越与颠覆、为我独尊。有时搞出几个新产品便邀功请赏，其不知从技术创新的角度来讲自己什么都没创造。这种状况虽然不是全部，世界上也有优秀的企业研究所和企业研究院，但是，绝大多数都是如此。这些企业的技术人员已经成为其企业科技创新、技术创新和产品驱动的障碍。他们之所以处于这种状态，其实并不完全是他们自身的问题，他们也都很优秀，其原因根源于没有先进的研发文化，根源于创造活动独立化的缺失。

先进的研发文化的缺失，思想的固化和对技术创新价值认知的缺失，必然导致绝大多数生产制造业企业的研究所和研究院缺乏从事真正意义上的技术创新的能力和构建企业技术核心竞争力的能力。技术创新观念和能力都很缺失的企业，必然不可能具备承担技术创新主体的能力。下面用几个例子，论证生产制造业企业的技术创新主体能力的缺失性。

1. 有的国家是汽车生产大国和汽车使用大国，2016年其汽车产销量超过2800万辆，其年产100万辆整车的汽车制造业企业也不少，但是，几乎没有一家汽车制造业企业拥有核心技术。这个国家曾给其大部分汽车生产制造企业提供了许多支持，但是，许多被支持的企业用国家的支持购买国际巨头的设备和技术，甚至是图纸，以用别人的设备、技术和图纸生产出好产品为荣，误认为科技创新大功告成，殊不知自己的创造根本不存在。因此，这些生产制造业企业一直处于价值链的末端。

2. 有的国家搞了许多重大专项，投入巨大，但就是迟迟形不成核心技术，也迟迟形不成竞争力。究其原因，就是因为把科技研发专项资金给了没有技术创新能力的生产制造业企业。这些生产制造业企业缺少创新文化，缺少创新意愿，也缺少创新能力，把绝大多数科技研发经费用于购买国际巨头的设备、技术，甚至是图纸，而用于真正意义上的自主创新性研发和原始创新性研发上的却微不足道。这些企业也往往以用别人的设备、技术和图纸生产出好产品而沾沾自喜，误认为技术创新大功告成，其不知自己的创造根本不存在。如果用技术逻辑企业作为技术创新主体，即作为专门从0做到1和从0.5做到1的主体，上述重大专项将完全与现状不同，必将在许多领域取得许多重大突破。

3. 数年前，作者曾穷尽一切办法，试图说服一个世界级大型汽车与发动机生产制造业企业的总工程师做高效发动机开发，结果以失败告终。其理由非常可笑，他说："发动机的研发和生产已经一百多年了，能改的都改了，能优化的都优化了，现在的发动机已经没有可优化之处，没有可研发之处。"那么，既然没有可研发之处，为什么还要每天提技术创新呢？为什么每年还要申请研发经费呢？事实上，很多生产制造业企业申请研发项目并不是为了真正的技术创新，而是为了名誉与利益。

4. 作者曾穷尽一切办法，试图说服一家国际知名发动机企业的技术领导和研究院技术领导（其研究院有近2000人），开发如图6-28所示的发动机，以把发动机的效率提高到50%（比传统效率约高8个百分点，传统发动机的效率约为42%），竟然没有说通，理由是没有多余能量用以提升发动机效率。后来该研究院还专门给作者提供了两页纸的计算，结论还是没有多余能量，所以无法实现效率提升。活塞式内燃机的膨胀是严重不彻底的，深度膨胀后可以回收相当比例的功是常识，并不是作者的新发现或新发明，作者只是发明了一个回收这些能量的更好的装置。可是他们不讨论作者的装置好坏，直接推断没有可回收的能量。

活塞式内燃机在膨胀冲程结束时，气缸内气体的绝对温度比压缩冲程开始时气缸内气体的绝对温度高三倍左右，所以，膨胀冲程结束时气缸内气体压力比吸气冲程结束时高三倍左右。学过热力学的人经过计算都会知道，活塞式内燃机的膨胀是严重不彻底的，利用深度膨胀装置可以将这三倍气压的压力能回收，得到相当比例的功，进而可以大幅度提高效率。

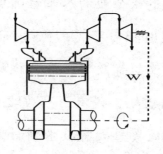

图 6-28 深度膨胀发动机示意图

后来作者才明白，偌大的2000人组成的发动机研究院竟然没有真正懂热力学的人。不懂热力学开发发动机犹如不懂建筑学搞建筑设计，只能照葫芦画瓢了。再后来，为了说服他们，作者找到了另一家柴油机公司的研发样品作为证据以证明有可回收能量，这家公司的样品效率已经达到50%（在动力领域这个水平意味着一场革命)。面对这些证据，上述国际知名发动机企业的技术领导没有别的办法，于是就开始向其公司老板灌输：开发效率50%的发动机成本高，如果我们能够开发出效率50%的发动机，全世界那么多发动机公司早就开发了，还能等到现在吗？这位老板是一位创新意愿极强的老板，原本雄心勃勃，听了这些说辞也只能作罢，因为老板难以判断技术的真伪，所以左右为难。事实上，如果一台2000kW 的活塞式发动机，在不增加耗油的前提下可提升100kW 的功率（相当于效率提高5个百分点），那么，这台发动机在一个1.8万小时的大修周期内节省下来的燃油费比这台发动机的售价还要高。上述这些技术领导显然没有进行过这样的简单计算，否则，他们不会归咎于成本问题。

这并不完全是技术领导的个人问题，而是创新文化问题。

5. 图6-29是一款12缸内燃机的内部结构示意图，在此结构中，相邻两个气缸的两个活塞的冷却供油是通过两个不同的限压阀实现的。

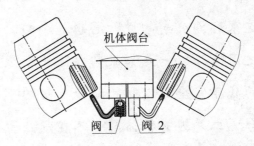

图 6-29 一款12缸内燃机的内部结构示意图

作者认为这个设计不合理，不应该采用一缸一嘴、一缸一道、一缸一阀和机体阀台结构，因为这种结构不仅复杂、成本高、成品率低，而且可靠性低，风险很大。因为，12缸发动机就会有12个机油喷油阀，只要其中一个机油喷油阀出了问题，整个发动机就会报废。此外，12缸发动机就会有6个机体阀台，一旦一个机体阀台铸造不成功，整个机体铸件就将报废。

为此，作者强烈建议改为一缸一嘴、双缸一道、整机一阀和无机体阀台结构。因为这样设计后，机油喷油阀的故障率会降低到原来的十二分之一，机体阀台的铸造故障率会降为零，而且成本会大大降低。此外，如果一个系统中有 N 个要开同时开、要关同时关的管道，在每个管道上都设置阀门是多么缺少逻辑的事，因为一个阀门就足够了。按道理，这次这些巨型企业的技术领导们没有理由不接受了吧？然而，这些技术领导说不出任何拒绝的理由，就是默默无语地拒绝了，最后找了个惯用理由说，逻辑通，但实际上不可行。实际上不可行又不可行在哪里呢？却无下文了。若干个月后，作者才知道作者所说的机体阀台的设计是一家世界知名咨询公司做的，其目的是为了防止断裂气缸下滑而设置的。其实，这家咨询公司的设计思想荒谬的，设计理由也是荒谬的，其荒谬之因有二：一是如果需要防止断裂气缸的下滑，活塞冷却油喷管的底座完全可以防止断裂气缸的下滑，完全没有必要设计机体阀台；二是现有机体阀台不在气缸壁包络之内，显然无法防止断裂气缸的下滑。由此可以看出问题所在。

总之，在生产制造业企业技术领导心中，任何新的东西都是不可行的，任何天天生产的，无论多么落后，也都是可行的。他们做日复一日、年复一年的生产性管理，可能很优秀，但如果让他们搞技术创新，却很难，除非他们的思想能够改变。还是那句话，这并不完全是技术领导的个人问题，而是创新文化问题。

6. 为了将图6-30所示的动能极速储放单元应用到挖掘机上，作者找到了中国的一家知名挖掘机生产制造企业，想通过合作的形式将上述动能极速储放单元装在他们制造的挖掘机上，进而开发出一款新型挖掘机。作者向他们提供了所有理论分析和实验验证的资料（见本篇上述相关内容），而且给他们的条件非常优惠，可最终还是没有合作成功。他们的理由是，其他厂商没有人开发过这样的挖掘机，所以不想介入。

图 6-30 动能极速储放单元

其他厂商没有做过的事就不想做是绝大多数生产制造业企业的真实写照。我们不想搞技术创新，等技术成熟后买来进行生产制造是最稳妥的，这是许许多多生产制造业企业的技术领导经常说的话，这也是绝大多数生产制造业企业的真实写照。这样的企业显然无法成为技术创新主体。

7. 通常情况下，发动机会包括飞轮、充电发电机和启动电机，这无可非议。但是，对于发电专用发动机而言，由于发动的动力轴与主发电机的转子轴是固定连接关系，在这种情况下完全没有必要在发动机上设置飞轮、充电发电机和启动电机。因为，主发电机转子的转动惯量远远超过发动机所需飞轮的转动惯量，去掉飞轮不仅完全可行，而且理所应当。此外，完全可以将发动机的蓄电池经变频器与主发电机电力连通，实现蓄电池的充电和发动机的启动。如此设计，不仅可通过去掉飞轮、充电发电机和启动电机，节省空间，减轻重量，降低造价，而且可大大提高系统的寿命、可靠性和负荷响应性。图6-31为作者提出的技术方案示意图。

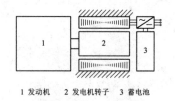

1 发动机　2 发电机转子　3 蓄电池

图 6-31 无飞轮、无充电发电机且无启动电机的系统示意图

懂相关技术的人都会认为这个方案可行，且会认为这是一个非常好的方案，有创新意识的人也都会认可这个技术方案。但是，还是被一个世界500强企业的首席技术官以逻辑可行但无法实施为由否定了。他说，主发动机的功率很大，启动电流会很大，蓄电池无法承受。可见创新意愿欠缺到何等程度无须赘言，不要忘记，这可是世界500强企业的首席技术官。而且，这一方案也被一名业内顶尖级专家否定了，其理由与这位企业首席技术官的理由一样，也认为用蓄电池无法驱动主发电机启动发动机。应当承认这位首席技术官和这位专家的知识和经验是丰富的，但

是技术创新能力还有待于提升。用小电源驱动大电机是变频器的根本性功能与根本性逻辑，当然这个大电机的输出扭矩和转速的乘积会与这个小电源的功率相匹配，一个两兆瓦发动机的启动电瓶完全可以驱动两兆瓦的电机用以启动两兆瓦发动机。这是不言而喻的逻辑，这个简单的逻辑还弄不明白，技术创新无从谈起。

在讨论上述问题时，该企业的老板也参与了，这位老板极具创新意识，很想创新，本来对作者的方案非常感兴趣，但由于首席技术官的反对，老板也只能作罢。事实上，企业的老板无论多么了不起，对企业的技术领导都是无能为力，因为，毕竟自己不是专业技术人员，难以判断技术问题的真伪。其实，这位首席技术官的技术背景很好，人也很优秀，人品也非常好。长期以来，生产制造业企业的创新文化的缺乏和创造活动独立化的缺失，才是使这位首席技术官思想僵化、创新意愿匮乏的根本原因。

8. 图6-32所示是作者为某世界500强企业提供的两千吨矿车总体布置图，竟然被这家巨型企业的技术领导以履带式车辆比轮式车辆对道路承载力要求高为由否决了。作者在这里没有说错，有常识的人都会知道这位技术领导否决的理由是与客观事实相反的，但他就是这么固执己见。

图 6-32 两千吨矿车总体布置图

从根本上讲，上述状况并不完全是这些技术领导的技术素质问题，因为生产制造业企业每天的任务是生产，能够安全地完成生产任务就已经很优秀了，再要求他们具有高超的技术创新水平，实在有些过于苛刻，就像不能要求狙击手具有优秀的指挥才能一样，不应要求生产制造业企业及其技术领导具有高水平的技术创新能力。

让生产制造业企业技术领导和技术团队专心致志地做产品开发、生产制造和相关经营管理是科学的、高效的选择，不应该要求他们具备高水平技术创新能力。由于年复一年、日复一日的生产与制造，且生产制造业企业又缺失创新文化，所以生产制造业的技术领导和技术团队难以胜任技术创新工作，也不应该寄希望于他们的技术创新能力。

事实上，绝大多数生产制造业企业的技术创新能力缺失的程度是十分惊人的，如果不亲身经历，是非常难以置信的。以上这些例子绝不是个案，更不是作者过于苛刻所致，而是普遍状况的代表。世界上也有在技术创新方面优秀的生产制造业企业研究所和生产制造业企业研究院，也有在技术创新方面优秀的生产制造业企业技术领导，例如，高通公司、苹果公司、华为公司等企业的研发机构和技术领导，但是有技术创新能力的生产制造业企业绝对是少数中的少数，而绝大多数的生产制造业企业都是如上所述的状态。

一般说来，生产制造业企业越大，其技术团队与技术领导的思想越陈旧、思维越固化、创新意愿越欠缺，对技术创新的阻碍作用也越大，除非这是一家领先世界的企业。生产制造业企业的技术团队和技术领导最喜欢说的是：如果这个技术好，为什么别的厂家不开发？如果你认为好，你把它做成成品我们可以买。这说明，其根本不具备自主创新意识，也不具备自主创新意愿。

从上面这些例子还可以看出，为什么许多生产制造业企业没有核心技术，还可以看出生产制造业企业的技术领导，如不改变观念往往会成为企业技术进步和核心竞争力提升的阻力。不仅如此，还可以看出企业老板对其企业技术领导无可奈何，企业技术领导搪塞老板是家常便饭，老板有苦难言、无可奈何、雄心难以实现。因为企业老板毕竟不是技术专家，难以判断技术真伪。

应当承认，作为生产制造业企业的技术领导需要考虑的事情有许多，比如科技创新的成本问题等。作者认为，作为生产制造业企业的技术领导考虑新技术和新产品开发的成本问题是理所当然的事，但事实上绝大多数生产制造业企业的技术领导真正考虑的，往往不是成本问题，否则，他们不会否定成本减少的新技术方案、没有成本增加的新技术方案和成本增加少产品价值增加多的新技术方案。上述所有例子的方案无一不属于成本上划算的，如果真是考虑成本问题和投入产出问题的话，都应该被采纳。他们真正考虑的就是：不创新也活得可以，为什么还要创新？企业的技术领导考虑的是企业的今天，只要能生产、能销售即可，没有必要创新，因为创新有风险。

在创新不能成为企业文化主旋律的企业中，企业越大，企业的技术领导会越保守，他们首先考虑的是责任问题，一旦创新还意味着要承担相关责任，所以，大企业的技术领导往往创新的欲望和动力都不高。往往待遇越好的企业，技术领导的这种倾向越大，但如果降低待遇，便很难留住人。所以，这是一个待遇高也不行待遇低也不妥的问题。虽然不能说大企业的技术领导都是这样，但大多数都这样是不争的事实，这并不完全是企业技术领导的问题，而是创新体制机制模式和创新文化的问题。

然而，企业的老板考虑的是企业的发展和明天，无论今天如何好，都必须进行技术创新，都必须拥有新的独有技术，都必须追求更大的、更长远的发展。但是，科技研发团队是世界上最自由、最松散、最难以量化的团队，企业的老板想真正看懂、量化、考核和评价其科技研发团队，其实是很难的事。在技术创新这个问题上，企业的老板往往会遭遇重重隐性阻力、无可奈何。对于突破这一困局来说，批评、降薪或辞退等惩罚性措施根本不能也不可能奏效，只有实施创造活动独立化这一种选择，使创造活动独立化、放纵创造活动、量化非创造活动是突破这一困局的根本途径，是突破科技创新与技术创新困局的根本途径。

在生产制造业企业中，搞真正意义上的新技术的人几乎全部会被认为不靠谱，且受到排挤，这也是生产制造业企业中普遍存在的状况。在生产制造业企业的技术团队中，有技术创新意识和能力的人对他们的技术领导和创新氛围也是无可奈何的。

必须承认生产制造业企业的技术团队和技术领导都是很优秀的，如果说，上述事宜是企业技术领导故意为之，有悖事实。由于多年从事同样的工作，他们创新意识的欠缺是他们本人意识不到的，而且由于多年占据技术领导高位基本上已丧失了创新的锐意，他们已经成为企业技术创新的阻力的事实更是他们本人无法意识到的。

这些人都曾非常优秀，也曾为企业的成长做出过许多贡献，但在创新文化、创新土壤和创造活动独立化缺失的环境下长时间浸泡，已慢慢变成其企业技术创新的难以逾越的障碍。应当说，这样的技术领导是企业创新文化、创新土壤和创造活动独立化缺失的环境的牺牲品，但是要想让他们转变观念，可能难上加难。针对这部分人，要么想出办法让他们改变观念，要么让他们从事产品质量方面的工作，作者非常坚信，如果这部分技术领导能够从事产品质量等方面的工作，会有大贡献。如果实在不能为他们找到合适的岗位，即便用数倍的工资将他们养起来，也比在技术创新管理岗位用着更有利于企业发展。作者还坚信如果让这些技术领导从事技术创新以外的工作，他们可能都会做出非常大的贡献。然而从根本上讲，生产制造业企业及其技术领导的任务是安全且多、快、好、省地生产与制造，能做到这些就已经非常了不起，如果要求生产制造业企业及其技术领导具有高水平技术创新能力，实属不现实，他们也不应该被责备。问题的根本在于未实施创造活动的独立化，而并不完全在于企业和人。

综上所述，凡是没有核心技术的生产制造业企业，凡是需要产品驱动的生产制造业企业，都不具备成为技术创新主体的素质和能力。从整体上讲，绝大多数生产制造业企业作为技术创新主体的能力的缺失是铁定的事实。

多数生产制造业企业都不具备技术创新能力，但是，技术创新归根到底要实现产品创新，生产制造业企业是产品创新主力军，所以，生产制造业企业是技术创新的不可或缺的要素。要想搞技术创新，就必须将0或0.5做到1，因为1是产品创新的起点，1对生产制造业企业具有巨大的魅力，生产制造业企业不愿意从0或0.5开始搞技术创新，但是非常愿意接受1。

有人不禁要问，这些企业技术团队水平不行、技术创新能力差且没有核心技术，那么它们是怎么成为巨型企业的？原因很简单，这些企业在市场机遇捕捉、营销驱动、投资驱动、战略决策和老板睿智等商事性事宜方面都异常优秀，即在1之后的事宜方面异常优秀。这些优秀表现是其成为巨型企业的根本。在技术创新问题以外的其他事宜上，上述这些企业和技术领导都是很优秀的，例如在生产、制造、营销、公共关系和市场决策等商事方面都是一流的。作者对上述企业和上述技术领导在其他方面的优秀表现深感折服。

（二）科技研发机构的技术创新主体能力的缺失性

所谓科技研发机构，是指研究所、研究院、科学院和高等教育机构等从事科学技术研发的机构。科技研发机构最擅长的是科技新思想创造工程和新技术原理验证工程，即擅长从0做到0.5的工程，而对于0.5以后的事宜，即新技术工程化工程与深度知识产权工程难以胜任，而技术创新的根本就是从0.5到1的工程，就是新技术工程化工程与深度知识产权工程。不仅如此，科技研发机构具有自由、松散和难以量化的属性，所以其无法成为主导生产制造业企业，更无法成为主导生产制造业板块的技术创新主体。

事实上，科学家和企业家在思维方式、沟通方式和行为方式上存在天然的难以统筹的差异。因此，科技研发机构难以与生产制造业企业进行有效的沟通与协同，也就难以成为技术创新主体。事实上，虽然也有成功案例存在，但是科技研发机构与生产制造业企业的直接合作多数是不顺畅的，科学家与企业家的直接合作多数都是不愉快的，这种合作的成功率也是很低的。

因此，从整体上讲，科技研发机构不具备成为技术创新主体的素质和能力，也是铁定的事实。

（三）技术逻辑企业是与生俱来的技术创新主体

见第七篇，技术逻辑企业的根本是专门从事创造活动，利用平台模式整合一切可以整合的资源，坚守科技研发板块和生产制造业板块之间的桥梁及生产制造业板块之上位，不直接从事有形产品的生产、制造与销售，专门从事从0.5到1的新技术工程化工程和深度知识产权工程，止步于1，通过向生产制造业企业许可或转让深度知识产权化的1，收取回报。在由技术逻辑企业形成的第零产业得以深度发展后，技术逻辑企业也将从事从0做到0.5和从0做到1的工程，但永远止步于1。

技术逻辑企业是链接科技研发板块和生产制造业板块的桥梁和纽带，具有承上启下的作用。在技术逻辑企业的主导下，科技研发板块专门负责从0做到0.5的工程，创造有价值的0.5，生产制造业板块专门负责从1做到 N 及 N+的工程，产生大量精雕细琢的N，而技术逻辑企业专门负责从科技研发板块接受0.5，从0.5做到

1的工程，创造大量的有价值的1供给生产制造业板块。这样就可以形成高效的技术创新格局，生产制造业板块的竞争力就会与日俱增。技术逻辑企业比科技研发机构更生产制造业企业化，比生产制造业企业更科技研发机构化，可以高效地整合科技研发板块和生产制造业板块的资源，高效地主导科技创新。技术逻辑企业是与生俱来的技术创新主体，只有技术逻辑企业才具有成为技术创新主体的素质和能力。

技术逻辑企业成为技术创新主体，实质上创造了科技研发机构、技术逻辑企业和生产制造业企业相互协调、相互促进、相互依存、相互不可或缺的技术创新链，即三位一体的技术创新链。科技研发机构—技术逻辑企业—生产制造业企业这一三位一体的技术创新链不仅科学、高效，且对推动技术创新具有革命性作用，因为这将极大地优化科技研发机构的目标指向，打开科技研发板块的成果出口，调动其积极性、穿越生产制造业企业的惰性屏障、打破所有藩篱、清除所有障碍，使技术创新进入前所未有的快车道。在技术逻辑企业主导下，技术创新会快速发展，科学技术产出的革命性提升会成为现实，社会生产力革命性地和极大地提升也会成为现实。

技术逻辑企业是一种没有技术创新就无法持续的企业，因此，其成为技术创新主体是科学的、可行的和必然的。技术逻辑企业成为技术创新主体，会在前所未有的深度和广度上，提升生产制造业企业的产品创新能力和竞争力。

技术逻辑企业成为技术创新主体，是落实让企业成为技术创新主体这一科学思想的抓手与实现形式。技术逻辑企业成为技术创新主体是人类创造活动的本质与逻辑关系的内在要求，是技术创新工程的必然要求。技术逻辑企业成为技术创新主体将使人类有史以来第一次实现技术创新链的科学化（如图6-33所示）。

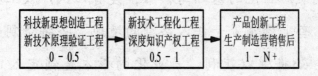

图 6-33 技术创新链科学化示意图

第二章　知识产权工程

一、知识产权工程的创造活动属性

（一）知识产权工程的内涵

知识产权工程包括发明创造工程、专利阵破建工程和专利运营工程三个方面，是由创造思考和创造表达两大要素构成的人类创造活动，是科技创新工程领域的创造活动的一个类别。知识产权工程对提高竞争力、对获取高额回报和对提升国家的战略地位均具有重大意义。在全球化、信息化、智能化等超级现代化的背景下，知识产权工程的作用和意义更是日趋重大，知识产权工程已经成为富企富国之道，已经成为科技创新工程的核心内容之一，也已经成为激励与回报人类创造活动的根本性工程。因此，知识产权工程对推动科学技术进步与科技创新工程，对科学技术产出的革命性提升与人类社会的进步发展都具有重大战略意义。

科技成果产业化是科技创新工程的关键环节，而知识产权工程是科技成果产业化的基础与核心，没有知识产权工程的产业化犹如将自己套上枷锁置于任人宰割的境地，必将受制于人，必将困难重重，必将难以获利。产业化的根本是锁定入口、锁定出口，通过系统整合创造自己的知识产权体系，走向市场获取利益，而理清所要产业化的科技成果的知识产权状况，实施知识产权工程，是产业化不可或缺的前期工程。然而，目前绝大多数产业化项目都忽略了知识产权工程，这也是产业化项目成功概率低的根本所在。

综上所述，对于任何机构、任何企业和任何国家，知识产权工程都不是请客吃饭，而是生死攸关的斗争。

所谓发明创造工程，是指系统性地、科学地创造科技新思想和科技新方案的工程。发明创造工程属于典型的创造活动。

所谓专利阵破建工程，是指专利阵破拆工程和专利阵构建工程。所谓专利阵破拆工程，是指根据专利制度特别是专利法的基本要求，对对手的专利体系进行植入、包裹和拆除的工程。所谓专利阵构建工程，是指根据专利制度特别是专利法的基本要求，为保护自己的技术思想和技术方案构建由既相互独立又相互联系的专利构成的专利阵的工程。专利阵破建工程也属于典型的创造活动。

所谓专利运营工程，是指专利的价值化工程，包括专利当量确值工程和市场营销工程。专利不是商品，必须经过当量确值才能转化为商品。所谓当量确值工程，是指将专利中的创造活动当量化为无差别社会平均劳动的工程，是确定专利价值、专利使用价值和价格的工程，是将专利转化为商品的根本性工程。当量确值不是普通意义上的评估，当量确值是创造活动，是以当量确值主体的创造力为标准，将相关专利中的创造活动当量化的过程。当量确值主体必须具有高超的创造力。所谓市场营销工程，是指向生产制造业板块或其他主体许可或转让专利的工程。专利运营工程是创造活动经济学的核心内容之一，创造活动成果的特殊性决定了专利运营工程的创造活动属性。

发明创造工程是创造活动，专利阵破建工程是创造活动，专利运营工程是创造活动，因此，知识产权工程是创造活动。

（二）知识产权工程主体的特殊性

人们常常存在认识误区，认为发明创造工程是创造活动，专利阵破建工程是创造活动，而专利运营工程不是创造活动。人们往往认为专利可以像其他商品一样进行营销交易，甚至可以进行电商式营销交易，往往认为专利涉及科学技术，顶多用资深科学家或资深工程师处理知识产权工程事宜便足矣。因此，有人建立网上专利运营店试图搞专利电商，也有人试图用资深发明专利审查员、资深专利代理人、资深科学家、资深工程师和资深专利律师从事专利运营，还有人试图尽可能大量地接受专利权利人委托，进行专利代理营销，等等。

其实，所有这些做法基本都是徒劳的。作者就曾穷尽上述所有模式至极致，但却彻底失败了，为此付出了高昂的代价。事实上，除作者外，几乎所有试图将专利作为商品进行运营的人和机构，也都已经、正在或将要为此付出高昂的代价，且必然以失败而告终。究其原因，专利不是商品，然而，所有的上述专利运营活动都是以专利是商品为基础而进行的，这违背了专利的反品性，也违背了创造活动经济学的基本原理。因为，专利不是商品，所以，专利运营工程具有与商品营销完全不同的经济学规律，专利运营工程的主体必须具有高超的创造力，否则将一事无成。以顶级创造家为核心的团队是专利运营工程的前提条件，换言之，专利运营工程的主体必须具有以顶级创造家为核心的团队，而还必须遵从创造活动经济学的基本原理，遵从创造活动成果的特殊性。

发明创造工程的主体和专利阵破建工程的主体无需赘言，专利运营工程的主体也必须具有高超的创造力。因此，知识产权工程的主体必须具有高超的创造力，必须具有以顶级创造家为核心的团队。知识产权工程不是传统意义上优秀的科学家、工程师和传统意义上优秀的专利审查员或专利法专家能够胜任的工程。

二、现行知识产权工程模式的问题

（一）现行发明创造工程模式的逻辑错乱

在人类历史上，发明创造、科技研发、著书立说远远早于专利制度，这就形成了一种状态，科技研发人员的情报信息主要来源于科技论文。因这一历史的延续作用，科技研发领域便形成了只重视科技论文、不注重专利文献的局面，也导致了现有科技创新人员中的绝大多数不懂专利制度和专利语言，弄不懂专利文献的真正内涵，更无法进行真正意义上的知识产权工程的现状，古今中外，概莫能外。事实上，在这种体制机制模式的背景下，垃圾专利多、高价值专利少和知识产权工程在低水平上徘徊是一种必然的局面。从科技进步的角度讲，专利属于科技新思想，论文一般说来是实验报告，显然专利具有更早、更快的特点，且更具创新性。专利优先，专利与论文文献并重才是超越、颠覆与穷尽可能的正确之道。

专利的深入检索、专利内容的判明与分析以及为规避专利束缚和为超越、颠覆与穷尽可能而进行的发明创造和专利阵破建是科技进步的关键环节，也是科技创新工程的基础与核心内涵，必须予以重视。然而，如果指望现有科技工作人员自觉思考和自然进步来胜任知识产权工程，既不现实也不科学，构建科学的知识产权工程模式才是解决知识产权工程问题的关键。

世界各国现有的知识产权工程模式都源于西方，西方的知识产权工程模式的确对西方乃至全世界的科学技术进步和社会发展做出过巨大贡献。然而，由于西方的知识产权工程模式是为顺应当时的社会需求而产生并发展壮大的，实质上是由历史自然形成的，而不是经过系统性研究后科学设置的，随着社会的发展和人类的进步，这种模式显然已经无法满足人类社会发展的要求，更无法满足快速推进科技创新工程的要求和科学技术产出革命性提升的要求。事实上，西方的知识产权工程模式已经使包括西方自身在内的所有国家的知识产权工程方向迷茫、无所适从、步履艰难。知识产权工程模式的变革已经势在必行。

发明创造包括创造思考和创造表达两个不可分割的过程。所谓创造思考，是指发明人创造性地思考的过程，是想象与逻辑的相互撞击与相互交融的过程，包括问题提出、可行性判断和解决方案创造等。所谓创造表达，是指发明人将创造思考的过程和结果用语言、文字和图表等形式进行表达的过程。显然，创造思考与创造表达是发明创造这一过程的两个不可分割的组成部分。

如同一个建筑设计师的设计过程，需要进行设计思考和用图纸等手段把设计思考的结果表达出来一样，创造思考与创造表达两者不可分割。如果一个建筑设计师没有或不能清晰、准确与完整地表达其设计思考所产生的建筑要点和各建筑要点之间的相互关系，显然不可能称之为设计。一个人的设计思考不可能被另一个人清晰、准确与完整地表达，这是不言而喻的逻辑。

一个发明人的创造思考更不可能被他人清晰、准确与完整地表达，这更是不言而喻的逻辑。发明人创造思考，他人根据发明人所提供的技术交底书去撰写专利的权利要求，这实质上是把创造思考与创造表达无端拆分，这显然是不言而喻的逻辑错乱。由于历史的原因，西方形成了发明人创造思考，专利工程师撰写专利权利要求的现状，这实质上已把创造思考与创造表达割裂分置，这显然是逻辑错乱的。

在这种模式下，每个国家都形成了庞大的专利代理工程师群体，这种模式极不科学，不仅是形成大量垃圾专利的根本原因，而且也严重影响发明人在创造表达过程中的深度思考与深度创造。源于西方发达国家的创造思考与创造表达割裂分置的知识产权工程模式显然是一种逻辑错乱。

创造思考和创造表达是相互依存、相互促进、相互修正、相互不可或缺的一个过程的两个要素。在发明创造和专利阵破建过程中，创造思考与创造表达均属创造活动，创造表达的主要内涵是专利申请文件的权利要求的构建。实际上，权利要求的构建过程对促进发明人深度思考、深度创造与深度表达都是不可或缺的，发明人往往会在权利要求构建过程中创造出更有价值的新技术方案。事实上，专利代理人永远无法构建真正高水平的权利要求，除非专利代理人本身练就成发明人。使专利代理人练就成发明人是极其困难的，而使发明人具有能构建高水平权利要求的能力是相对简单得多的。从心态方面看，专利代理人构建权利要求的过程仅仅是为了专利而专利的过程，是一种以收取回报为目的的工作，而发明人构建权利要求的过程则是为超越已知、颠覆已知和穷尽可能的创造活动过程，尽管通过专利获利也是发明人的目的，但因这种目的只有通过超越已知、颠覆已知或穷尽可能才能实现，所以，发明人只能不遗余力地创造。

全世界的知识产权工程实践的真实状况证明，专利代理人构建权利要求有百害而无一利，发明人构建专利权利要求有百利而无一害。如果建立由发明人构建专利权利要求的模式，对发明人进行专利知识、专利法和权利要求构建逻辑等方面的培育，使其能够自行构建专利权利要求，不仅会大幅度减少垃圾专利的数量，还会使发明人创造出更有价值的创造，发明人通过高价值专利会获得更大的利益，进而会有力地推动科技进步和科学技术产出的革命性提升。在科学技术日新月异的今天，必须摒弃这种源于西方的创造思考与创造表达分置的传统模式，采用发明人自行撰写专利权利要求的新模式，否则无法适应新时代的要求。

发明人自行构建专利申请文件中的权利要求对推动科技进步、科技创新工程的快速发展和科学技术产出的革命性提升也具有重大意义。

（二）现行专利阵破建工程模式的弊端

专利阵破建工程是一种对专业能力要求极高的工程，西方存在大量的个体发明人、科技研发板块发明人和生产制造业板块发明人，但是不存在专利阵破建工程的专业群体、专业机构和专门行业。实事求是地讲，西方发明人的发明创造水平相对较高，但专业化地进行专利阵破建工程的能力还有待于提升。专利阵破建工程在西方兴起并延续至今，数百年前，没有也可能不需要构建专门从事科技思想创新的创造活动专业群体、专业机构和专门行业，当然更不会为专利阵破建设立专业群体、专业机构和专门行业，因此，西方的专利阵破建工程始终属于零散的个体行为范畴，始终处于各自为战的状态，统一的管理与统一的方法与规则一无所有，如同没有驾驶规程的飞机，谁想怎么开就怎么开，完全杂乱无章，毫无工作程序和管理程序可言。究其原因，一是关于知识产权工程的基础理论认知和研究，特别是关于专利阵破建工程的基础理论认知和研究基本缺失；二是知识产权工程属极其复杂、难度极高的工程，西方都忽视了知识产权工程的这一特殊性，进而忽视了建立专利阵破建工程的专业群体、专业机构和专门行业的必要性。这一存在严重弊端的专利阵破建工程模式效率低下，不能满足科技创新工程的需要，且阻碍着创造活动向更深、更广的推进。而且，这种专利阵破建工程模式还被其他国家不加甄别地予以翻版，所以全世界现行的专利阵破建工程模式都存在上述弊端。

目前，科技竞争已经成为企业竞争和国家竞争的核心，知识产权竞争是科技竞争的核心，而专利阵破建工程又是知识产权工程的重点之一，现行的专利阵破建工程模式已经完全不能满足这一发展的要求，因此，专利阵破建工程模式的变革已势在必行。

（三）现行专利运营工程模式的逻辑错乱

西方专利运营的典型模式是以美国某知名公司为代表的诉讼模式。这种诉讼模式是基于发达国家的法律意识、法律体系和特定的社会关系建立的，在西方，在一定时期的个案中可以快速获得巨额利润，但是，诉讼模式实在难以得到长足发展。其原因有四点：一是这种模式往往有与推动社会进步相违背的嫌疑，有碰瓷之嫌，难以得到社会和政府的普遍认可和支持；二是使生产制造业企业诚惶诚恐，树敌太多，众叛亲离；三是诉讼时间长，成本高，不确定性大，且诉讼过程消耗了专利获利的相当份额；四是缺乏对专利反品性的认识，把不属于商品的专利当作商品对待，故难以长足发展。

缺乏对创造活动经济学的认知与研究，缺乏对专利的反品性即反商品属性的认识与研究，缺乏对专利交易经济学规律的认知与研究，把具有反商品属性的专利当作商品对待，是西方专利运营工程模式的严重逻辑错乱，也是西方专利运营工程模式已经无法持续发展的根本原因。又一次，其他国家不分青红皂白地翻版了西方专利运营工程模式，进而导致全世界的专利运营工程模式的逻辑错乱。不仅如此，诉讼模式有些玷污了发明人追求真理、攀登科技高峰、推动社会进步的高尚情怀与追求，不可不改革之。专利运营是科技创新工程快速发展与科学技术产出革命性提升的必然要求，是社会生产力革命性地和极大地提升的必然要求，所以，建立科学的专利运营模式势在必行。

综上所述，全世界现行的知识产权工程均背离了人类创造活动的本质与逻辑关系的要求，均背离了专利的经济学属性的要求，已经使知识产权工程成为世界性难题。世界各发达国家和各新兴经济体国家都在为解决这一世界性难题而努力，但至今世界仍未找到有理论支撑的、科学的、高效的知识产权工程模式。

三、知识产权工程的第零产业模式

知识产权工程的第零产业模式，是作者在多年实践总结和多年基础理论研究的基础上创建的知识产权工程的新模式，是理论与实践相结合的产物。

（一）创造思考与创造表达一体化

让发明人自行完成创造思考与创造表达工作，即由发明人自行完成专利权利要求的撰写。实践证明，发明人自行撰写专利权利要求，不仅可以提高专利的水平，而且可以极大地促进发明人的深度创造思考与深度创造表达，形成更深更广的发明创造，从而促进更有价值的科技新思想和更有价值的技术新方案的创造，进而促进技术进步和科技创新工程。

不仅如此，创造思考与创造表达一体化还会决定性地提升专利的质量和对技术思想的保护力度，给专利权人带来更大的利益。

（二）技术思想类型与N+1维专利阵

在关于技术类型的传统说法中，有原始创新与组合创新之说。但把技术类型划分为原始创新和组合创新实质上是一种逻辑错乱，因为，世界上所有的技术和所有可能的技术归根到底都是组合的，所以，不应把技术思想划分为原始创新和组合创新。不仅如此，这种划分方式也不能满足对不同类型技术的差异性识别的要求。更为重要的是，申请专利的目的是保护技术思想，然而，技术思想有深有浅，如果在技术思想的层次没有划分的背景下构建专利阵，不仅会造成资源浪费，而且会产生专利阵的严重漏洞，甚至造成专利保护效力的完全丧失。因此，对技术思想类别的科学划分势在必行。

为此，作者把技术思想划分为改进性技术思想、开拓性技术思想、技术规律性技术思想和科学规律性技术思想四种。为便于理解，用点、线、面和体分别代表这四种技术思想类型（如图6-34所示）。这四种技术思想类型是对所有技术思想类别的概括。

改进性　　　开拓性　　技术规律性　　科学规律性

图 6-34 技术思想划分及其形态表达示意图

在此基础上，作者提出了线对点、面对线、体对面、多维对空间（体）的 N+1 维专利阵破建工程模式。所谓 N+1 维专利阵破建工程模式，就是以线状专利阵对点状技术思想（改进性技术思想），以面状专利阵对线状技术思想（开拓性技术思想），以体状专利阵对面状技术思想（技术规律性技术思想）和以多维状专利阵对体状技术思想（科学规律性技术思想）的逻辑关系，进行专利阵破建工程，特别是进行专利阵构建工程的模式。所谓多维，是指空间三维加时间，随着时间推移，需要不断增加专利设置。N+1 维专利阵的形态如图6-35所示。

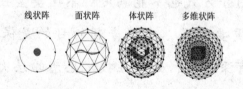

线状阵　　面状阵　　体状阵　　多维状阵

图 6-35 N+1维专利阵形态图

除改进性技术思想外，开拓性技术思想、技术规律性技术思想和科学规律性技术思想都属于原始创新性技术思想。所谓改进性技术思想，是指在原理相同的前提下对机构、系统和条件等的优化性技术思想，其可形成专利的技术方案可能局限于数件之内。所谓开拓性技术思想，是指在原理性、结构性和条件性等方面上，关于某一个问题的超越或颠覆已知的技术思想，这一技术思想实质上是关于这一问题的原始创新性技术思想，围绕这一技术思想可形成专利的技术方案会达到一定的数量。所谓技术规律性技术思想，是指在关于某一类问题的新技术定律上的超越或颠覆已知的技术思想，即所谓技术规律性技术思想，是指在原理性、结构性和条件性等方面上，关于某一类问题的超越或颠覆已知的技术思想，这一技术思想实质上是关于某一类问题的原始创新性技术思想，围绕这一技术思想可形成专利的技术方案应包含着这类问题的全部解决方案，其数量可能很大。科学规律性技术思想更是不同，所谓科学规律性技术思想，是指有关于某一层面问题的新科学定律上的超越或颠覆已知的技术思想，这一技术思想实质上是关于某一层面的问题的原始创新性技术思想，围绕这一技术思想可形成专利的技术方案应包含着这一层面所有问题的全部解决方案，其数量难以穷尽。

将技术思想划分为改进性技术思想、开拓性技术思想、技术规律性技术思想和科学规律性技术思想四种是非常科学合理的划分方式。因为这四种类型全面、清晰、界限分明地囊括了所有技术思想，且用点、线、面和体分别代表这四种技术思想类型的方式使技术类型更形象化，更简单明了，更便于理解和把握。

以线状专利阵对点状技术思想、以面状专利阵对线状技术思想、以体状专利阵对面状技术思想和以多维状专利阵对体状技术思想进行专利阵破建工程的本质是针对不同类型的技术思想按不同权重设置专利阵，例如以多维状专利阵对体状技术思想的专利阵破建工程意味着随着时间的推移，要不断设置专利。N+1维专利阵的提出使专利阵破建有了可遵循的规则，是专利阵破建领域的重大突破。多年实践经验证明，N+1维专利阵破建工程模式成本低、效率高且可靠性强。

（三）TSN 企业与 TSN 分析法

知识产权工程必须植根于生产制造业板块才能实现其价值，实时把控产业技术与技术趋势至关重要。然而，生产制造业板块的企业数量庞大，要想一一研究、分析与跟踪不仅成本巨大，而且难以实现。经过分析与实际验证，作者创建了在同一个领域仅仅对3家大型企业、6家中型企业和9家小型企业的技术和产品进行研究、分析与跟踪的方法，称为 TSN 产业技术与技术趋势分析法，简称 TSN 分析法。在同一个领域中，经过随机选定的3家大型企业、6家中型企业和9家小型企业的集合称为这个领域的 TSN 企业。一个领域的 TSN 企业的技术、技术趋势、产品现状与产品创新的信息，基本上代表着这个领域的技术、技术趋势、产品现状与产品创新的全息。TSN 分析法是把控、解析某一领域的生产制造业板块相关信息的高效分析法。

TSN 企业概念与 TSN 分析法的创建，使对生产制造业板块的技术、技术趋势和产品的分析与跟踪的成本大幅降低。

（四）专利创造和专利阵破建的工程规则

1. 诉讼验证规则

所谓诉讼验证规则，是指以诉与被诉的视角，审视专利文件提高专利权的稳定性。专利申请的目的就是保护技术思想，虽然在专利运营中诉讼模式不可取，但是专利申请必须从诉讼与被诉讼的高度来验证专利权的稳定性，才能最大化地实现利益保全。

2. 零日流程规则

所谓零日流程规则，是指使当天的技术思想形成专利申请且于当天向专利局提交的规则。专利的时间优先规则决定了零日流程规则的重要性。作者曾多次遇到过因为几天或几个月的时间差而获得专利或丧失专利的情况。为此，零日流程规则非常重要。

3. 全域破拆规则

所谓全域破拆规则，是指对目标专利（即对手的专利和专利申请与其他既有的专利和专利申请）进行大深度和大广度破拆的规则。全域破拆工程包括上位破拆工程、下位破拆工程、旁置破拆工程、并置破拆工程和用途破拆工程。图6-36所示为上位破拆、下位破拆、旁置破拆、并置破拆和用途破拆的逻辑关系。

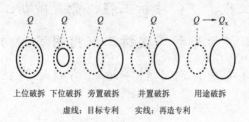

图 6-36 全域破拆逻辑关系示意图

所谓上位破拆工程，是指通过寻找目标专利已有技术特征的瑕疵，移除瑕疵技术特征创造上位专利的工程。

所谓下位破拆工程，是指通过在目标专利已有技术方案中，添加新技术特征，创造更具实用价值的技术方案进而创造下位专利的工程，在这一工程中新添加的技术特征最好为目标专利实施的必经之路，这样就可以卡住目标专利的脖子，把控目标专利走向价值的通道。

所谓旁置破拆工程，是指通过在目标专利已有技术特征中，寻找最具价值的技术特征，通过这些最具价值的技术特征和自选技术特征的结合，创造与目标专利具有部分重叠关系的新技术方案，进而创造新专利的工程。

所谓并置破拆工程，是指在对目标专利深刻研究和深刻认知的基础上，针对目标专利所要解决的技术问题以归零再造的方式创造新技术方案，进而创造新专利的工程。

所谓用途破拆工程，是指在对目标专利深刻研究和深刻认知的基础上，将目标专利改变用途或改变领域，进而创造新专利的工程。

上位破拆工程、下位破拆工程、旁置破拆工程、并置破拆工程和用途破拆工程为专利阵破拆工程指明了方向，理清了专利阵破拆工程的逻辑关系，对于科学地、高效地实施专利阵破拆工程具有重要意义。

4. 全域构建规则

所谓全域构建规则，是指遵循第三篇所述的创造活动的演进逻辑，站在问题和逻辑的高度审视可能的发明创造和可能的权利要求，根据 N+1 维专利阵破建规则构建专利阵，进行创造思考与创造表达，进而构建全域保护体系的工程规则。在全域构建工程中，要谨防被采用全域破拆规则的破拆工程破拆。为了更加坚实、更加难以被破拆，在全域构建工程中，应当将全域破拆的所有可能性反向穷尽。全域构建规则对发明创造工程、专利阵破建工程和深度知识产权工程中的专利创造具有重大意义。

（五）判明专利的反品性，理清专利运营的特殊性

如第一篇第二章所述，反品性是专利的基本经济学属性，包括唯一性、无品牌性、成本不可量化性、权利非稳定性、零成本复制性、信息零对称性和不可真理确权性。

判明专利的反品性的目的是认清专利不属于商品，认清专利具有必须经过创造活动的当量确值后才能变成商品的特殊性，认清专利和专利运营的特殊的经济学规律。

专利交易和商品交易有三大根本区别：

一是商品的价值确定只需统计核算即可完成，而专利则完全不同，专利是创造活动成果，无法直接确定其价值，必须经过创造活动的当量确值才能确定其价值，简单地说，商品的确值不需创造活动，而专利的确值必需是创造活动。

二是商品交易中间方不需要对商品技术细节有较多的了解，例如，不懂建筑的人可以卖房子，不懂发动机的人可以卖汽车，等等，而专利则完全不同，专利交易中间方必须对专利技术背景和技术细节有充分的理解，而且需要有高超的创造力才能使交易双方形成交易。

三是商品交易信息越不对称越有利于交易和利润的形成，这也是著名的信息不对称理论所阐述的基本原理，而专利却完全不同，交易中间方必须使交易双方由信息零对称达到信息高度对称

才有可能形成交易和利润。

换言之，专利的创造、专利的当量确值和专利的交易都离不开创造活动，因此，创造活动不仅是发明创造和专利阵破建的根本，也是专利运营的根本。这就是专利运营的特殊性。用以顶级创造家为核心的具有高超创造力的团队进行专利运营，是知识产权工程的第零产业模式的根本。建立以顶级创造家为核心的具有高超创造力团队的专业主体，是知识产权工程的根本所在。

换言之，专利是创造活动成果，专利运营工程遵循的是创造活动经济学的基本原理，而不是传统商品经济学的基本原理。

（六）植根于科技研发板块

将知识产权工程贯穿于科技研发工程的始终，以知识产权工程服务于科技研发板块，通过知识产权工程提升科技研发板块的创造活动水平，进而最大限度地创造价值，是知识产权工程的第零产业模式的重要内涵。

（七）植根于生产制造业板块

知识产权工程的根本目的之一是以创造活动提升社会生产力，进而获取回报。从与生产制造业企业关系的角度讲，知识产权工程的第零产业模式有以下特点：一是通过发明创造解决生产制造业企业的技术问题；二是与生产制造业企业建立紧密的合作关系，将知识产权工程贯穿于生产制造业企业的产品创新与开发的全过程，实现知识产权工程植根于生产制造业企业；三是为生产制造业企业创造有价值的深度知识产权化的1，从为生产制造业企业创造价值的过程中收取回报。

知识产权工程的第零产业模式是一种科学、高效和回报持久的知识产权工程模式，不仅对富企、富国具有重要意义，而且也是推动科技创新和提升产业竞争力的必然要求。知识产权工程的第零产业模式的创立，标志着科学的、崭新的知识产权工程模式的诞生，知识产权工程的第零产业模式对于科技创新工程的发展和科学技术产出的革命性提升都具有重大意义。

知识产权工程的第零产业模式的根本特点是服从创造活动的特殊性，服从创造活动成果的特殊性，服从创造活动成果交易的特殊经济学规律，服从创造活动经济学的基本原理，用具有以顶级创造家为核心的团队的技术逻辑企业从事知识产权工程，植根于科技研发板块，服务于科技研发板块，植根于生产制造业板块，服务于生产制造业板块，从为生产制造业企业创造价值中收取回报。

知识产权工程的第零产业模式构建了科技研发板块、技术逻辑企业和生产制造业板块相互促进、相互依存的三位一体的知识产权工程模式。知识产权工程的第零产业模式的诞生，标志着知识产权的获利模式由反侵权获利模式向创造价值获利模式的转变。知识产权的第零产业模式使知识产权工程的获利更具正能量，更能体现创造活动的高尚价值。知识产权工程是世界上最难的工程之一，需要人类的高智慧。第零产业模式是实施知识产权工程的最为科学的模式，这个模式的根本是由技术逻辑企业从事知识产权工程，因为，技术逻辑企业的团队、能力与素质等都与知识产权工程的要求吻合，也只有技术逻辑企业才能科学有效地完成知识产权工程。

生产制造业企业可通过与技术逻辑企业合作来实施其知识产权工程，对生产制造业来说，这是成本低、效率高地实施知识产权工程的根本途径，是企业知识产权战略的根本保障。

第三章　科技成果转化工程

科技成果转化工程对提高科技创新工程效率和产业竞争力具有极其重要的意义，是科学技术产出革命性提升的必然要求。科技成果转化工程已经成为世界性难题，其根本原因就是世界对科技成果、科技成果转化工程、科技成果转化工程主体的特殊性认知的缺失，未创造出科学高效的科技成果转化工程模式。

一、科技成果转化工程的创造活动属性
（一）科技成果的内涵

究竟什么是科技成果？究竟什么是科技成果转化工程？究竟什么是科技成果转化工程主体与产业投资机构的根本区别？明确所有这些问题的答案具有重要意义。

那么，究竟什么是科技成果？因为创造活动是科技研发板块的根本，所以所谓科技成果，就是科技研发板块的创造活动成

果，即研究所、研究院、科学院和高等教育机构等科技研发机构的科技研发成果。科技研发板块擅长的是科技新思想创造工程和新技术原理验证工程，也就是从0做到0.5的工程，其创造活动成果就是0.5，即经过原理验证但未经产品验证的创造活动成果。经过产品验证的创造活动成果就是1，然而，由于1本身属于产品原型，不需要转化，生产制造业板块可以直接承接。科技研发板块偶尔也会有1出现，但是，科技研发板块真正擅长的是科技新思想创造工程及新技术原理验证工程，却不擅长产品验证，所以，科技研发板块的创造活动成果几乎全部是0.5，1几乎不存在，1可以忽略不计。为此，所谓科技成果就是0.5，而不是1。

究竟什么是科技成果转化工程？如本篇上文所述，科技成果转化工程是从0.5到1的工程，就是完成从0.5到1的新技术工程化工程和深度知识产权工程，且止步于1，向生产制造业企业许可或转让深度知识产权化的1，收取回报的工程。

究竟什么是科技成果转化工程主体与产业投资机构的根本区别？作者认为，科技成果转化工程主体（含科技成果转化基金等）就是专门从事科技成果转化工程的主体，就是完成从0.5到1的新技术工程化工程和深度知识产权工程，且止步于1，向生产制造业企业许可或转让深度知识产权化的1，收取回报的主体。而产业投资机构（含产业基金等）是专门从事从1做到 N 的工程的主体。

科技成果转化工程主体应当专注于对高价值0.5的投资，专注从0.5做到1的工程，追求从0.5做到1后，许可或转让深度知识产权化的1，获取高额回报，而不是追求短、平、快。科技成果转化工程主体应当置身于科技研发板块和生产制造业板块之间，发挥承上启下之作用，实现纽带和桥梁之功能。如果科技成果转化工程主体只专注寻找1，那是难以成功的，因为1的稀缺性决定了发展空间的受限性。不仅如此，在这种只专注寻找1，再将1做到 N 或 N+的模式中，科技成果转化工程主体还需要与既存生产制造业企业进行激烈的竞争，所以难以获利、难以维系、难以取得成功。

科技成果转化工程的本质就是为科技研发板块打造成果出口，进而提升科技研发板块的创造活动水平，就是为生产制造业板块提供技术食粮，就是生产制造业企业的技术入口，进而提升生产制造业企业竞争力，而科技成果转化工程主体在这个过程中收取回报，获得发展。

（二）科技成果转化工程主体的特殊性

具体地说，科技成果转化工程主体必须具备实施从0.5做到1所必需的新技术工程化工程和深度知识产权工程的能力。不仅如此，科技成果转化工程主体还必须具备对0.5的价值的判断能力，科技成果是创造活动成果，必须对其反品性有深刻的认识，才能有效实施科技成果转化工程。也就是说，科技成果转化工程主体必须具备高超的创造力、丰富的工程开发经验和专业化的知识产权工程能力。这对科技研发机构来说难以胜任，对生产制造业企业来说也难以胜任。只有技术逻辑企业才能胜任科技成果转化工程主体这一重任，才能使科技成果转化工程得以发展壮大。

二、现行科技成果转化工程模式的问题

1980年由美国国会议员 Birch Bayh 和 Robert Dole 提出并经国会通过，且于1984年进行修改的美国《拜杜法案》的实施，极大地促进了美国的科技成果转化工程的发展，开创了美国技术与风险基金产业合作的新局面，引发了美国产业变革，使美国由制造经济转向了知识经济。

这证明科技成果转化工程意义多么地重大，也证明科技成果转化工程是促进科技创新工程，促进科技进步，提高产业竞争力和创造社会绝对财富的关键环节。

详细分析美国《拜杜法案》实施之前的美国科技研发板块的状态可知，《拜杜法案》之所以能够起这么大作用，其根本原因并不是《拜杜法案》本身，而是《拜杜法案》实施时的美国科技研发板块在漫长时间里已积累了相当数量的高价值的1，只要打开最后一道闸门，这些1就能形成巨大的推动力，而《拜杜法案》恰恰开启了这最后一道闸门。

《拜杜法案》对美国经济的推动作用实质上是一种巧合，巧就巧在恰好当时美国科技研发板块已积累了相当数量的高价值的1，并不是《拜杜法案》开创了科技成果转化工程的行之有效的新模式。这一点可以从那些高价值的1转化殆尽后，美国的科技成果转化又回到不尽如人意状态的事实中得到证明。这一点还可以从中国科技成果转化工程的现状中得到证明。

2007年12月29日中国颁布实施了《中华人民共和国科学技术

进步法》，2015年8月29日中国修订了《中华人民共和国促进科技成果转化法》，从法律层面来讲，这两部法律对试图推动科技成果转化工程的努力和力度绝不比《拜杜法案》弱。在这两部法律出台后，中国相关部门和机构对全球特别是美国的科技成果转化工程模式进行了广泛而深入的调研与学习。此后，中国的科技成果转化工程机构和基金在全国范围内如雨后春笋般层出不穷，但是，这些机构和基金的运作模式基本上都是美国科技成果转化工程模式的翻版。上述这两部法律的出台和对美国科技成果转化工程模式的翻版，并没有使中国的科技成果转化工程局面有多大的改观。其原因就是，中国的科技研发板块对高价值的1的积累少而又少。

目前，世界各国的科技成果转化工程的圣地有很多，如MIT、美国硅谷和德国弗劳恩霍夫研究院等，这些机构都享有盛名，都是非常了不起的机构，其科技成果转化工程的模式种类虽然很多，但是可以归纳为投资型模式、服务型模式、创新链合作型模式、企业独自型模式和深度支持型模式五种。不可否认，这五种模式在科技成果转化工程中都具有一定的积极作用，甚至在个案中起到过巨大的作用。然而，在这五种模式下，包括美国、德国和日本等发达国家在内的全世界所有国家的科技成果转化工程状况一直与社会发展需求不相匹配。实事求是地讲，科技成果转化工程之所以成为世界性难题，就是因为上述五种科技成果转化工程模式存在严重问题。科技成果转化工程模式的变革，已经成为科技成果转化工程的根本问题，也已经成为科技创新工程与科学技术产出革命性提升的根本问题之一。

（一）投资型模式及其存在的问题

在投资型模式中，科技成果转化工程的主体为风险投资机构和科技成果转化工程基金投资机构等。这些投资机构只是专注在科技研发板块中找到1，再从1做到 N，进而做生产制造业企业。详细分析，可以发现投资型模式存在以下四个严重问题：

其一，由于投资机构和科技研发板块机构都不是生产制造业企业，需要重新建设厂房，重新建立销售渠道，而且需要重新招募工程技术人员、产业工人、生产管理团队和营销团队等等，他们从1做到 N 的速度和效率远远不如既存的生产制造业企业。应该由既存的生产制造业企业负责从1做到 N，而不是由科技成果转化工程主体来完成，否则，不仅会造成社会资源的浪费，而且还会造成产能过剩。但是，在这种模式中，投资机构恰恰做了本应该由既存的生产制造业企业做的事，看似转化了一些科技成果，但实际上却造成了社会资源的巨大浪费。不仅如此，由投资机构打造的新生产制造业企业在与既存的生产制造业企业的竞争中也会步履艰难，往往会败下阵来。

其二，科技研发板块中能够达到1的科技成果极为有限，所以，科技成果转化工程机构的发展空间有限，难以维系，更难以发展壮大。

其三，在这种模式中，占科技研发板块所积累的科技成果总量的近乎全部的0.5都得不到转化，根本无法解决科技研发板块的"肠梗阻"问题。所以，投资型模式对提高科技研发板块活力的作用微乎其微，也无法为生产制造业企业提供技术支撑。因此，这种模式的发展前景有限。

其四，知识产权工程是科技成果转化工程的基础，由于知识产权教育缺失等原因，科技研发板块和生产制造业板块都很难完成专业化的知识产权工程。在科技成果转化工程中，科技成果转化工程主体必须具有实施深度知识产权工程的能力，才能使科技成果的价值得以保全，然而，在投资型模式中，科技成果转化工程主体完全不具备实施深度知识产权工程这种能力。所以，科技成果的价值也会大打折扣。

实事求是地讲，无论在哪个国家，科技研发板块最擅长的都是科技新思想创造工程和新技术原理验证工程，即擅长从0做到0.5，而对于从0.5做到1的新技术工程化工程和深度知识产权工程则难以胜任，从0.5做到1的工作也不应该由科技研发板块完成，因为这违反社会分工的基本逻辑。生产制造业板块最擅长的是设计、生产制造和其它经营性活动，即擅长从1做到 N，而对于从0.5做到1的新技术工程化工程和深度知识产权工程也难以胜任，从0.5做到1的工作也不应该由生产制造业板块完成，因为这也违反社会分工的基本逻辑。也就是说，在0.5和1之间存在一道科技研发机构和生产制造业企业都难以跨越的技术、工程和知识产权的鸿沟。

事实上，现行的科技成果转化工程模式并没有解决跨越这一鸿沟的桥梁问题。科技研发板块积累了大量的0.5，生产制造业板块急需大量的1，但是，科技研发机构在鸿沟的一侧，生产制造业企业在鸿沟的另一侧，遥相呼应，却牵手无望。

完成从0.5到1的新技术工程化工程和深度知识产权工程，进而构建跨越这一鸿沟的桥梁，才是解决科技成果转化工程问题的根本所在。

（二）服务型模式及其存在的问题

服务型模式多种多样，其中，孵化服务型模式和中介服务型模式是这一模式的典型代表。孵化服务型机构和中介机构仅仅为创业者提供平台和服务，并不直接参与从0.5做到1的新技术工程化工程和深度知识产权工程这两项科技成果转化中最为关键的工程。孵化服务型模式类同于为一线部队提供服务的军队的后勤部门，类同于为演出者有偿或无偿提供场所与服务的演艺平台。而中介服务型模式类同于房屋中介，只是牵针引线。服务型模式确实为创业者提供了服务，减少了创业者的后顾之忧，但是仍然没有解决从0.5做到1的新技术工程化工程和深度知识产权工程这一科技成果转化工程的核心问题。详细分析，同样可以发现服务型模式存在以下四个严重问题：

其一，孵化机构深度服务的缺失。孵化服务型模式事实上是创业者散兵游勇、自生自灭的形式。科技成果转化工程需要实施具有相当难度的新技术工程化工程和深度知识产权工程，需要高超的创造力、深厚的工程经验、丰富的产业经验以及相当水平的市场判断力，并不是一般意义上优秀的水兵就能过的河。科技成果转化工程团队自身需要特殊的能力和科学的组织形式，然而，孵化服务型模式无法解决这些问题。孵化服务机构就是提供填鸭式服务，孵化服务机构本身并不具备判断技术的水平、价值和商业化难易度的专业能力，也不具备从0.5做到1所必需的专业能力。为此，除了填鸭式服务之外，孵化服务机构并不能帮助被孵化机构解决实施从0.5做到1的新技术工程化工程和深度知识产权工程这一关键问题，往往导致一成九十九不成的状况，造成了社会资源的巨大浪费。

其二，孵化机构服务方向的错位。在孵化服务型模式中，被孵机构均是科技研发板块的机构，或是科技研发板块的衍生机构，孵化的目的是为科技研发板块的机构提供服务与经济支持。所以，孵化服务型模式对于产生更多的0.5有意义，对于从0.5做到1的作用有限。

其三，孵化机构与被孵化机构的利益攸关机制的缺失。孵化机构，无论是政府所设机构、政府委托机构还是社会企业，其根本目的都是提供孵化服务，通过孵化服务收取回报。然而，孵化机构与被孵化机构更深度的利益攸关机制基本缺失，被孵化机构的成功与失败与孵化机构的利益攸关机制更是完全缺失。这种利益攸关机制的缺失必然导致孵化机构和被孵化机构的关系松散，进而导致效率的低下与成功率的低下。

其四，中介服务型模式的作用仅仅是提供信息，随着信息化的深入发展，这种服务型模式的有益作用也会越来越小。

（三）创新链合作型模式及其存在的问题

创新链合作型模式包括产学研合作型模式和产学研用合作型模式，其实质是以企业为主导的创新链上下游的松散型联合攻关组织。创新链合作型模式的目的在于打通各板块主体间的壁垒，跨越各板块主体间的鸿沟，实事求是地讲，与上述两种模式相比，这种模式更趋近于问题的核心。

然而，实践证明创新链合作型模式在具体实施中，由于其组织的松散性，各方主体间的鸿沟难以跨越，各方主体间的壁垒难以消融，形成了合而不融、合而不通，产是产、学是学、研是研以及用是用的局面。目前的创新链合作型模式很像当年中国的人民公社，各方主体利益不清，责任不清，人浮于事，效率低下。

从形式上看，美国的曼哈顿计划和中国的"两弹一星"工程均属于创新链合作型模式，美国的曼哈顿计划和中国的"两弹一星"工程之所以效率高，是因为其组织形式十分紧密，且主导主体的主导力强大。今天的创新链合作型模式的组织形式的紧密程度、主导主体的主导力与曼哈顿计划和"两弹一星"工程完全不具有可比性。

从内容上看，今天的产学研合作型模式及产学研用合作型模式与曼哈顿计划和"两弹一星"工程完全不同，不具备这一模式所必需的具有强大的主导力的主体。组织形式松散和主导力弱是创新链合作型模式即产学研合作型模式和产学研用合作型模式的根本问题。在当今的社会背景下，曼哈顿计划和"两弹一星"工程难以在一般意义上的科技成果转化工程中得以复制，除非涉及国家重大需求的极个别情况。

事实上，美国的曼哈顿计划和中国的"两弹一星"工程并不是今天的创新链合作型模式，而是科学技术领域的多兵种合同战。

（四）企业独自型模式及其存在的问题

所谓企业独自型模式，是指某一企业独自从0做到 N 的模式，这种模式是西方国家的特定文化、特定社会环境和特定发展阶段的产物。西方国家的企业经过长期的发展和积累已经形成独立的研发体系，企业自身具有从0开始一直做到 N 的文化、欲望和能力。

企业独自型模式在发达国家很奏效，波音、微软、英特尔和高通等企业之所以占据垄断地位收取超额利润，均是因为企业独自型模式所起的作用。

企业独自型模式虽然在西方国家奏效，但它是与社会分工相违背的，并不具有普遍的科学合理性，在给社会带来进步的同时，也会造成社会资源的巨大浪费。此外，没有对科技创新工程的意义与作用的深度认知和漫长的科技创新工程实践的历练，一个企业难以拥有从0开始一直做到 N 的文化、欲望和能力。所以这种模式并不具备广泛的适用性。

（五）深度支持型模式及其存在的问题

所谓深度支持型模式，就是科技成果转化机构对拥有0.5的科技研发板块的科学家进行投资，让这些科学家将0.5做到1或做到 N 的模式。这种模式看似科学，但却忽略了科学家难以胜任从0.5做到1的新技术工程化工程和深度知识产权工程，更难以胜任从1做到 N 这一事实。也就是说，这种模式忽视了社会分工的根本作用，然而，对科技成果转化工程而言，社会分工具有决定性作用。如上所述，从0到0.5和从0.5到1需要的人才类型完全不同，传统意义上的优秀科学家非常难以胜任从0.5到1的工程中的工程性工作和知识产权性工作，更难以胜任做到 N 的工程。为此，这种模式依然缺乏科学性和高效性。

全世界，尤其是西方国家，之所以一直沿用上述五种科技成果转化工程模式，究其原因有四个：

其一，这五种模式均由历史自然形成，已经成为一种习惯。犹如乘车不系安全带一样，尽管科学研究证明不系安全带比系安全带危险许多，但在依法强力实施之前，乘车者对不系安全带习以为常。

其二，尽管这五种模式有这样那样的问题，但是，这五种模式的运作简单易行，对于科技成果转化工程主体来说似乎更省时省力。从本质上讲，投资、服务与合作都是必要的，但是投到哪里、服务到哪里、合作到哪里，则是问题的关键。从一般意义上讲，投资都是找能快速赚取回报的地方，找简单易行的地方，找组织形式改变小的地方进行，完全没有必要考虑其他事宜。但是，科技成果转化工程则完全相反，应该应难而行，应关键而行，因为只有这样才能解决最需要解决的问题，才能获得垄断性回报。然而，投资型模式、服务型模式和创新链合作型模式都忽略了这一点。

其三，世界缺乏对创造活动经济学的认知与研究，忽略了科技成果的特殊的经济学属性，都试图把科技成果当作商品进行交易和运营。然而，科技成果不属于商品，具有与商品交易完全不同的经济学规律，信息不对称理论对科技成果转化工程也是不适用的。

其四，世界缺乏对科技研发机构特殊性和生产制造业企业特殊性的认知与研究，缺乏对科技创新工程社会分工的认知与研究，没有认识到科技研发板块和生产制造业板块之间存在科技研发机构和生产制造业企业都难以逾越的鸿沟，进而无法认识到构建跨越科技研发板块和生产制造业板块之间的鸿沟之桥梁的必要性，更没有认识到企业独自型模式和深度支持型模式与社会分工理论相违背这一严重缺陷，致使长期以来一直延续着这些缺乏科学性和高效性的模式。

我们看西方国家的科技成果转化工程似乎硕果累累，其实完全不然。西方国家的科技成果转化工程的确比新兴经济体国家好一些，但是与其对科技研发工程的投入、科技创新工程的基础、科技研发人员的潜力相比，特别是与其生产制造业产业发展的要求相比，还是远远不足的。西方国家科技成果转化工程模式虽然不科学，但经历百余年的磨合，在西方国家特定的教育、科技、社会和文化背景下，其在一定程度上还是有效的。然而，对新兴经济体国家等很难适用。新兴经济体国家的科技成果转化工程之所以雷声大雨点稀，其根本原因就是照搬了西方国家的科技成果转化工程模式，而这些模式与本国的国情和文化相违背。

综上所述，科技成果转化工程已经成为世界难题的直接原因，就是西方国家在对创造活动成果交易特殊性认知缺失的情况下，创造了上述五种缺乏科学性和高效性的科技成果转化工程模式，且被其他国家奉为灵丹妙药、生搬硬套所致。这种局面的变革已经迫在眉睫。科技成果转化工程模式的变革已经成为科技成果转化工程的根本要求，也已经成为快速推进科技创新工程和科学技术产出革命性提升的必然要求。如果能够创造出科学、高效的科技成果转化工程模式，就可以促进包括西方国家和新兴经济体国家在内的全世界的科技成果转化工程的发展，进而促进全世界的繁荣与发展。

三、科技成果转化工程的第零产业模式
（一）科技成果转化工程的第零产业模式的内涵

作者在多年的实践经验和多年的理论研究，以及分析总结世界各国科技成果转化工程模式的基础上，提出了科技成果转化工程的第零产业模式（如图6-37所示）。

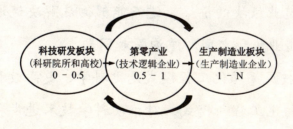

图 6-37 科技成果转化工程的第零产业模式示意图

在这种模式中，科技成果转化工程主体既不是传统的科技成果转化工程机构，也不是科技研发机构，更不是生产制造业企业，而是具有高超创造力和产业经验的、可以判断0.5的价值的、能够从事专利阵破建等知识产权工程的、能够专业化地完成从0.5

到1的新技术工程化工程和深度知识产权工程的技术逻辑企业。

在此第零产业模式中，技术逻辑企业一侧牵手科技研发板块，另一侧牵手生产制造业板块，专门从事从0.5做到1的新技术工程化工程和深度知识产权工程。换句话说，技术逻辑企业接纳经过原理验证的科技成果，对其实施专业化的新技术工程化工程和深度知识产权工程，完成产品验证，形成产品原型，再将深度知识产权化的产品原型转移给生产制造业板块并收取回报。

技术逻辑企业拥有以顶级创造家为核心的团队，这种团队既具有高超的创造力也具有丰富的工程经验，能够更准确地判断科学技术的方向和科技成果的价值，能够专业化地完成从0.5到1的新技术工程化工程和深度知识产权工程。技术逻辑企业是科技新思想的创造者、新技术工程化者、实施知识产权工程的专业机构、解决从0.5到1的工程性问题的专业机构以及连通科技研发板块和生产制造业板块的桥梁，进而能够彻底解决连通科技研发板块和生产制造业板块之间的鸿沟跨越问题。

这种科技成果转化工程模式是更科学、更高效和更具竞争力的科技成果转化工程新模式，对推动科学技术进步和提升产业竞争力都具有极其重要的意义，是科技创新工程高效化和革命性提升科学技术产出的必然要求。科技成果转化工程的第零产业模式，对于革命性地提升科学技术产出具有革命性作用。

科技成果转化工程的第零产业模式，适用于所有国家的科技成果转化工程。因此，科技成果转化工程的第零产业模式具有巨大的市场空间，其中的技术逻辑企业，是一种资产轻量化的、竞争力极强的、位于价值链顶端的高盈利企业。

（二）止步于1的必然性

如前所述，在0.5和1之间存在一道科技研发板块和生产制造业板块都难以跨越的技术和知识产权的鸿沟。这一鸿沟蕴藏着巨大的新兴市场，完成从0.5到1的新技术工程化工程和深度知识产权工程将赢得这一市场。

科技研发板块是生产财富种子的专业机构，生产制造业板块是将财富苗养成财富参天树的专业机构。但是古今中外，能把财富种子培育成财富苗的专业机构完全缺失。从某种意义上讲，科技成果转化工程的第零产业模式的实施主体即技术逻辑企业就是为填补这一缺失而生的，就是把财富种子培育成财富苗的专业机构，就是连通科技研发板块和生产制造业板块之间的桥梁。

科技成果转化工程的第零产业模式的实施主体与科技研发板块和生产制造业板块具有串联关系，是位于科技研发板块与生产制造业板块之间的财富流的必经之路，是科技研发板块的成果出口，是生产制造业板块的技术入口。形象地讲，科技成果转化工程的第零产业模式，就是建设横跨上述鸿沟连通科技研发板块和生产制造业板块的桥梁。把控财富种子到财富参天大树之间的财富苗这一链节，就将把控财富种子到财富苗这一巨大市场。止步于1，许可或转让深度知识产权化的1收取高额回报是这一模式的经营性特征。因此，这一模式不仅具有科学性和现实性，且具有巨大的市场空间。

众所周知，社会分工是效率提升的根本途径。事实上，从0

做到0.5、从0.5做到1和从1做到 N 这三个工程具有完全不同的性质，要求的人才素质也不同。只有对这三个工程进行社会分工，划分成三个既相互联系又相互区别的链节，即三个既相互联系又相互区别的板块，才能促进科技创新工程效率的提升，才能使科学技术产出革命性提升。

从本质上讲，科技成果转化工程的第零产业模式是社会分工的产物，因此，其更具科学性。科技成果转化工程的第零产业模式已得到了科技研发板块和生产制造业板块的高度认可。

（三）由并联业态到串联业态的转变具有革命性

在传统科技成果转化工程中，科技成果转化工程机构会竭尽全力从科技研发板块寻找1，找到1后，招聘团队、买土地、建厂房、买设备、建流水线、组织生产、建设销售渠道，一切就绪后，便开始与本领域的既存企业竞争，这样不仅竞争激烈，而且往往造成价格战等低层次竞争，导致产能过剩，导致亏损。

不仅如此，在激烈的竞争中，往往败下阵来的是由科技成果转化工程机构组建的新企业。究其原因，是因为传统科技成果转化工程机构所建立的企业与同领域的既存企业处于并联关系，即形成了并联业态。并联业态的根本症结所在是无法形成完整的价值链，却造成社会资源的巨大浪费和科技成果转化工程机构发展的重重障碍。

然而，如图6-37所示，在科技成果转化工程的第零产业模式中，技术逻辑企业将经营范围锁定在专门从事创造活动和创造活动成果价值化之内，不直接从事有形产品的生产、制造与销售，专门从事从0.5到1的新技术工程化工程和深度知识产权工程，且止步于1，通过向生产制造业板块的生产制造业企业许可或转让深度知识产权化的1，收取回报。

具体地讲，技术逻辑企业专门从事从科技研发板块接受的具有高价值的0.5到1的新技术工程化工程和深度知识产权工程，将获得的深度知识产权化的1许可或转让给生产制造业板块的生产制造业企业收取回报。收取回报后继续从事相同工作，不从事有形产品的生产、制造与销售等经营活动，永远止步于1。这样就与科技研发板块和生产制造业板块形成了串联关系，即形成了串联业态。串联业态意味着上述三者相互依存、相互促进、共同发展。这意味着科技研发板块、科技成果转化板块和生产制造业板块三大板块处于相互依存、相互促进、共同发展的串联业态。由并联业态到串联业态的转变将使科技研发板块、技术逻辑企业和生产制造业板块形成具有完整创造链和价值链的、科学高效的产业结构，将使科技研发板块的产出革命性提升，将使生产制造业板块的竞争力和社会生产力革命性提升，也将使技术逻辑企业得以革命性地发展壮大。

因此，科技成果转化工程由并联业态向串联业态的转变具有革命性，也就是说科技成果转化工程的第零产业模式具有革命性。这种串联业态的科技成果转化工程模式的革命性作用，是包括西方科技成果转化模式在内的迄今为止的一切科技成果转化模式完全不可及的。

科技成果转化工程的第零产业模式的诞生，标志着人类有史以来第一次实现科学技术与产业之间的关系的科学化，这种科学化也可称为创新要素格局科学化。科技成果转化工程由并联业态向串联业态的转变将使人类有史以来第一次实现创新要素格局的科学化。创新要素格局的科学化必将极大地促进科技创新工程的发展与社会生产力的提升。

科技成果转化工程的第零产业模式的根本特征是，服从创造活动的特殊性，服从创造活动成果的特殊性，服从创造活动成果交易特殊性所决定的创造活动经济学规律，置身于科技研发板块和生产制造业板块之间，具有以顶级创造家为核心的技术逻辑企业团队，专门从事从0.5做到1的新技术工程化工程和深度知识产权工程，且止步于1，向生产制造业板块许可或转让深度知识产权化的1，收取回报。

综上所述，创造活动的独立化，还将造就更多的亚里士多德、亚当斯密、牛顿、爱因斯坦、普朗克、薛定谔、特斯拉、钱学森、邓稼先、于敏等伟大的科技巨匠，也将造就更多更伟大的科技巨匠。依据人类创造活动的特殊性，按本篇所述的方略方法，做好科技研发工程、知识产权工程和科技成果转化工程，必将革命性地提升科技创新工程的效率。

第七篇　论创造活动与社会生产力

　　社会生产力是社会生产系统的功能，其构成包括人类的各类活动，而人类创造活动就是社会生产系统的基础，是社会生产力的核心，不仅如此，人类社会越发展，人类创造活动对社会生产力的决定作用越大。

　　创造活动与其他活动具有本质性区别，创造活动对人的能力要素的要求完全不同，且人类个体从事创造活动的能力也完全不同。因此，创造活动的独立化是社会生产力提升的必经之路与根本途径。

　　科技创新工程领域的创造活动是人类创造活动的代表。科技创新工程包括科技研发工程、知识产权工程和科技成果转化工程，而科技创新工程领域的创造活动就是科技研发工程、知识产权工程和科技成果转化工程中的创造活动。

　　随着创造活动的独立化，会形成专门从事创造活动的主体、专门从事创造活动的企业和专门从事创造活动的产业。专门从事创造活动的主体称为创造家，专门从事创造活动的企业定义为技术逻辑企业，专门从事创造活动的产业定义为第零产业。

本篇将论述科技创新工程领域的创造活动的独立化与社会生产力提升的逻辑关系，进而揭示革命性地和极大地提升社会生产力的根本途径。

第一章　三元活动社会分工

今天，世界人口的增长速度与人类社会需求的增长速度已经达到史无前例的程度，能够给人类提供继续发展空间的根本途径就是通过科学技术产出的革命性提升来实现社会生产力的革命性提升。为了革命性地提升科学技术的产出，必须革命性地提高人类创造活动水平，否则无法实现。为此，必须进行三元活动社会分工使创造活动独立化，只有这样才能充分发挥人类的创造力，才能革命性地提升人类创造活动水平，才能革命性地提升社会生产力，才能使人类战胜各类严峻挑战。

一、亚当斯密等传统社会分工理论的本质

社会分工是亚当斯密（Adam Smith，1723—1790）于1776年所著《国富论》一书的核心内容之一，亚当斯密在《国富论》中通过对斯密针生产过程的分析，对其社会分工理论进行了详细的

论述。亚当斯密所提出的社会分工是对流程性工作的步骤化，将一个完整的流程性工作步骤化为不同工种，这种社会分工产生众多工种。例如，在那个时代，一个制针的过程就可以产生抽丝工序、拉直工序、截断工序等18道人工工序，对每个工序设立一个工种，就形成了18个工种。

历史上曾出现过将社会活动划分为体力活动和脑力活动的分工理论，但这种体力活动和脑力活动分工实质上是体力活动和智力活动的分工，而根本没有涉及创造活动的划分及其独立化与专业化。

查尔斯巴贝奇（Charles Babbage，1792—1871）曾提出过脑力活动同体力活动一样也可以进行分工的思想。他用如下事例对其脑力活动分工思想进行了说明：法国桥梁和道路学校校长普隆尼把他的工作分成技术性、半技术性和非技术性三类，把复杂的数学计算（技术性工作）交给有高度能力的数学家去做，把简单的计算工作（半技术性工作）交给只能从事加减运算的人去做，把体力性工作（非技术性工作）交给体力工作者去做，从而大大提高了整个工作的效率。

然而如上所述，查尔斯巴贝奇所描述的所谓有高度能力的数学家从事的仅仅是智力活动，而不属于创造活动，那个只能从事加减运算的人所从事的也是智力活动，两者只有在智力范畴内难易程度上的区别，没有根本性的差异。这说明查尔斯巴贝奇的所谓脑力活动分工并不是智力活动和创造活动的社会分工，而仅仅是智力活动范畴内的人类活动的划分。

事实上，脑力活动由两大类截然不同的、具有根本性差异的智力活动和创造活动组成，如果说要对脑力活动进行社会分工，首先应该是智力活动和创造活动的划分与各自的独立化、专业化。此外，历史上还出现过按社会生产物类别把社会生产划分为第一产业、第二产业和第三产业的分工理论。现存的三大产业划分就是这一分工理论的体现。

综上所述，迄今为止的传统分工仅仅在工序方向上、在社会生产物类别方向上、在体力活动与智力活动间以及在智力活动范畴内，对人类社会活动进行了展开与划分。

在亚当斯密的社会分工中，只要经过一段时间的熟练过程，工人就完全可以在不同工种之间流动。比如说，一个抽丝工人只要经过一段时间的熟练过程就完全可以从事拉直工和截断工等工种的工作，反之亦然。在按社会生产物类别进行的分工中，第一产业的工作者们经过一段时间的熟练过程，完全可以从第一产业转型到第二产业和第三产业，反之亦然。虽然数学计算和加减乘除运算之间的差异看似大些，但仍不是本质性的，二者要求的能力要素间不存在根本性差异，在一定的教育和训练后，从事加减乘除的人完全可以从事复杂数学计算，反之亦然。

体力活动和智力活动之间的确存在根本性差异，但在科学技术高度发展的今天，这两种活动都呈现出高度的统一性，都完全可用机器代劳，所以体力活动和智力活动之间分工已经丧失必要性。

简曰之，迄今为止的传统社会分工根本没有涉及创造活动的划分与独立化、专业化。

二、传统社会分工理论的局限与终结

包括亚当斯密社会分工和查尔斯巴贝奇社会分工在内的迄今为止的一切传统社会分工理论，均未涉及唯有人类能够承担的、人类最具竞争力的，且只有少数人类个体可以完成的创造活动的划分及其独立化与专业化。

更为严重的是，这些传统社会分工理论对体力活动和智力活动的高度统一性的认知完全缺失，对创造活动及其独立化、专业化的意义和作用的认知完全缺失，漠视了创造活动与其他活动的根本区别，漠视了创造活动独立化与专业化对人类社会将产生的史无前例的革命性作用，漠视了创造活动独立化与专业化将成为社会生产力革命性提升与社会生产力极大提升的根本途径这一基本事实。这就必然导致以亚当斯密社会分工理论为代表的迄今为止的一切传统社会分工理论的局限性和走向终结的必然性。

在特定的历史时期，传统社会分工的确革命性地推动了社会生产力和生产效率的提升，对社会财富的积累起到过巨大的作用。但是，人类社会历经过去200多年的发展，传统社会分工对社会生产力和生产效率提升的作用已经触及天花板，其红利已基本被吃干榨净。在社会需求急剧增长的今天，传统社会分工已经不能满足人类社会的发展需求。

今天的世界，斯密针再也不需要18道人工工序和18个工种，而一个非智能机器就可以一次性完成。此外，由于3D打印机、高速计算机和智能机器等的出现，体力活动和智力活动已经能够高度统一至机器这一同一主体上。这一态势必然导致200多年来一直被视为社会生产力和生产效率提升灵丹妙药和经济学圣经的传统社会分工理论走向终结。

三、创造活动独立化的本质

在数千年的发展史中，人类创造活动对社会生产力提升的作用和地位发生了根本性变化。今天，创造活动已经成为社会生产力的核心，已经成为决定人类社会发展与进步的根本性力量。要想提升社会生产力必须提升人类创造活动水平，而提升人类创造活动水平的根本就是使创造活动独立化。

如果一个企业不能使创造活动独立化，这个企业将面临日益严峻的挑战；如果一个民族不能使创造活动独立化，那么这个民族将面临日益严峻的挑战；如果人类不能使创造活动独立化，人类将面临日益严峻的挑战。

如图7-1所示，将人类社会活动划分为创造活动、智力活动和体力活动，这种社会分工形式称为三元活动社会分工。

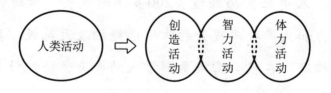

图 7-1 三元活动社会分工示意图

三元活动社会分工是在人类能力要素方向上的社会分工，是与迄今为止的一切社会分工截然不同的、崭新的社会分工形式。三元活动社会分工会形成三种不同的人类活动形式，但是由于智力活动和体力活动之间的社会分工早已完成，且因智力活动和体力活动完全可以统一于机器这一主体，所以本篇将着重论述创造活动的划分与独立化、专业化，而创造活动的划分与独立化、专业化简称为创造活动独立化。在三元活动社会分工中，将体力活动和智力活动统称为非创造活动，而创造活动独立化的根本就是放纵创造活动，量化非创造活动，就是放纵该放纵的人，量化该量化的人。

创造活动是科技创新的根本，创造活动独立化是革命性地提升创造活动水平、革命性地提升科学技术产出和革命性地提升社会生产力的必然要求与根本途径。换句话说，创造活动独立化是高效推动科技创新工程的根本途径，是革命性地提升科学技术产出的根本途径，是革命性地提升社会生产力的根本途径。

创造活动独立化必然导致科学技术产出的革命性提升，必然导致社会生产力的革命性提升。创造活动独立化之所以具有如此大的决定性作用，其原因有两个：一是人类创造活动已经成为社会生产力水平的决定性因素；二是创造活动对人的能力要素的要求的根本差异性决定了创造活动独立化的革命性作用。

这种社会分工形式将直接导致科技创新工程领域的重大变革，进而导致社会生产力提升模式的重大变革，最终导致人类社会的重大变革。因为，无论在哪个国家，科技工作人员均为国家精英的集合体，掌控着国家和社会的优良资源，这一集合体的科学的社会分工必将引发科技创新工程体制机制模式的根本变革，必将使不可估量的创造力得以迸发。

创造活动独立化与以往的社会分工形式有着本质区别，这种社会分工是应认识自然与改造自然所需，是对人类能力要素中区别性和差异性最大的能力要素的社会分工，是位于人类智慧顶端的社会分工，这必将导致人类认识自然与改造自然的方式革命性变革。

以往的传统社会分工是应利用自然和利用非创造活动所需，利用自然和利用非创造活动是混合式财富创造模式，即相对财富创造和二类绝对财富创造相混合的财富创造模式，其中不乏零和模式。而创造活动独立化这种社会分工形式是应改造自然所需，改造自然是纯粹的一类绝对财富创造模式，是一种非零和模式。创造活动独立化必然导致一类绝对财富的大量增长，而一类绝对财富的大量增长必然导致人类社会的根本性变革。

创造活动独立化的作用是巨大的，例如，中国拥有世界第一规模的8600余万人之众的科技工作人员队伍，这支队伍中绝对有刻苦钻研、勇于进取的优秀科技工作人员和大家先生。但不可否认，这支队伍中也有众多人员缺乏创新精神、缺乏科学精神、缺乏工程精神、缺乏敬业精神，上不着天下不着地，既不追求精雕细琢，也不追求创造新的科技思想，更不追求发现规律。陈旧的体制机制模式是无法创造出能够适应发展要求的新局面的，更无法使已经落后的国家快速发展。如果打破陈旧观念，大力推进创造活动独立化，放纵创造活动，量化非创造活动，改变科技创新工程体制机制模式，中国就将使其创新驱动发展战略落到实处，就将成为科技强国，就将为世界做出更大贡献。

创造活动的独立化将聚集世界之创造力奇才于科技创新之根基、于科技创新之顶层设计，将从根本上改变上不着天下不着地的科技创新工程现状，将使占科技创新工程大部分内涵的非创造活动能以类同工程施工的工作模式被量化，将大幅度降低科研成本，提高科技研发工程的效率。创造活动独立化将倒逼整个科技创新工程领域彻底改变面貌。创造活动独立化是提升科技创新工程效率和社会生产力的最科学、最有效、成本最低、最立竿见影的根本抓手。

事实上，在现代社会中，水利工程、市政工程、建筑工程等无论哪一种工程，都有科学严格的社会分工，都有既相互联系又相互独立的、分工明确的专业主体。例如，勘探公司、设计公司和施工公司等。

聚集人类最高智慧的军事领域也具有科学严格的社会分工以及既相互联系又相互独立的、分工明确的专业主体。例如，军事思想机构、军事指挥机构和军事行动机构等。

当今世界，不用说独自勘探、独自设计和独自施工的三独工程，即便是边勘探、边设计和边施工的三边工程也是明令禁止的，各个工程领域都必须有相互联系、相互独立、分工明确的专业主体，这既是责任细化的要求，也是管理科学化的要求，更是效率提升的要求。

从本质上讲，科技创新工程是一种极其复杂的工程，依据社会分工的基本逻辑，科技创新工程领域理应更早、更彻底地进行社会分工。然而，全世界都忽视了在科技创新工程领域进行社会分工的必要性，没能在科技创新工程领域中，实施让擅长的人做自己擅长的事的工作方式，这一世人公认的效率提升途径。目前在各个领域中，唯独科技创新工程这个领域没有社会分工，即相互联系、相互独立、分工明确地各自从事各自擅长所在的专业主体根本不存在。包括发达国家在内，全世界的科技创新工程领域基本上均属于科技研发人员独自"勘探"、独自"设计"、独自"施工"的三独状态，没有相关的专业主体，而且科技研发工程均属于家庭作坊，充其量是一种导师制下的家庭作坊，还没有进入大生产时代，从社会劳动组织形式方面讲都处于人类社会野蛮时代的中期阶段，古今中外，概莫能外。事实上，在社会分工的进程中，科技创新工程领域已经成为被遗忘的领域。

究其原因，主要有两点：一是在历史上，科技创新工程主要是个体或少数群体所从事的活动，一直处于缺少社会分工的状态；二是由于科技创新工程领域具有封闭性、神秘性、未知性和专业性，在社会分工中容易被忽视。

从社会分工的角度讲，目前科技创新工程领域的社会劳动组织形式处于人类社会野蛮时代的中级阶段，还没有形成不同人类活动的社会划分、独立化和专业化。虽然人类在现行科技创新工程体制机制模式下取得过重大进步与发展，但是，这不能代表现行科技创新的社会劳动组织形式就是科学合理的，更不能代表现行科技创新工程体制机制模式是科学合理的。

在科技创新工程和革命性地提升社会生产力已经成为人类最重大课题的今天，无差别地对待科技创新工程中的创造活动，没有社会分工的三独状态绝对是不科学的，也是人类无法继续承受的。这不仅严重阻碍了科技创新工程的效率提升，严重阻碍了科技创新工程向更深和更广的挺进，严重阻碍了社会生产力的革命性提升，也严重阻碍了科技巨匠的辈出。

如果能够实施创造活动独立化这一社会分工，就会有更多的毕昇、牛顿、爱因斯坦、普朗克、薛定谔、特斯拉、钱学森、邓稼先和于敏们以及更伟大的科技巨匠出现，就会使科技创新工程真正进入快车道，进而革命性地提升社会生产力。

人类文明发展到今天，离不开社会分工不断深化的贡献。在科技创新工程的创造活动、智力活动和体力活动中，创造活动的性质与其他活动根本不同，因此，创造活动要求具有完全不同特质的人才能高效完成。所以，科技创新工程领域是可以进行社会分工的领域，也是社会分工后效率提升非常巨大的领域。

创造活动与其他活动的差异性最大，对活动者能力的要求也最高。创造活动是科技创新工程的根本，创造活动如果能科学地、高效地完成，科技创新工程必将突飞猛进。让极具创造力的创造家专门从事创造活动是解决科技创新工程问题的关键所在。当然，我们还应该让擅长从事科技创新工程中的非创造活动的人从事非创造活动。

科技创新工程领域的社会分工已迫在眉睫，因为如果没有专门从事创造活动的专业主体，就无法实现系统性的、专业性的跨界与学科交融，也无法实现高效的科技创新工程，科学技术产出的提升就会步履艰难，社会生产力的革命性提升必然无法实现。由三独到创造活动独立化，是习惯的改变，是放纵创造活动的过程，是量化非创造活动的过程，是工作量化和责任具体化的过程，是效率提高的过程，也必然是在人们适应和接受之前面临巨大阻力的过程。由于科技创新工程的特殊性，这种阻力会比其他任何领域都更大。然而，根据科技创新工程领域中不同活动的特点配置不同的资源，不仅是使科技创新进入快车道的根本所在，更是高效率推动科技创新的唯一正确抉择，是一件如果不做，科技创新就无法快速前行，社会生产力就无法革命性提升的事。人类应当清醒地认识到创造活动独立化的革命性作用和不可或缺性。

哪个企业率先对科技创新工程实施三元活动社会分工，实现创造活动独立化，放纵创造活动，量化非创造活动，哪个企业就可能获得引领产业的先机，成为世界级伟大的企业。哪个国家率先对科技创新工程实施三元活动社会分工，实现创造活动独立化，放纵创造活动，量化非创造活动，哪个国家就可能获得引领世界的先机，成为世界强国。

三元活动社会分工是创造活动独立化的初级形态。

四、第零产业及其发展趋势

三元活动社会分工后，即创造活动独立化后，会形成专门从事创造活动的企业，作者称其为技术逻辑企业。技术逻辑企业的

出现与发展将形成创造活动产业，作者将创造活动产业称为第零
产业。

第零产业是继第一、第二、第三产业之后形成的创造活动产
业，是由技术逻辑企业构成的产业，是以世界上最具创造力的人
的创造力为根本推动力的产业。第零产业形成后，会出现第零产
业与第一产业、第二产业和第三产业共存的格局。而第零产业是
居于第一产业、第二产业和第三产业之上的，为第一产业、第二
产业和第三产业提供科技支撑、解决技术需求的产业。图7-2为四
大产业内涵示意图。

初期的第零产业就是从0.5做到1的产业，就是科技研发板块
和生产制造业板块之间的桥梁产业，就是与科技研发板块和生产
制造业板块相串联的产业，就是位于科技研发板块与生产制造业
板块之间财富流的必经之路的产业，就是解决科技研发板块的成
果出口和生产制造业板块的技术入口的产业。为此，第零产业将
把控财富流的必经之路，将把控巨大市场，将创造高额回报。

第零产业发展壮大成熟后，就会将科技研发板块纳入其中，
形成如图7-3所示的包括科技研发工程领域全部创造活动的产业。

图 7-2 四大产业内涵示意图

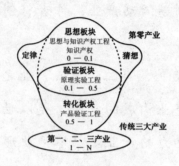

图 7-3 成熟的第零产业示意图

在这种情况下，第零产业仍将与生产制造业板块保持串联关系，仍将止步于1。因此，在任何时候，第零产业都将具有巨大的市场空间和广阔的发展前景。

随着信息化和智能化等超级现代化的不断发展，非创造活动会全面空气化（所谓空气化，是指不可或缺，但随手可得，居于价值链底端），而创造活动会全面黄金化，创造活动的价值将快速上升，创造活动的市场将不断扩大。预计在十年内第零产业将成为最具竞争力和最具价值的产业。

图7-4是根据配第—克拉克（William Petty/Colin Clark）定律类比标示的包括第零产业在内的四大产业价值发展趋势图，不难看出，随着时间的推移，在四大产业中，第一产业、第二产业和第三产业所创造的价值都将降低，而只有第零产业所创造的价值会持续增长。从产业发展史看，迄今为止出现的第一产业和第二产业都经历了出现、兴旺和衰落的过程，而第三产业经历了出现与兴旺的过程，但已显现出走向衰落的趋势。而第零产业将是永远不会衰落的产业。

第零产业的出现和快速向前的发展趋势是人类社会发展的必然要求，是创造活动经济学基本原理揭示的必然规律。

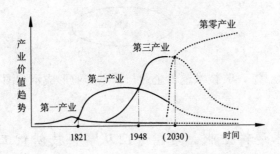

图 7-4 四大产业价值发展趋势图

第二章 技术逻辑企业

随着人类社会的进步，社会生产力对创造活动和产业格局科学化的依存度会与日俱增，革命性地提升人类创造活动水平和产业格局科学化已经成为革命性地与极大地提升社会生产力的根本途径。创造活动独立化必然导致技术逻辑企业的出现，且技术逻辑企业是产业格局科学化所必需。

一、技术逻辑企业的内涵与发展趋势

如图7-5所示，创造活动独立化会产生技术逻辑企业，技术逻辑企业的发展会形成第零产业。

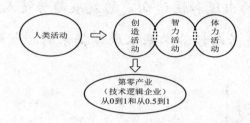

图 7-5 技术逻辑企业与第零产业形成示意图

所谓技术逻辑企业，是指专门从事科技创新工程领域的创造活动的企业，是利用平台模式整合一切可以整合的资源，坚守科技研发板块和生产制造业板块之间的桥梁及生产制造业板块之上位，不直接从事有形产品的生产、制造与销售，专门从事从0.5到1的新技术工程化工程和深度知识产权工程，且止步于1，通过许可或转让深度知识产权化的1，收取高额回报的企业。简单地讲，技术逻辑企业就是专门从事科技研发工程、知识产权工程和科技成果转化工程的企业。第零产业发展成熟后也包括从0到1。

科学和技术之间存在思想性和实验性内在关系，这种思想性和实验性内在关系既不属于科学，也不属于技术，而是独立于科学和技术之外的另一门类、另一领域。作者将这种思想性和实验性内在关系定义为技术逻辑，技术逻辑是科学到技术的桥梁和技术上升至科学的根本路径。

图7-6是科学、技术和技术逻辑三者关系示意图。理清科学、技术和技术逻辑的内涵和边界对深入认知科技创新工程领域的创造活动具有重要意义。

从技术逻辑的角度讲，技术逻辑企业就是专门从事技术逻辑工程的企业。

图 7-6 科学、技术和技术逻辑三者关系示意图

技术逻辑企业是新一轮社会分工的必然产物，是人类社会发展的必然要求，是生产制造业企业发展所必需、国家强盛所必需和世界进步所必需。

历史将无可辩驳地证明：如果十年内，一个生产制造业企业不能利用技术逻辑企业模式，这个企业即便存在也会落到价值链的末端；如果十年内，一个国家不能组建技术逻辑企业并形成第零产业，这个国家将严重落伍；如果十年内，世界还没组建技术逻辑企业并形成第零产业，那么人类的生存与发展将面临更加日益严峻的挑战。

其根本原因是，传统的社会生产力提升体制机制模式都已经无法满足今天的要求。只有技术逻辑企业及其形成的第零产业，才能从根本上改变科学技术产出的提升速度和社会生产力提升速度不足的局面。技术逻辑企业是绝对物质财富的最大创造者，是全球最具竞争力的企业，是世界进步的战略力量，具有无与伦比的科技创新工程价值、社会生产力提升价值和一类绝对财富创造价值。

任何社会分工都包括人为过程和自然过程。所谓人为过程，是指人为设定一些标准和模式主动推动某一行业和产业的形成与发展。所谓自然过程，是指某一行业和产业会在一种无形力量的作用下，自然而然地发展壮大的过程。历史上的历次社会分工、各个产业主体的形成与发展和各个产业的形成与发展，都是人为过程和自然过程相互作用、相互促进的结果。这种人为过程称为有形分工手，这种自然过程称为无形分工手。

技术逻辑企业也会与以往历次社会分工一样，在有形分工手和无形分工手的作用下，会经历出现、专业化与独立化、发展壮大、与传统产业分离和完全成熟等几个阶段，进而快速发展壮大。有形分工手和无形分工手的存在，实质上是创造力节点关系系统整体向好性的表征。

技术逻辑企业，不仅仅是得知电磁感应定律能发明出发电机、电动机、磁悬浮和电磁炮的企业，不仅仅是得知火药的出现能发明出热兵器的企业，不仅仅是为保护驾驶员能够发明出安全气囊的企业，不仅仅是能够创造经新技术工程化工程的深度知识产权化的1、止步于1，通过向生产制造业板块的企业许可或转让深度知识产权化的1收取回报的企业，不仅仅是连通科技研发板块和生产制造业板块的桥梁企业，而且是能够主导科学技术发展趋势、主导产业技术发展趋势并主导产业格局的企业，而且是社会生产力提升的战略力量。

技术逻辑企业有五个根本特点：

一是专门从事科技创新领域的创造活动，即在初期居于科技研发板块和生产制造业板块之间，专门从事从0.5到1的新技术工程化工程和深度知识产权工程，不直接从事生产与制造，在第零产业深度发展后，技术逻辑企业也会从事从0做到0.5和从0做到1的工程，但永远止步于1。在这种情况下仍然注重社会分工的作用，将从0做到0.5的工程和从0.5做到1的工程分制实施。

二是集天下创造力英才，在全球范围汇集创造家和顶级创造家，成为人类创造力的整合者，拥有以顶级创造家为核心的团队。

三是植根于科技研发板块和生产制造业板块，极大地成就科技研发板块的成果出口，极大地成就生产制造业板块的技术入口，极大地成就生产制造业板块的高水平社会生产力和竞争力，通过向生产制造业企业许可或转让深度知识产权化的1获取回报。

四是依据全球科技研发板块和生产制造业板块的研发痕迹与产品痕迹，寻找有价值的0.5，跟踪全世界、借鉴全世界、超越全世界、颠覆全世界的战略力量。

五是通过与科技研发板块和生产制造业板块的串联关系，主导创造链，优化价值链，促进科技创新工程的水平和社会生产力的提升。

技术逻辑企业的体量必须达到相当程度，以便能够在全球范围内汇集创造家和顶级创造家，能够整合科技研发板块、生产制造业板块和金融板块的资源，能够有能力承接 R&D 外包，能够主导科技创新工程的方向。

技术逻辑企业的理念是超越已知、颠覆已知、创造财富、改变世界。技术逻辑企业的目标是成为世界上最具竞争力的企业，成为一类绝对财富的创造者，成为人类创造力的整合者，成为改变世界竞争格局和推动世界进步的战略力量。

技术逻辑企业是知识产权工程的第零产业模式的主体，是科技成果转化工程的第零产业模式主体，技术逻辑企业也是技术创新的主体。技术逻辑企业能整合、提高人类的创造力，实时把握并创造科技创新工程新趋势，以科技研发工程推动科技进步，以知识产权工程保全利益，以科技成果转化工程创造财富，以统揽全球的视野为企业决策、机构决策和国家高层次决策提供战略咨询，以人类最根本利益为使命，为世界发展决策提供战略咨询。

由于不受领域、专业和利益关系的影响，在为企业、机构、国家和世界发展提供战略咨询时，技术逻辑企业比传统的科学家团队更具科学性。因为，无论发展什么领域、发展什么项目，对技术逻辑企业来说都是相同的，无利益格局限制。

创建技术逻辑企业具有史无前例的革命性，其根本原因有四点：

其一，技术逻辑企业是对人类能力要素中区别性和差异性最大的能力要素的三元活动社会分工的产物，是位于人类智慧顶端社会分工的产物，为此，技术逻辑企业的出现，必将导致人类认识自然与改造自然的革命性变革，必将导致人类社会的革命性变革。

其二，无论在哪个国家、哪个企业，科技工作人员队伍均为精英的集合体，掌控着国家、社会和企业的优良资源，这一集合体的活动组织形式的科学化必将引发科技创新工程体制机制模式的变革，必将使不可估量的创造力得以迸发。

其三，技术逻辑企业是企业转型升级和创新驱动发展的根本抓手，是跟踪全世界、借鉴全世界、超越全世界、颠覆全世界的战略力量，是改变世界竞争格局的时间最短、成本最低且最为立竿见影的根本途径。

其四，打造技术逻辑企业是使社会生产力革命性提升，使物质财富快速增长，使人类社会需求得到充分满足的根本途径。不仅如此，技术逻辑企业的出现，是对陈旧的科技创新工程体制机制模式和陈旧的社会生产力提升体制机制模式的系统性颠覆与体系性再造。

技术逻辑企业是世界上最有竞争力的企业，是创造一类绝对财富的企业，是位于价值链顶端的、永远不会被空气化的企业。技术逻辑企业是科技创新的战略力量，是革命性地提升科学技术产出和革命性地提升社会生产力的战略力量，是生产方式变革的战略力量和标志。

如图7-7所示，世界上第一家技术逻辑企业完全可以在十年内成为世界上最有竞争力的企业。假设一个技术逻辑企业能够拥有100亿元人民币的资本，那么，实现下述目标将不成问题：三年内达到年收入20亿元人民币规模，成为世界知名的人类创造力的整合者；五年内达到年收入100亿元人民币规模，成为科技研发工程、知识产权工程和科技成果转化工程的世界高地，即科技创新世界高地；十年内成为世界500强企业，成为世界上最具竞争力的企业。

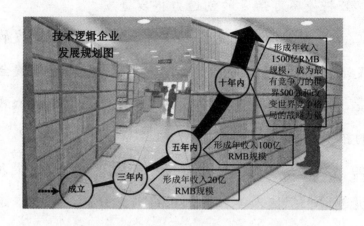

图 7-7 第一家技术逻辑企业发展预期示意图

技术逻辑企业发展前景制定的依据有六点：

其一，技术逻辑企业的诞生和发展是人类社会发展的必然要求与必然规律，是位于价值链顶端的企业。

其二，科技研发板块、生产制造业板块、市场、国家和世界都急需科学技术产出的革命性提升和社会生产力的革命性提升，为此技术逻辑企业具有史无前例的发展空间。

其三，因为属于轻资产型企业，所以技术逻辑企业具有快速扩张属性。

其四，技术逻辑企业是不会被互联网+冲击的企业。

其五，技术逻辑企业是不会被信息化、全球化、大数据化和智能化等超级现代化空气化的企业。

其六，因为世界还没有完全清醒，前几家技术逻辑企业具有更多的机会和更大的发展空间。

总之，技术逻辑企业具有前所未有的市场空间和极其广阔的发展前景。

虽然，技术逻辑企业是一种新生事物，社会可能需要一段时间认识理解，但是这段时间不会太长，因为，技术逻辑企业是革命性地提升社会生产力所必需。

预计十年内，会有技术逻辑企业成为世界500强企业。当技术逻辑企业成为世界500强企业时，科学技术产出会得以革命性地提升，社会生产力会得以革命性地提升。

二、全球汇集创造家和顶级创造家

创造家和顶级创造家对技术逻辑企业来说都是不可或缺的，特别是顶级创造家更是不可或缺的。如第四篇所述，所谓顶级创造家，不是传统意义上的科技英才，而是世界上最具创造力的科技英才，而是创造力极强、极其善于发现与发明、专利阵破建能力极强，具有极其丰富的科技研发工程、新技术工程化工程和深度知识产权工程的经验，精通专利语言，拥有300项以上发明创造或在相关领域的发明创造在世界排名前五，至少有一项重大发明创造已经产业化或至少有一项重大理论贡献的世界级创造家。顶级创造家还可称为熵零士。

建设以顶级创造家为核心的世界一流的科技研发工程、知识产权工程和科技成果转化工程的团队，是技术逻辑企业的根本特点之一。

在某一领域汇集5到10名顶级创造家作为团队核心，建立具有高超创造力的团队，就基本上可以主导这一领域。以顶级创造家作为核心的团队，能够更准确地判断科学技术发展方向，更准确地判断0.5的价值，更专业化地完成从0.5到1的新技术工程化工程和深度知识产权工程，也能更专业地进行科技成果转化工程。

实践证明，一个顶级创造家完全可以在一年内，完成发明专利申请300余项。这个数字比绝大多数数百人的研究所和绝大多数数万人的生产制造业企业的发明专利年申请量还多，可以达到一所世界一流大学发明专利申请量的1/5～1/10。换言之，在创造活动方面，一名顶级创造家完全可能相当于一个研究所，5至10名顶级创造家完全可能相当于一所世界一流大学。

创造家，特别是顶级创造家都是有情怀的，因此，在全球汇集创造家和顶级创造家的过程中，必须以国际化视野与国际化的文化，建立使创造家和顶级创造家面向世界、解决世界问题的体制机制模式，建立使创造家和顶级创造家为成就自我实现而奋斗的体制机制模式，建立使创造家和顶级创造家为崇高事业而奋斗的体制机制模式，否则，难以汇集到真正一流的人才。不仅如此，还要清醒地认识到，汇集是一种启动，而培养才是可靠的依托。如果把科技创新工程比作人类驾驭自然的斗争，真正顶级创造家（例如真正顶级科学家）才是军队的将帅，只有一流者才是将帅，余者均是兵。事实上，千军易得、一将难求这一精辟论断在科学技术领域比在军队更具有真理性，在科技创新工程领域，万家易得，大家难求，大家在手炉火纯青，大家在手无坚不克。

图7-8是参加1927年10月在比利时首都布鲁塞尔召开的第五

届索尔维会议的科学家们的合影，照片中共有29人，如果一个国家能够拥有照片中半数或三分之一的科学家，那么，这个国家将会怎样，不言而喻。

后排左起：A.皮卡尔德（A.Piccard）、E.亨利厄特（E.Henriot）、P.埃伦费斯特（P.Ehrenfest）、Ed.赫尔岑（Ed.Herzen）、Th.德唐德（Th.de Donder）、E.薛定谔（E.schrodinger）、E.费尔夏费尔特（E.Verschaffelt）、W.泡利（W.Pauli）、W.海森保（W.Heisenberg）、R.H.富勒（R.H.Fowler）、L.布里渊（L.Brillonin）。

中排左起：P.德拜（P.Debye）、M.克努森（M.Knudsen）、W.L.布拉格（W.L.Bragg）、H.A.克莱默（H.A.Kramers）、P.A.M.狄拉克（P.A.M.Dirac）、A.H.康普顿（A.H.Compton）、L.德布罗意（L.de Broglie）、M.波恩（M.Born）、N.波尔（N.Bohr）。

前排左起：I.朗缪尔（I.Langmuir）、M.普朗克（M.Planck）、M.居里夫人（Mme Curie）、H.A.洛仑兹（H.A.Lorentz）、A.爱因斯坦（A.Einstein）、P.朗之万（P.Langevin）、ch.E.古伊（ch.E.Guye）、C.T.R.威尔逊（C.T.R.Wilson）、O.W.理查森（O.W.Richardson）。

图 7-8 第五届索尔维会议科学家们合影（照片与说明来自网络）

三、止步于1收取高额回报

止步于1，向生产制造业企业许可或转让深度知识产权化的1

收取高额回报的模式具有深刻的逻辑性。图7-9为技术逻辑企业经营范围示意图，技术逻辑企业将经营范围锁定在专门从事创造活动和创造活动成果的价值化之内，不直接从事有形产品的生产、制造与销售，而专门从事从0.5到1的新技术工程化工程和深度知识产权工程，且止步于1，通过许可或转让深度知识产权化的1，收取高额回报，在第零产业得以深度发展后，技术逻辑企业也将从事从0做到0.5和从0做到1的工程，但永远止步于1。具体地讲，技术逻辑企业是专门从事做到1的工程，且将获得的深度知识产权化的1许可或转让给生产制造业板块的企业，收取高额回报。作为技术逻辑企业的经营特点，收取回报后继续从事相同的工作，即继续从事做到1的工程，继续止步于1，不从事有形产品的生产、制造与销售等经营活动。这样就可以形成串联业态，就可以收取高额回报，就可以快速发展。

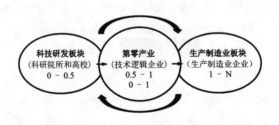

图 7-9 技术逻辑企业经营范围示意图

世界上各大国家每年都对科技研发板块投入巨额资金，积累了大量高价值的0.5，因此，技术逻辑企业发展空间巨大。技术逻辑企业还会促进科技研发板块的0.5的量与价值的提升。

专门从事创造活动，止步于1，许可或转让深度知识产权化的1，收取高额回报的技术逻辑企业经营模式，是作者对自身的多年理论研究与实践经验以及对全球顶级高科技企业实践进行总结的结果，是理论与实践相结合的产物。

这种模式不仅是打造世界顶级高科技企业和赚取高额利润的根本途径，更是科学技术产出革命性提升和社会生产力革命性提升的根本途径。

四、众筹化资源整合与平台化运营

如图7-10所示，技术逻辑企业应当确立国际化的视野、国际化的文化、国际化的标准和股权激励的人才整合模式，应当确立股权开放和灵活多样的资产整合模式，应当确立不求所有、但求所用的硬件整合模式。

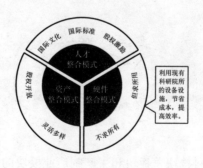

图 7-10 技术逻辑企业众筹化资源整合示意图

一个有体量的技术逻辑企业，实质上是科技研发工程、知识产权工程和科技成果转化工程的世界高地，也就是科技创新世界高地。这种科技创新世界高地与以往的科技创新世界高地具有本质上的区别，它是具有完整的创造链和完整的价值链的三位一体的科技创新世界高地。只有具有完整的创造链和完整的价值链的三位一体的科技创新世界高地才能得以发展壮大，得以成为真正的科技创新世界高地。以科技创新世界高地为抓手，整合一切可以整合的资源，打造世界顶级企业，进而进一步推动科技创新世界高地的发展与壮大。除核心人才和办公基地独有外，其他资源，包括资金和硬件均可通过整合模式或称众筹化资源整合模式获得。其中，硬件不求所有、但求所用，利用现有产学研的仪器、设备和设施，节省成本，提高效率，加速发展。

（一）科技研发板块平台

如图7-11所示，将全世界尽可能多的优秀的科技研发机构纳入科技研发板块平台以获取0.5的信息，筛选出高价值的0.5，由技术逻辑企业完成从这些高价值0.5到1的新技术工程化工程和深度知识产权工程。

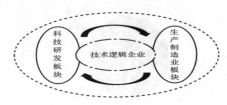

图 7-11 科技研发板块和生产制造业板块的平台示意图

而且，将利用 TSN 分析法（如第六篇第二章所述）确定的产业需求，以订单的形式委托给科技研发板块的相关机构，使科技研发板块更精准地创造出更多更有价值的0.5。

（二）生产制造业板块平台

图7-11所示的也是生产制造业板块平台。将全世界尽可能多

的有技术需求的生产制造业板块的企业纳入生产制造业板块平台以获取对1的需求信息，技术逻辑企业根据这些信息寻找相关高价值的0.5，完成从这些高价值0.5到1的新技术工程化工程和深度知识产权工程，将深度知识产权化的1许可或转让给相关企业。

如果没有与需求相匹配的高价值的0.5，技术逻辑企业将根据生产制造业企业的需求，以订单的形式委托给科技研发板块的相关机构，使科技研发板块的相关机构有的放矢地创造出高价值的0.5。技术逻辑企业在收取高额回报发展自己的同时，也会决定性地提高生产制造业企业的效率和竞争力。

不仅如此，技术逻辑企业还可以根据科技发展趋势，主导科技研发板块的科技研发方向，使其创造出符合科技发展方向的0.5，主导生产制造业板块的产品创新方向，使其接纳符合未来产品发展方向的1。

（三）R&D外包承揽平台

图7-11所示平台还是 R&D 外包承揽平台，通过这一平台汇集企业的 R&D 需求，整合企业的 R&D 资源，承接企业的 R&D 需求，实施生产制造业企业 R&D 外包承揽，集成化地完成从0.5到1的新技术工程化工程和深度知识产权工程。所谓 R&D 外包承揽，实质上是集成化地实施从0.5到1的工程。在 R&D 外包承揽中，锁定大型企业，根据其细分领域收取其销售额的一定比例作为回报，承担其 R&D 项目。目前许多企业技术落后的主要原因是 R&D 团队存在 R&D 问题，即理念差、水平低、效率低、经验欠缺、粗枝大叶等问题，而这些问题源于创新文化问题，难以解

决。

而技术逻辑企业的组建方式决定了其团队的国际化的属性。在技术逻辑企业中，国际化的、最先进的、最具创新性的 R&D 文化处于绝对主导地位，进而使本土的落后的 R&D 文化难以作祟。这种先进的 R&D 文化就是超越、颠覆与穷尽可能的 R&D 文化，就是超越竞争对手、颠覆竞争对手、穷尽未知、穷尽已知和穷尽细节的 R&D 文化。

因此，技术逻辑企业的 R&D 外包承揽模式具有强大的竞争力。

（四）金融平台

为促进技术逻辑企业与第零产业的发展，需要构建金融平台。金融平台包括大额金融平台和小额金融平台两类。以独具特色的技术逻辑企业模式为抓手，通过大额金融平台汇集国家和社会金融资本，利用小额金融平台汇集自然人小额资本。利用这两类金融平台，大量整合资金资源，快速发展壮大，回报股东、出资人和社会。

（五）硬件整合平台

全世界的科技研发板块和生产制造业板块的科技研发工程的仪器、设备和设施等硬件基本均处于过剩状态，使用率很低。以不求所有、但求所用的理念，通过租赁和合作等方式，利用现有硬件，节省投入和成本，提高效率。

（六）人类创造力整合平台

以股权激励等手段，最大限度地在全球汇集创造家和顶级创造家，成就人类创造力整合平台，这个平台实质上是科学高效的世界创造家和顶级创造家的创造活动平台。

有价值的科技新思想，往往起初看起来是困难重重的，甚至是荒唐的。科技新思想是"最肥的肉"，不能自主创造或利用他人的科技新思想形成新技术的生产制造业企业，一定是步履艰难的。任何科技创新都要付出代价，但是总体回报率会高、长、稳。不管现在赚多少钱，如果不能在艰难的科技思想创新及其实施上进行投资，终将会以失败而告终。利用科技新思想形成的垄断地位是所有称霸世界的制造业企业的战略基石。

IBM 公司每年专利转让和许可收入超过10亿美元，高通公司净利润率达32%之高，且高通公司每年70多亿美元的净利润中约80%来自专利转让和许可。这说明部分世界一流生产制造业企业已认识到科技新思想的重要性，即已认识到创造活动的重要性。

然而，许多新兴经济体国家的同类企业的利润率范围约为1%~5%，且还有大量企业在亏损，其根本原因就是这些新兴经济体国家的生产制造业企业的创造活动水平低下。创造活动水平是生产制造业企业的战略基石，企业的创造活动水平的提升是十分漫长的事，而构建或利用技术逻辑企业这一专门从事创造活动的企业，是解决生产制造业企业技术问题的多、快、好、省之路。

从社会分工的角度讲，生产制造业企业创造科技新思想或利用他人科技新思想创造新技术本身，并不具有科学性，因为真正意义上的科技思想创新和技术创新不是生产制造业企业的擅长所在。企业的非自负盈亏的研究院，往往效率是低下的，如果将企业的研究院改造成自负盈亏的研究院，效率和作用将截然不同。自负盈亏的研究院就是一种技术逻辑企业。

由此可见，构建专门从事创造活动的技术逻辑企业具有必要性和可行性。在技术逻辑企业出现后，生产制造业企业不再有必要进行1以前的创造活动，哪怕像高通这样的企业，要么成为技术逻辑企业，要么成为生产制造业企业，完全没有必要两者兼顾，因为两者分离效率才会更高。

当今人类社会最为严重的系统性问题是科技研发板块的创造活动组织形式错乱、科技研发板块与生产制造业板块之间的格局错乱和财富创造与分配领域的缺理性。

创造活动组织形式错乱必然导致科技研发板块的系统性不作为，而科技研发板块的系统性不作为，必然严重阻碍社会生产力提升，只有实施创造活动独立化，量化非创造活动，放纵创造活动才能解决这一问题。

科技研发板块与生产制造业板块之间的格局错乱必然导致生产系统的系统性低效、系统性恶性竞争和系统性社会资源浪费，只有在科技研发板块和生产制造业板块之间创建技术逻辑企业板块，形成科技研发板块、技术逻辑企业板块和生产制造业板块这一串联的财富创造链，进而实现财富创造链由并联业态向串联业态转变，才能解决这一问题。

社会财富创造与分配领域的缺理性必然导致严重的贫富差距和社会矛盾，只有鼓励一类绝对财富创造，限制泡沫财富创造，才能解决这一问题。而技术逻辑企业会极大地促进一类绝对财富创造的发展。

综上所述，技术逻辑企业会使产业格局得以科学化，技术逻辑企业的出现是人类社会发展的不可抗拒的规律，是社会生产力革命性提升的必然要求。

第三章　终极社会分工与社会生产力极大提升

目前世界75亿人口数量，已基本接近人类现有创造活动水平下的地球人口承载极限。人口问题、人类社会需求更加快速地增长问题、社会生产力严重不足问题、贫富差距已经十分极端化且日趋更加极端化问题、能源问题、环境问题、气候问题、荒漠化问题、基因变异问题、疾病问题等众多难以解决的问题均已迫在眉睫。事实上，人类正面临着日益严峻的挑战。极大地提升社会生产力是战胜这些挑战的必然要求，而极大地提升社会生产力必然要求与之相适应的社会分工。

一、终极社会分工的必然性

如本篇第一章所述，人类社会活动包括体力活动、智力活动和创造活动三种活动，这三种活动的性质和对能力要素的要求各不相同。但是，体力活动和智力活动都属于非创造活动，且都能由机器代劳，故作者把体力活动和智力活动合并定义为非创造活动。创造活动与非创造活动根本不同，对从事活动的主体的能力要素的要求也根本不同，且只有人类自身才能承担。

人类的存在与发展最终必然要求社会生产力极大提升，以解决使人类不断增长的社会需求得到充分满足所必须面临的问题。若要使社会生产力极大提升，人类就必须从非创造活动领域根本性退出，专门从事创造活动，因为人类不仅对非创造活动具有天然的惰性，而且在非创造活动领域完全不是机器的对手。虽不能认为人是宇宙中最具创造力、最具智慧的物种，但目前在可视的宇宙范围内，人类在创造活动领域是绝对没有对手的。

因此，如图7-12所示，可以将人类活动划分为创造活动和非创造活动，并使其各自独立化，使人类专门从事创造活动，使机器专门从事非创造活动。这种社会分工形式是人类社会发展的必然要求。它意味着人类与机器的真正的强强联合会得以实现，这就会使社会生产力极大提升，就会使人类不断增长的社会需求得到充分满足，就会使人类社会驶向更美好的明天。这将是人类社会的最后一次社会大分工，从此再无进一步大分工可言，所以可称之为终极社会分工。

所谓终极社会分工，就是在三元活动社会分工的基础上，根据人类活动属性的根本性差异将人类活动划分为创造活动和非创造活动，使人类专门从事创造活动，使机器专门从事非创造活动的分工形式。终极社会分工将使社会生产力和生产效率极大提升，并将最终把人类从惰性活动（非创造活动）中彻底解放出来，使人类和人类个体的需求得到充分满足。终极社会分工是创造活动独立化的终极形态。

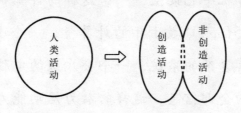

图 7-12 终极社会分工示意图

从成本和费用方面看，在非创造活动领域，与机器相比，人根本没有竞争力。生产制造能够从事智力活动的机器的成本和费用，与培养教育能够从事智力活动的人的成本和费用相比是非常低廉的，使用成本和维持费用也是非常低廉的，至于体力活动领域就更是不言而喻了。而且，机器可以被复制性地大量生产，而人的养育与培养教育则需要高昂的成本与漫长的时间。

从能力方面看，无论在体力活动领域还是在智力活动领域，与机器相比，人类都更加没有竞争力。机器的体力活动能力近乎无限，与之相比，人类的体力活动能力微不足道。比如，千万千瓦级的发电站在世界上比比皆是，而一个一千万千瓦的发电站持续输出的动力至少相当于10亿地球人口所能持续输出的体力活动的总合。目前，中国发电总装机容量约17亿千瓦，约相当于1700亿人口，即约合23个地球人口所能持续输出的体力活动的总合。目前，美国发电总装机容量约12亿千瓦，约相当于1200亿人口，即约合16个地球人口所能持续输出的体力活动的总合。由此可见，人类的体力活动能力极其渺小。

在智力活动领域，人类也是相当渺小的。计算速度超过每秒10亿亿次的计算机早已诞生，一台这样的计算机一分钟的计算量相当于全地球75亿人口数十年的计算量，一个小小的 CPU 就已经可以控制极其复杂的系统，一个公斤级的电脑就已经可以高速检索人类文明的全部信息，这样的智力活动能力，人类已完全不可及。此外，超级现代化会使人的智力活动能力越来越低，就像自从瓦特蒸汽机出现以来，人的体能越来越下降一样，在导航技术出现后，不记路的人越来越多，如果数学分析智能机器出现，懂微积分的人就会越来越少，能列解偏微分方程的人可能更会少而又少。因为，无须弄懂微积分和偏微分方程的复杂逻辑，就可以解决相关问题。

事实上，在体力活动领域，机器已经全面地、彻底地、不可逆转地且极其低成本地超越了人类。在智力活动领域，人类必须使机器全面地、彻底地、不可逆转地且极其低成本地超越人类，否则，社会生产力会日趋不足，人类面临的挑战将日益严峻。

综上所述，在非创造活动领域，与机器相比，人完全没有竞争力，用人和培养人从事非创造活动将是阻碍社会生产力发展的，是完全不可行的行为。事实上，人类的真正使命是从事创造活动，机器的真正使命是从事非创造活动。为了人类的继续繁荣与发展，人类应该也必须从非创造活动领域根本性退出，让机器成为非创造活动领域的主力军。人类的创造活动和机器的非创造活动将成为社会生产力的根本构成。

终极社会分工的根本就是由人类承担创造活动，由机器承担非创造活动。人类从事创造活动的能力即人类的创造力，是无限的，是机器完全不可及的，因为机器没有创造活动能力。机器进行非创造活动的能力也是无限的，是人类完全不可及的，而且机器可以不断升级，人类的体力活动能力和智力活动能力与机器相比都是完全微不足道的。

因此，这样的社会分工科学高效，将会构成人类社会活动组织形式的极大负熵工程，将会构成人类社会活动组织形式的极大科学化。在终极社会分工中，人类创造活动能力的无限性和机器非创造活动能力的无限性的结合，决定了社会生产力极大提升的现实性。

从人类存在与发展的根本要求来讲，终极社会分工是唯一正确的选择，没有任何其他途径能够使社会生产力满足人类存在与发展的不断快速增长的需求。因此，终极社会分工是人类社会发展的必然要求。

在终极社会分工的背景下，所谓人类从非创造活动领域中根本性退出，是指人类不再需要因谋生或谋利而不得不从事非创造活动，并不意味着人类个体不可以根据自身的需求和兴趣意所能及地和力所能及地从事非创造活动。

所以，在终极社会分工的背景下，无论你的创造活动水平高低，你都可以根据自己的意愿做自己喜欢的事。因此，终极社会分工会使人类得以全面解放，人类个体得以自由全面发展。人类社会将由此产生革命性变革。

二、传统三大产业的消亡与新兴产业格局

终极社会分工将形成创造活动产业和非创造活动产业。创造活动产业为第零产业，非创造活动产业定义为第 N 产业，但具体说来，第零产业是专门从事从0到1的产业，第 N 产业是专门从事从1做到 N 及 N+的产业。

第零产业的发展过程包括初级阶段、中级阶段和高级阶段。

初级阶段：社会将形成第零产业、第一产业、第二产业和第三产业四大产业并存的产业格局。

中级阶段：三大产业消亡重生为第 N 产业，形成第零产业与第 N 产业共存的格局，非创造活动由人类和机器共同承担，而创造活动由人类自行承担。

高级阶段：第零产业与第 N 产业共存，机器成为非创造活动产业的主角，人类从非创造活动领域根本性退出，非创造活动由机器承担，创造活动由人类承担。

第零产业和第 N 产业，即创造活动产业和非创造活动产业，将一统天下并永远伴随人类左右。

三、终极社会分工的革命性作用

大机器可以造小机器，小机器可以造更小的机器，更小的机器可以造更更小的机器。小机器可以造大机器，大机器可以造更大的机器，更大的机器可以造更更大的机器。简单的机器可以造

复杂的机器，复杂的机器可以造更复杂的机器，更复杂的机器可以造更更复杂的机器。非智能机器可以造智能机器，智能机器可以造更智能的机器，更智能的机器可以造更更智能的机器。如此演绎，只要具备物质、能量和人类的创造力，就可以利用现有机器制造出可以完成一切非创造活动的机器。人类利用自身创造力和这些机器从事生产，就可生产出完全满足人类需求的各类产品。

终极社会分工将使人类的创造力得以深度挖掘、迸发与革命，将使机器在前所未有的深度和广度上为人类创造财富，进而使人类社会需求得到充分满足。

非创造活动对人类本身没有天然的吸引力，人类对非创造活动具有天然的惰性，只有为谋生或谋利，才不得不去从事非创造活动。然而，机器则不同，它们没有私心，更不会受情绪影响，不因是否为所有者，不受利益有无左右，在任何情况下，它们都会尽职尽责地、竭尽可能地从事非创造活动。终极社会分工将使传统社会分工、市场经济和私有制对社会生产力的提升作用大大减小，乃至消亡。

终极社会分工将使全人类得到史无前例的解放，人类有史以来，将第一次迎来无须义务性从事体力活动和智力活动的时代。终极社会分工是社会生产力极大提升的根本途径。终极社会分工将极大地提升社会生产力，实现物质财富的极大增长，使人类和人类个体的需求得到充分满足，将使人类社会驶向更美好的明天。事实上，市场经济其实是千百万人都参与计划的计划经济，计划经济是计划的深度和广度都严重不足的市场经济。这两种经济模式都存在根本性缺陷。例如，在市场经济中，千百万人的计划实质上是无序的，往往会造成经济危机和产能过剩；在计划经济中，制定计划的人数少，信息资源有限，制定的计划往往偏离市场需求。

在终极社会分工的背景下，借助互联网、物联网、大数据和智能化等手段，可以创造一种新型经济模式，可称为熵零经济。所谓熵零经济，就是以既存大数据分析和实时大数据分析获得的供需数据制定生产计划和经济计划，且能实时调整生产计划和经济计划的新型经济模式。供需数据来源的广泛性和可靠性以及计划制定的快速性、计划调整的及时性、计划实施的直接性是熵零经济的根本特点。所谓计划实施的直接性，是指数据分析系统可根据市场供需状态直接向从事非创造活动的机器下达指令的特殊性。在物联网普及的背景下，熵零经济完全可以依靠智能计算机运行。从理论上讲，熵零经济可以规避迄今为止的一切经济模式的弊端，可以避免经济危机，可以避免生产的内在动力不足，是比市场经济更有计划，比计划经济更有活力，比两者都更科学高效的经济模式。

熵零经济只有在全球化、信息化和智能化等超级现代化的背景下才能得以实现。这一新型经济模式将在社会生产力极大提升的同时，使生产效率、资源利用效率、财富共享效率等得以极大提升。在熵零经济的背景下，信息不对称对交易和利润形成的作用会越来越有限，交易和利润的形成将主要依靠创造活动，不具有创造活动贡献的产品的利润会非常低，没有创造力的企业只能沦落到价值链的底端。

创造活动的独立化是人类社会发展的必然要求，如果创造活动不能独立化，社会生产力将无法支撑人类社会的继续存在与发展。创造活动独立化的初级形态，即三元活动社会分工，将使人类创造活动水平革命性提升、科学技术产出革命性提升、社会生产力革命性提升，将使人类社会需求得到空前满足。创造活动独立化的终极形态，即终极社会分工，将使人类创造活动水平革命性提升、科学技术产出革命性提升、社会生产力极大提升，将使人类社会需求得到充分满足。通过三元活动社会分工和终极社会分工，使创造活动独立化的不同形态得以实现，必将革命性地和极大地提升社会生产力。

以往提升社会生产力的途径有许许多多，例如，亚当斯密的社会分工、私有化和市场经济等。今天提升社会生产力的途径依然有许许多多，但是，由于地球人口的快速增长，由于人类社会需求的日益快速增长，由于人类所面临的挑战日益严峻，社会生产力提升的任何方式都不能真正解决问题，除非实施创造活动的独立化、产业格局科学化，并实施终极社会分工。

社会分工是提升社会生产力水平的根本途径，但人类却忽略了科技创新工程领域的社会分工，而科技创新工程领域的社会分工，即创造活动的独立化与产业格局科学化，才是革命性地提升科学技术产出和革命性地与极大地提升社会生产力的根本途径。

一个1%的最富人群拥有99%的社会财富的社会一定是充斥着

剥削与掠夺的社会，一个财富完全平均的社会也一定是无法发展、无法前行的社会。换句话说，基尼系数（基尼是意大利经济学家，而基尼系数其实是美国经济学家赫希曼根据劳伦茨曲线发明的判断分配公平程度的系数）过大或过小都不利于社会的发展与进步。作者认为一个占人口总数10%的最富人群拥有90%的社会财富的社会可能是最高效的。

真正的企业家的经营活动的核心部分属于创造活动，因此，应当放纵真正的企业家，不要怕真正的企业家富有，因为通过创造活动获得的个人财富都具有社会贡献性。打造技术逻辑企业，实现产业格局科学化，将造就众多洛克菲勒、亨利福特、乔布斯、本田宗一郎等以及更伟大的企业家，进而系统性地、革命性地提升社会生产力，推动社会发展。

综上所述，实施创造活动独立化、打造技术逻辑企业、实施产业格局科学化、打造第零产业是革命性地提升社会生产力的根本途径，而终极社会分工是极大地提升社会生产力的根本途径。

第八篇　论创造活动与人类社会的未来

　　人类社会的历史实质上是人类创造活动的历史，人类社会的格局实质上是人类创造活动所决定的格局，人类社会的未来也必将是人类创造活动所决定的未来。人类创造活动水平的革命性提升将导致科学技术产出的革命性提升，将导致社会生产力革命性地和极大地提升，将导致社会财富的极大丰富、人类社会需求得到充分满足，进而必将导致人类社会的革命性变革。

第一章　创造力革命时代

　　人类历史上已经发生过多次科技革命（有时被称为工业革命，其实称为科技革命更贴切，因为任何工业上的进步与发展必然根源于科学技术的进步与发展），而今天的世界正在迈进新一轮科技革命和产业变革的新时代。判明新一轮科技革命的本质，对于一个企业提高其竞争力，对于一个国家建设科技强国，对于人类提升社会生产力水平从而推动世界进步都具有重大意义。

一、历史上的科技革命

只有公正地对待世界各个民族对人类文明的贡献，才是对人类文明的尊重，才能更好地服务人类的未来。因此，客观公正地认识人类科技发展史势在必行。

长期以来，许多学者认为人类历史上只发生过三次科技革命，但实在有悖事实，也对曾经引领世界科技千年以上的东方古国—中国不公平。英国著名科学技术史学家李约瑟在其《中国的科学与文明》一书中，论证了中国古代在科技方面引领世界上千年的基本事实。可能会有人说，中国古代没有科学，也没有技术，只有工匠的手工产物，所以中国古代的科技引领和产业引领不能算科技革命。也可能会有人说，中国古代的科技引领和产业引领只局限在中国，所以不能算科技革命。但这些观点均欠缺科学性和公正性，且与事实相违背。一个在科技方面引领世界上千年的国家，没有引领科技革命，是绝对不可能的事。如果中国古代未曾引领科技革命，那么中国古代怎么可能引领世界上千年？既然中国古代引领世界上千年，那么中国古代引领世界的科技革命就是铁定的事实。

虽然牛顿在1687年发表了著名的《自然哲学的数学原理》（Philosophiae Naturalis Principia Mathematica），瓦特在1765年制

造出了现代意义上的蒸汽机开启了工业革命的大门，但瓦特并不是科学家，也不是工程师，瓦特不懂牛顿三大定律，更不懂热力学这一关于热机的科学。热力学是从1824年法国军事工程师卡诺（S. Carnot）建立卡诺循环和卡诺定理时才开始建立的，热力学的诞生远远晚于瓦特蒸汽机的诞生。因此，瓦特并不是通过研究牛顿力学和热力学才发明出现代意义上的蒸汽机的。瓦特曾极力反对高压蒸汽机，而高压蒸汽机是提高效率的根本途径，因此，目前的蒸汽机都要工作在超临界和超超临界的高压和极高压状态，这进一步说明瓦特根本不懂热力学。毋庸置疑，瓦特是极其伟大的，但瓦特并不精通科学技术，瓦特就是一个工匠。工匠发明蒸汽机是科技革命，那么中国古代所谓工匠的发现与发明创造毋容庸置疑是科技革命，这是不言而喻的逻辑。

百十万年前，人类对火的使用与控制要远远难于今天的信息技术和生命科学的进步，意义也更重大。任何先前的科技进步也都是艰难的，意义也是重大的，进步是无法用后置的眼光来评价的。在古代，活字印刷术并不比瓦特的蒸汽机与亨利福特的流水线简单，生产陶瓷并不比法拉第造电机简单，造火药并不比奥本海默造原子弹简单，炼铜与生产指南针并不比肖克利、巴丁和布拉顿造晶体管与杰克基尔比造集成电路简单，因此，中国引领的人类科技领域的第一次革命在思想上和技术上的难度是当时人类能及之巅。

中国古代发明的指南针是人类远征的根，没有中国指南针的发明，就没有大航海时代，就没有欧洲财富的快速积累，更没有大英日不落帝国，当然也就没有哥伦布的哥伦布，也就没有哥伦布对美洲大陆的挺进，美国也不会如期诞生。

中国古代发明的造纸术和印刷术是人类思想文明的使者，没有中国的造纸术和印刷术，就没有宗教领域、历史学领域、哲学领域、数学领域、科学领域、技术领域等领域的人类思想之作的大量出版与广泛传播，欧洲的文艺复兴就不可能如期而至，欧洲的思想崛起也不可能如期而至。

中国古代发明的火药是世界格局的改变者，没有中国发明的火药，就没有欧洲的快速崛起，更没有北美的快速崛起。

中国古代发明的矩这一测量工具开启了人类测量的历史，而测量是科学实验与技术创造的根本前提。

事实上，中国古代的许许多多发明创造让人类重新认识了自己改变世界的能力，重新认识了人与自然的关系，极大地改变了人类的观念，极大地提升了人类的自信心。如同，有人第一次种下几粒种子从而免于饥亡，就会使人类开启农耕文明从此生生不息一样，中国古代的发明创造开启了人类快速前行的历程。

不仅如此，古代中国在数学领域的贡献也是伟大的。例如中国周朝的商高在公元前1000年时创造了勾股定理，而且商高曾提出"平矩以正绳，偃矩以望高，覆矩以测深，卧矩以知远，环矩以为圆，合矩以为方"。这说明在公元前1000年时中国人就发现了直角三角形三边的长度关系，就已创造了勾股定理，而且已经创造了运用相似关系和类比进行测量的方法。这比公认的毕达哥拉斯勾股定理（Pythagoras theorem）早约500年。中国春秋战国的数学家陈子提出"以日为勾，日高为股，勾股各自乘，并而开方除之，得邪至日"。这里的邪是指斜边，即弦。这实质是勾方+股方=弦方这一勾股定理的最早最完整的阐述。这比毕达哥拉斯早了一个世纪。因此，公平地讲勾股定理是中国人最先创造的。数和形或者说代数和几何之间本来是存在一堵隔墙，这堵隔墙将人类的思维牢牢地禁锢在隔墙的两侧，严重阻碍着人类思想的前行。第一个在这堵隔墙上打开洞的就是勾股定理，即勾股定理是穿越数与形之间隔墙的第一个定理。穿越数与形之间隔墙的都属于解析几何。这就意味着勾股定理是解析几何的根。

笛卡尔坐标系等对解析几何的贡献是伟大的，但是中国古代的商高和陈子才是解析几何这一人类思想高地的第一个开拓者。分数、负数、平方、开方和矩阵等数学概念的提出与运用都是由中国古代数学家们首先完成的，而且比其他国家要早上千年。中国的祖冲之在距今1700多年前就用12288个边的多边形将圆周率的值锁定在3.1415926和3.1415927之间，相当于精确到了小数点后7位数，在当时，这是人类的壮举。祖冲之的这项贡献比其他国家的人也早了1000多年。

不仅如此，古代中国幅员那么辽阔，经济和产业那么活跃、GDP 那么海量，在那时中国的就是世界的。中国古代的炼铜技术、中医、中药、陶瓷、造纸术、指南针、火药和印刷术等众多发明创造不仅促进了中国和欧洲文明的变革，也极大地推动了人类科技文明的进程，没有任何理由不被称为科技革命。

就像无论今天的世界多么无与伦比，人类都不应忘却牛顿、伽利略、普朗克、瓦特、特斯拉等一切伟大贡献者一样，就像无论今后的世界多么无与伦比，人类都不应忘却欧洲、美国和整个西方对人类做出的伟大贡献一样，人类也不应忘却中国哲人和中国对人类的伟大贡献。

实事求是地纵观人类历史，在科技领域已发生过四次革命：第一次是以中国的炼铜技术、中医、中药、陶瓷、造纸术、指南针、火药、印刷术等发现发明为主要代表的科技革命；第二次是以英国瓦特发明的现代意义上的蒸汽机为代表的科技革命；第三次是以电灯、发电机和电动机等电力领域的多项发明为代表的科技革命；第四次是以原子能领域、航天领域、电子领域、生物领域和信息领域等多个领域的多项发明为代表的科技革命。

如果详细研究科技革命的发生和发展历史，必然得出如下五个结论：其一，所谓科技革命，是指一项或几项科技横空出世且飞跃发展给世界带来重大变革的过程；其二，发现与发明是一对相互促进的孪生兄弟，是科技革命的基础；其三，随着世界的发展和科学技术的进步，科技革命对人类创造力提升的要求亦与日俱增；其四，创造力和对创造力的培育与运用的水平是引领科技革命的决定力量，是改变国与国之间和民族与民族之间的力量对比以及世界格局再造的决定力量，是世界霸权消长的内在决定力量。一个民族的创造力和对创造力的培育与运用的水平决定这个民族的世界地位，要想发展壮大、建设强国就必须提升创造力、引领科技革命；其五，第四次科技革命已形成多点交融、多学科交融和多领域交融的态势，学科与学科之间、领域与领域之间以及产业与产业之间的界限已经开始消融，已对人类的创造力和对创造力的培育与运用的水平提出空前的要求。

创新驱动发展是世界大势所趋，科技创新是解决人类存在与发展问题的根本途径的观念已经成为全人类的共识。创新驱动成为许多国家谋求竞争优势的核心战略。所谓创新驱动，就是创新成为引领发展的第一动力，科技创新与制度创新、管理创新、商业模式创新、业态创新和文化创新相结合，推动发展方式向依靠持续的知识积累、科技进步和劳动力素质提升转变，促进经济向形态更高级、分工更精细、结构更合理的阶段演进。

科技创新能力是企业和国家力量的核心支撑，也是人类存在与发展的核心支撑。故以科技创新为核心的创新驱动，是企业、国家、全世界乃至全人类的命运所系。科技强则国运昌，科技弱则国运殆。

例如，中国古代之所以那么强大，是因为那时中国的科技领先世界，引领着第一次科技革命；而近代的中国之所以落后挨打，其根本原因就是中国与之后的历次科技革命失之交臂，导致科技弱、国力弱。科技强则人类安康，科技弱则人类灾难深重。历史上，流感、鼠疫、洪水和饥荒等天灾都曾夺走过无数人的生命，其根本原因是人类的科技水平不足所致。

目前，人类面临着许许多多日益严峻的挑战，人类要想继续繁荣发展只有充分利用好科学技术这最高意义上的革命力量和决定性杠杆。而这最高意义上的革命力量和决定性杠杆的根本就是人类创造活动。人类创造活动水平的革命性提升，是战胜一切挑战的根本。

二、新一轮科技革命的本质是人类创造力革命

群体性科技创新将引发国际产业分工的重大调整，促进颠覆性技术不断涌现，重塑世界竞争格局并改变国家力量对比。新一轮科技革命、产业变革和军事变革正在加速演进。

不仅如此，地球人口的快速增长和人类社会需求的快速增长，已使人类面临着许许多多的重大课题与挑战，科技创新已经成为解决所有问题和挑战的最高意义上的革命力量和决定性杠杆。因此，新一轮科技革命，是人类存在与发展的必然要求。新一轮科技革命的快速到来已经成为历史的必然。

事实上，学科、领域和产业是人类划分的，不是自然存在的，更不是宇宙任何逻辑要求的。这种划分在科学技术发展的初期确实有利于人类认识世界、理解世界和改造世界。

然而，当人类对所谓不同学科和不同领域的认识、理解和改造达到一定程度后，这种划分的作用发生着逆转，它像地牢一样把人类认识、理解和改造世界的创造活动牢牢地固化、生生地割裂和死死地限制，严重阻碍科学技术和产业向更高水平发展与进步。经过数千年的发展，今天的人类社会已经到了学科与学科不交融、领域与领域不交融、产业与产业不交融就难以继续发展的地步。打破学科界限、打破领域界限和打破产业界限已势在必行，且已迫在眉睫。

事实上，学科、领域和产业就是范畴，而范畴就是界面，就

是包络，没有范畴必然导致混沌，而范畴过多必然导致寸步难行。人类文明经历了也必将经历无范畴混沌期—有范畴清晰期—范畴阻滞期—范畴破拆期—范畴消融期。经济与数学和热力学的交融，使经济学得以更深、更广地发展，物理与化学的交融，揭示了更加深刻的规律，互联网与传统产业交融的互联网+的飞速发展引发了产业格局的变革，等等，这些都证明了交融的力量。

所谓新一轮科技革命将形成多点间、多学科间、多领域间和多产业间大规模交融的态势，学科与学科之间、领域与领域之间和产业与产业之间的界限将基本消失。学科与学科之间、领域与领域之间的界限的消失，将导致更多主宰不同领域的规律被发现，系统性构建、跨学科构建和跨领域构建，将成为发明创造的主旋律，产业间交融和新兴产业崛起将成为产业发展与变革的常态。人类社会文明形态将发生革命性变革，一切传统架构都将发生体系性再造。这将是与以往完全不同的时代。

局限于几项科技的腾空出世和飞跃发展的传统科技革命的模式，已经不能满足这一新时代的要求。以多点间、多学科间、多领域间和多产业间大规模交融为特点的科学技术进步，必将对人类的创造力和对创造力的培育与运用提出史无前例的高要求，迫使人类的创造力和对创造力的培育与运用发生革命以满足这种高要求。

这意味着，所谓新一轮科技革命将与以往的科技革命根本不同，将不再是一项或几项科技的横空出世与飞跃发展，而是人类的创造力和对创造力的培育与运用的革命。其具体表现形式是人类对自然认知和理解的大规模变革，对当代科技文明的体系性再造和对传统产业的体系性重建。

因此，所谓的新一轮科技革命将会超越科技革命的范畴，上升为人类的创造力和对创造力的培育与运用的革命，简称创造力革命。人类有史以来将第一次迎来创造力革命。创造力革命的本质就是人类创造活动水平的革命性提升，这是人类社会繁荣发展的必然要求，也是人类社会发展的必然规律。

三、引领创造力革命的根本途径

第一次科技革命的引领者是中国，中国成为当时的世界第一强国，第二次科技革命的引领者是英国，英国成为当时的世界第一强国，也号称日不落帝国，第三次科技革命和第四次科技革命的引领者是美国，美国成为第三次科技革命以来的世界第一强国。历史证明，引领科技革命是成为世界强国的根本途径。

目前，在全世界范围内，所有的国家都在紧跟即将到来的创造力革命的步伐，弱国想利用创造力革命之机变成强国，强国想通过引领创造力革命变成世界顶级国家，世界霸权国家想通过继续引领创造力革命维系其世界霸权地位。

德国、中国和美国都在科学技术领域制定了明确的战略规划，德国的《德国2020高技术战略》、中国的《国家创新驱动发展战略纲要》和美国的《国家人工智能研究与发展战略计划》的内在指向，都是要在新一轮科技革命中占据引领地位。

无可置疑，这些科技创新的纲领性文件，对相关国家和整个世界都具有重大的历史性意义。

然而，试图用推动科技创新的传统方式和以往引领科技革命的方式，在创造力革命中占据引领地位是远远不够的，也是不可能实现的，因为引领创造力革命和引领科技革命的根本途径完全不同。引领创造力革命的根本途径是要从人类创造活动的本质与逻辑关系入手，革命性地提升本民族的创造活动水平。在创造力革命的背景下，只有革命性地提升创造活动水平，才能革命性地提升科学技术的产出，才能革命性地和极大地提升社会生产力。这与仅仅注重科学技术本身以实现本国几项科技腾空出世和飞跃发展的引领科技革命的根本途径是完全不同的。

在传统的科技革命中，新科技的寿命相当长，少则几十年，多则上百年，这样的历史已经一去不复返了，未来，新科技的寿命将大大缩短，多则十几年，少则几年，甚至几个季度。如果没有创造力革命就无法跟上世界发展的步伐。

理清并遵从人类创造活动的本质和逻辑关系，实施创造活动独立化，放纵创造活动、量化非创造活动、重新构建科技创新人才的选拔和育成方式，重新构建科技人才队伍，重新构建科技研发工程体制机制模式，重新构建知识产权工程模式，重新构建科技成果转化工程模式，重新构建专利制度，打造技术逻辑企业和第零产业等，才是引领创造力革命的必经之路和根本途径。

人类社会必将进入创造力革命时代，这是人类社会发展的必然规律，要想引领创造力革命，必须理清并遵从人类创造活动的本质与逻辑关系，必须变革相关体制机制模式。

第二章　大知识产权时代

一、大知识产权时代的内涵

人类社会的所有文明，无论是物质文明还是精神文明，都根源于人类的创造活动，都根源于创造活动成果。创造活动成果对企业、国家和全人类都具有决定性作用，例如，古希腊的哲学、中国古代的四大发明、文艺复兴时期的创造和近代西方世界的许多科技进步都决定性地推动了相关国家和全人类的发展与进步。

随着人类社会的发展，为鼓励创造活动建立了知识产权制度，知识产权也得以诞生。在现代知识产权制度中，知识产权包括专利、商标和著作权，但知识产权的核心内容是专利。专利是人类在科学技术领域的创造活动的结晶，是超越、颠覆已知的科技新思想的法制化形态，在法治社会专利是科技创新工程的起点与归宿，专利对科学技术产出提升、对社会生产力提升和人类社会物质文明的发展都具有巨大的推动作用。

专利就好比是一个法制化国家的房产证，而科技成果和技术就好比是建筑物，无论你建造多少建筑物，也无论你的建筑物建造得多么美丽壮观，如果你不拿房产证或拿不到房产证，所有这些建筑都不是你的。不仅如此，你费尽辛劳建造的建筑物很可能被别人或竞争对手无偿使用，甚至被别人或竞争对手利用来削弱你的竞争力。从创造活动成果权属的角度讲，如果你没有专利就证明你没有技术，没有科技成果，如果你没有高价值专利就证明你没有好技术，没有好科技成果，无论你投入多少，无论你发明多少，无论你创造多少，只要你没有专利，一切都等于零。由此可见，专利是何等地重要，知识产权是何等地重要。

在信息化程度不高的过去，你到底有没有房产证，别人在短时间内难以判断，你可能还有机会在一定的时间内通过无证的建筑物获得一些回报。然而，在高度信息化的今天，你很难通过无证建筑物获得回报。因为，借助信息化手段，任何人都可以轻而易举地知晓你的建筑物有证与否，可以轻而易举地知晓你的建筑物坐落，更可以轻而易举地利用你的建筑物。从利益保全的角度讲，可以说没有专利的技术是毫无价值的，没有专利的科技成果是毫无价值的，没有专利的科技创新是毫无价值的。因为，没有权属，就不可能产生价值，就像无论别人的车多么好，但它不属于你，就不可能对你产生价值一样。因为在科学技术和信息化高度发达的今天，一是没有机会无证获利，二是秘方和技术 know-how 的数量越来越少，且难以隐藏。

在信息化、智能化、法制化和人类创造活动日趋活跃化的背景下，知识产权正在成为科技竞争、产业竞争和经济竞争的核心，正在成为决定竞争地位、决定财富分配规则和决定利益格局的根本力量。波音、博世、英特尔、高通和罗罗公司等企业之所以占据垄断地位，收取超额利润，其根本原因是这些企业都形成了技术壁垒，而技术壁垒的核心是知识产权壁垒。

所谓大知识产权时代，就是知识产权成为科技竞争、产业竞争和经济竞争的核心，成为决定竞争地位、决定财富分配规则和决定利益格局之根本力量的时代。与大知识产权时代相对应的知识产权工程定义为大知识产权工程，大知识产权工程就是大知识产权时代的知识产权工程。大知识产权时代标志着人类文明的级越，标志着人类社会的重大进步。

二、非创造活动及其成果的全面空气化

如果把今天的汽车拿到50年前卖，附加值要比今天高许多倍是不言而喻的。虽然我们离不开汽车，但是生产制造汽车中的非创造活动的价值会越来越低。

例如，在100年前，一个没有核心技术的汽车大型生产工厂也会居于价值链的上端，有很强的竞争力，而今天这样的工厂最多只能位于价值链的中端，再过若干年，这样的工厂虽然仍不可或缺，但只能位于价值链的末端。这种变化就是非创造活动及其成果空气化过程的体现。非创造活动及其成果的全面空气化将一直伴随着人类社会的发展，是未知已知化、已知过知化这一人类文明进程的体现，是一种不可抗拒的规律。

过去有思想难以实现，现在有思想可以实现，将来有思想可以非常容易地实现，甚至可以自动实现。几个按键就可以控制一个工厂、一座城市，甚至完全不用人为控制就可以自动运行的智能工厂和智能城市的时代已经在向人类走来。随着全球化、信息

化、大数据化、智能化和3D 打印化等高级现代化不断向纵深发展，包括在今天看来极其复杂的智力活动，例如，科学实验、产品设计、复杂工艺生产、高级加工制造等在内的一切非创造活动的完成以及非创造活动成果的实现与获得，都将趋于简单、快捷与廉价，且其成本趋于一致。一切非创造活动及其成果都将变得像空气一样，不可或缺，随手可得，位于价值链末端。这就是非创造活动及其成果的全面空气化。与非创造活动及其成果的全面空气化形成对比的是，创造活动及其成果的价值，将与日俱增并将居于价值链的顶端。创造活动及其成果的价值居于价值链的顶端的过程，称为创造活动及其成果的全面黄金化。

非创造活动及其成果全面空气化的速率不是一成不变的，而是呈加速态势变化的，创造活动及其成果全面黄金化的速率也不是一成不变的，也是呈加速态势变化的。这意味着非创造活动及其成果的价值将日趋加速下降，创造活动及其成果的价值将日趋加速上升。

三、大知识产权时代到来的必然性

随着非创造活动及其成果的全面空气化和创造活动及其成果的全面黄金化，企业与企业竞争和国家与国家竞争的根本手段只有创造活动。创造力革命的实质就是人类创造活动居于人类活动的主导地位，也就是创造活动成为人类社会活动的核心旋律，而创造活动的水平和价值的根本性标志与衡量手段就是知识产权。

在法制化的背景下，创造活动竞争的根本表现形式就是知识产权竞争。因此，知识产权必将位于价值链的顶端，必将成为科技竞争、产业竞争和经济竞争的核心，必将成为决定竞争地位、决定财富分配规则和决定利益格局的根本力量。

知识产权成为科技竞争、产业竞争和经济竞争的核心，成为决定竞争地位、决定财富分配规则和决定利益格局之根本力量的时代，是一个与以往完全不同的时代。在这个时代中一切科技竞争、产业竞争和经济竞争都将归结为知识产权竞争。这个时代标志着在人类个体间、利益集团间、种族间、国家间存续已久的体力竞争和智力竞争等人类竞争基本结束后，人类竞争向创造力竞争的升华。就像由体力竞争向智力竞争的不可抗拒的升华一样，人类竞争向创造力竞争的升华也是不可抗拒的。因此，大知识产权时代的到来是人类社会发展的必然规律，既无法抗拒也无法规避，只能顺势而为。

事实上，大知识产权时代是创造力革命所决定的利益格局的法制化形态。迎接大知识产权时代需要三个基本前提：一是信息化、大数据化、3D 打印化和智能化等高级现代化的基础基本具备；二是全球化、世界法制化和全球知识产权体系基本完备；三是创新驱动发展成为发展战略，科技创新工程史无前例地活跃。

今天的世界已经基本具备了这些前提。

迎接大知识产权时代，世界仍需变革许多，但主要包括：

第一，科技和知识产权管理部门应转变观念，肩负起人类创造活动管理者的使命；第二，高等教育等教育机构确立以培育创造力为核心的选拔机制与教育机制，由知识传授者向创造力培育者转变；第三，科研机构确立以科技新思想创造工程和新技术原理验证工程为核心的科技研发工程模式；第四，确立知识产权工程的第零产业模式和科技成果转化工程的第零产业模式；第五，实施创造活动独立化，创建技术逻辑企业与第零产业。

主导大知识产权时代有两个根本抓手：其一，组建技术逻辑企业，作为大知识产权时代的开拓主体；其二，以技术逻辑企业打造科技研发工程、知识产权工程和科技成果转化工程的三位一体的科技创新世界高地，作为大知识产权时代的发源地。

抓紧把控这两大根本抓手是成本最低、可靠性最高和最立竿见影的重大不对称战略。哪个民族掌控大知识产权时代的开拓主体和发源地，哪个民族就可能主导大知识产权时代，就可能在未来引领世界。

历史告诉我们，时代交替之际是改变国家力量对比、重塑世界竞争格局、复兴民族的难得机遇。从这个意义上讲，大知识产权时代具有史无前例的革命性。大知识产权时代是只要拥有足够的创造力就能主导财富格局、引领世界的时代。大知识产权时代将导致世界格局再造，将导致不同国家的优势和劣势趋于归零，使世界各民族重新站在同一起跑线上，赋予每个民族同样的发展机遇。能否抓住这一机遇将决定一个民族今后百年的命运。时代是世界性的，但开拓主体和发源地是属于特定民族的，哪个国家拥有大知识产权时代的开拓主体和发源地，哪个国家就将成为世界科学中心和科技创新世界高地，就将为世界做出更大贡献。

人类社会必将进入大知识产权时代，这是人类社会发展的必然要求和必然规律。

第三章　人类命运共同体时代

所谓人类命运共同体，就是中国提出的和平、发展、合作、共赢与共同繁荣的人类社会的新理念，即和平、发展、合作、共赢与共同繁荣的世界新格局。这是对人类社会发展规律的科学总结与提炼。如果真正站在全人类的立场上，实事求是地分析明白，认认真真地弄清楚人类命运共同体的内涵，世界上所有人都会认同且参与人类命运共同体的建设。因为，人类命运共同体是最符合全人类和人类个体根本利益的、最科学的、最高效的世界格局。这种世界格局是人类社会需求得到充分满足的必然要求。

一、创造力本质属性的演绎逻辑决定的必然性

如果详细研究科技革命的发生、发展及其对世界格局的影响的历史，我们就会得出这样的结论：科技革命是改变世界力量对比、再造世界格局的决定性力量，是世界霸权消长的内在决定力量，即科技格局决定世界格局。

从近代历史讲，一条船决定了大航海时代的世界格局，一台蒸汽机决定了大英帝国主导的蒸汽时代的世界格局，一颗原子弹

决定了二战后的世界格局等，都证明科技格局决定世界格局这一结论。但是，人类创造活动是科学技术进步的根，科技格局的本质是人类创造活动格局。因此，从本质上讲，人类创造活动格局才是决定世界格局的根本力量。

一个民族的创造力和对创造力的培育与运用的水平决定这个民族的世界地位，创造力不属于某些民族独有，而是世界每个民族都拥有的人类崇高智慧。随机性和必然性的对立统一是人类创造力的本质属性。这种随机性是弱者变强的机遇，是强者变弱的必然，这种必然性是强者持续强的要因，也是弱者持续弱的要因。创造力的随机性是世界格局变革和世界超级大国更替的根本因素，创造力的必然性是世界格局和世界超级大国地位持续的根本因素。创造力的随机性犹如向篮筐投球，如果假设，只要连续三个球不进，就失去世界超级大国地位，只要连续进三个球，就成为世界超级大国，再熟练的运动员也可能连续三个球不进，不大熟练的运动员也可能连续进三个球。然而，熟练的运动员连续进三个球的概率高，不大熟练的运动员连续进三个球的概率低，这就必须经历一段时间，才能形成熟练运动员连续三个球不进，不大熟练的运动员连续进三个球的局面。

由此可见，世界格局变革和世界超级大国轮回是随机性和必然性对立统一这一创造力本质属性决定的一种必然规律。

在创造力主导世界的大知识产权时代，创造活动的活跃性决定了创造力随机性的决定作用将日趋强化。创造力随机性的决定作用的日趋强化将快速缩短超级大国的存续期，以至于存续期变为零，使单极超级大国的世界格局无法形成，一个无单极超级大国的世界新格局必将形成。这一世界新格局的形成，是人类创造力的本质属性决定的必然规律。世界任何民族都无法抗拒这一必然规律。历史上，几乎任何一次大国崛起和世界格局变革都伴随着连绵不断的战争与血雨腥风，为此，有了修昔底德陷阱之说。但是世界发展到今天，人类的科学技术已使地球变得如此渺小，各民族比邻相存，世界已经发展到你中有我、我中有你、相互依存、相互利用、相互促进、相互不可或缺的新时代，世界各民族犹如生活在同一个小村子，东头感冒西头发烧，一有风吹草动，无人独善其身。任何国家都已经无法再次承受历史上那样的大国崛起过程和世界格局的变革过程，世界上也不可能再出现单极超级大国的格局，世界将不可抗拒地进入人类命运共同体时代，这是世界发展和人类文明进程的必然规律。

事实上，人类命运共同体不仅有利于崛起大国的发展与繁荣，更有利于守成大国和世界各民族的共同发展与繁荣。在鼎盛时期，谁能想到波斯帝国、罗马帝国、奥斯曼帝国、日不落帝国的衰落，但均在血雨腥风之后一落千丈，而崛起大国却腾空而起，这也是人类历史中最惨烈的旋律，这种旋律不应也绝不应再次重演。如果人类不能选择人类命运共同体，这种最惨烈的旋律依旧会重演，而且会惨烈到谁都无法承受的程度，因为单极超级大国的衰落是创造力本质属性所决定的必然规律，更是高山之石必然坠落之熵原理所决定的必然规律。同样，世界任何民族也都无法拒绝这一必然规律。人类命运共同体有利于守成大国和崛起大国的繁荣与发展，有利于世界各民族共同的繁荣与发展，有利于造福全人类，人类社会进入人类命运共同体时代是不可抗拒的必然规律。

人类社会将不可抗拒地进入人类命运共同体时代，修昔底德陷阱之说将一去不复返地、将永远地成为历史。

二、社会生产力极大提升决定的必然性

如第一篇所述，非创造活动本身对人类并没有吸引力，人类对非创造活动本身具有惰性，各尽所能地从事非创造活动，不是人类的本性，也就是说在这个层面上难以实现各尽所能。但是，机器则完全不同，它们无论如何都会各尽所能、尽职尽责地从事非创造活动，完全是各尽所能的状态。

创造活动则根本不同，创造活动不仅不会令人类产生厌倦和惰性，而且会令人类产生无与伦比的愉悦感，人类会自觉自愿、尽一切所能地从事创造活动。如第四篇所述，对于从事创造活动的具有高创造力的人来说，创造活动是世界上最毒的药，如前所述，这称为熵零药。熵零药所带来的满足感、美妙感与愉悦感是无与伦比的。在熵零药的驱使下，人类的创造活动将为社会生产力的极大提升提供可靠基础。熵零药将成为实现社会生产力极大提升的内在动力。终极社会分工将使社会生产力提升的内在动力由人的自私与贪婪过渡到熵零药。

人天生，且永远，是上向动物，人天生，且永远，是甘心贡献创造活动的动物。为此，在创造活动领域，人类完全可以达到

各尽所能的状态。事实上，伴随人类社会的发展，人类的义务范围已在不断缩小。在远古时期，例如由牛马完成的力量性工作等几乎所有的事都必须由人类自身完成，在人类能够驾驭牛马后，牛马所能完成的工作就不再属于人类的义务范围。在瓦特发明蒸汽机等动力机器出现之后，一切单纯性的力量性工作已经不需要人类来完成，也已从人类义务范围中逐渐剥离出去。

等到智能机器普及，人类将没有义务从事非创造性工作，所有的非创造活动也必然会从人类义务范围中剥离出去。义务范围的缩小意味着人类各尽所能难度的降低。从社会生产力层面讲，创造活动才是人类的擅长所在，也是人类的根本使命，而且创造活动是人类各尽所能之所在。

在终极社会分工的框架下，非创造活动不再是人类的义务，人类将从非创造活动中彻底解放出来，创造活动将成为人类社会活动的主旋律，而机器将成为非创造活动的主体。为此，从社会生产力主体层面讲，社会生产力主体完全可以在创造活动和非创造活动两大领域都实现各尽所能。这就必然导致社会生产力的极大提升。一个时代能不能实现，主要取决于其要求的社会生产力水平和经济基础是否具备。社会生产力极大提升、物质产品极大增长和人类社会需求得到充分满足，是完全实现人类命运共同体时代的必要条件，也是完全实现人类命运共同体时代对社会生产力水平和经济基础的必然要求。

社会生产力极大提升是物质产品极大增长和人类社会需求得到充分满足的根本。要想判明社会生产力极大提升的现实性，就必须判明人类创造活动的本质与逻辑关系。创造活动的独立化必然最终导致终极社会分工，终极社会分工必然导致社会生产力的极大提升，社会生产力的极大提升意味着社会物质财富的极大增长，也意味着人类社会需求能够得到充分满足。这就意味着人类命运共同体时代完全实现的必要条件具有现实性。

换句话说，人类创造力的无限性和机器非创造活动能力的无限性，决定了社会生产力极大提升的现实性。这就是说，社会生产力极大地提升，社会财富极大地丰富，社会需求得到充分满足将成为现实。在这一必要条件存在的背景下，经过一段时间后，人类意识形态必然发生重大变革，实现意识形态的升华。这样，人类命运共同体时代的充分必要条件就会完备。

因此，尽管今天的世界各种矛盾层出不穷，战火也络绎不绝，但是，人类命运共同体时代的实现是人类社会发展的必然规律，不可抗拒。

三、创造力节点关系系统整体向好性决定的必然性

如第二篇所述，任何创造力节点关系系统都具有整体负熵位高提升性，都具有整体优化性与高级化性，即都具有整体向好性。所谓整体负熵位高提升性和整体优化性与高级化性，就是关系系统中创造力节点的需求得以满足、得以实现，就是节点间的相互依存、相互促进和相互不可或缺的程度的不断提升，这就是系统的整体向好性。与所有创造力节点关系系统一样，人类社会节点间，即个体与个体、群体与群体、国与国、阵营与阵营之间

的相互斗争和相互合作是永恒的主题。但是,无论是斗争还是合作,都会使人类社会以整体向好的方向发展,人类社会以整体向好的方向发展是人类社会发展的一个不可抗拒的规律。

合作性的整体向好性是无须赘言的,但斗争性的整体向好性在哪里?事实上,斗争与合作的本质就是相互作用,而相悖、相向、趋同和融同是相互作用的根本性结果,也就是说相互作用必然导致相悖性、相向性和趋同性。趋同是相悖和相向的必然结果,斗争必然导致趋同,必然导致整体向好性,整体向好性也是斗争的根本属性。例如,竞技场上的斗争会使竞技各方都得以进步与发展,战场上的斗争会使战败方急起直追,进而使参战各方都得以进步与发展,丛林里的斗争会使各个物种都得以进化与发展。因此,斗争具有趋同性,斗争会使斗争的参与者之间的差异缩小趋同。负熵差导致人类社会的斗争性与合作性,而人类社会这一创造力节点关系系统的斗争与合作这一永恒的主题决定着人类社会的整体向好性。这就意味着人类命运共同体时代的实现具有必然性,这就是人类命运共同体时代实现的物理性根据。

人类命运共同体时代的实现,实质上是人类社会这一创造力节点关系系统高级化的必然结果,就像我们从昨天的爬行到今天的直立行走一样不可抗拒,因为直立行走比爬行更高级。万事万物的总趋势是熵增的,是走向低级化的,而创造力节点关系系统的总趋势则是逆流而上的,是熵减的,是走向高级化的。这就是创造力节点关系系统的根本属性,这就是生命的根本属性,这就是社会的根本属性。人类社会这一极其复杂的关系系统也会由于人类个体这一创造力节点的负熵释放而得以熵减，而得以整体向好，进而达到更科学、更合理和更高级的形态。因此，人类社会整体向好具有物理性根据，是不可抗拒的必然规律，世界格局的整体向好具有物理性根据，是不可抗拒的必然规律，由世界各国和世界各民族构成的关系系统整体向好具有物理性根据，是不可抗拒的必然规律。创造力节点关系系统整体向好是永恒不变的逻辑，因此，人类社会整体向好是不可抗拒的必然规律。

所谓人类社会整体向好，是指在人类个体、个体间关系和人类活动组织形式的发展与进步的作用下，人类社会组成要素和要素关系由低级向高级的发展、进步与整体高级化。

纵观从原始社会到奴隶社会、封建社会、早期资本主义社会和现代社会的人类社会发展历程，你就会发现唯一一个永恒不变的逻辑，那就是，尽管有这样那样的问题和许许多多的波折存在，但随着时间的推移，人类社会的总体趋势在走向高级化。这种高级化就是组织形式的科学化、社会生产力的强劲化、国家间、民族间及个体间的相互依存的紧密化和人类社会的整体向好化。这一个永恒不变的逻辑从另一个侧面不可辩驳地证明了创造力节点关系系统的整体向好性，也证明了人类社会的整体向好性。事实上，社会形态的高级化是显而易见的。例如，在奴隶制存在的背景下，奴隶主可以对奴隶随便买卖，甚至屠杀，而在今天的社会，任何人都没有这种权利。今天的社会与以往任何社会相比，对每个人类个体要公平合理很多。

下面我们进行一个逆向论证。网络数据显示，人类迄今为止已经生产制造了约70亿吨的塑料，这些塑料已经成为陆地和海洋垃圾的主要成分，塑料不仅难以降解，而且在降解过程中会形成危害巨大的微塑料（粒度在2mm 以下的塑料碎片）。目前人类每年在海洋里留下的塑料高达800万吨，在洋流的作用下仅在太平洋就已形成了350万平方公里的塑料垃圾丘，且已造成大量的珊瑚礁、腔肠动物和鱼类被微塑料污染，甚至死亡。大量被微塑料污染的鱼类已成为人类的食物，由于无法消化、难以降解，微塑料会长期留在人体内，危害人类健康。这意味着，系统内的任何要素的过进必然导致自我伤害，任何要素的向坏必然导致所有要素的向坏，系统的向坏必然导致其内部的任何要素均无法独善其身。这逆向地说明，任何系统内的要素都是有差异的、相互联动的整体。这意味着人类社会是存在差异的、一损俱损、一荣俱荣的整体，这更逆向地证明人类命运共同体具有普遍真理性。

高级化的就是进步的，就是高级的。讨论人类命运共同体可行不可行也是完全没有意义的。其原因有二：其一，人类命运共同体是人类社会发展的必然结果，是具有物理性根据的一种必然规律，无论如何都将不可阻挡地到来；其二，人类命运共同体既然由高级化而来，一定是更高级、更美好的。

事实上，人类命运共同体是人类最大的祥云之凤，因为人类命运共同体能够本质性地提升地球的人口承载力，能够使全人类的各个民族和人类个体的需求得到满足，能够使蓝天下的每一个人都快乐地生活。如果人类命运共同体时代能够早日到来，那将是全人类和人类每个个体的莫大幸事。地球上的任何人，无论你是民族主义者、资本主义者还是共产主义者，无论你贫穷还是富有，只要你能够花一点儿时间认认真真地研究研究，弄清楚事实与规律，你就一定会对人类命运共同体时代的到来欢呼雀跃。人类创造活动是人类命运共同体实现的根本推动力，判明人类创造活动的本质与逻辑关系是推动人类命运共同体建设的关键环节。

建设人类命运共同体实质上是人类社会的最大负熵性工程，是人类社会关系系统设置的最大科学化工程，是解决人类生存与发展问题的根本途径。如果人类不能在人类命运共同体中得到繁荣发展，那么，人类很可能在非人类命运共同体中走向没落，因为，其他任何人类社会理念和世界格局，都无法使人类日益增长的生存与发展的社会需求得到充分满足，也都无法战胜人类所面临的日益严峻的挑战。

世界人口的急剧增长和社会需求的急剧增长，必然导致社会生产力突显严重不足，必然导致资源日趋匮乏，必然导致所面临的挑战愈演愈烈，这必将逼迫人类必须在社会生产力的体制机制模式层面和社会体制机制模式层面进行变革。换言之，必须革命性地提升创造活动水平，必须革命性地提升科学技术产出，必须极大地提升社会生产力，必须科学化财富分配与消费方式，必须使人类社会关系系统设置科学化，否则，人类将面临生死存亡的考验。而所有这些也都需要人类命运共同体这一世界格局。

四、人类文明多样性决定的必然性

生物多样性包括遗传多样性、物种多样性和生态系统多样性。生物多样性是生物系统的根本属性之一。如果多样性缺乏，生物的存在与发展就会遭到严重挑战。例如，如果一片森林只有一个树种，这个树种就会遭遇难以克服的病虫害。生物多样性说明生物系统的发展指向不是你死我活，而是平衡，而是相互依存、整体向好，这也从侧面证明人类社会向更高级形态发展是一种必然规律。

人类文明系统与生物系统类同，多样性是其发展进步的前提。一个生物系统如果不能实现多样性，就无法发展进步，同样，人类文明系统如果不能实现多样性，也无法发展进步。因此，世界各民族和各个民族的文明都能得以发展繁荣的世界新时代的到来是一种必然。如第二篇所述，差异性是运动的根，是存在的基本属性，无差异性是消亡的前奏，是下一轮回的起点。简曰之，差异性是存在的基本属性，是运动的根，有存在必有差异性，消除差异性等于消除运动性，等于消除存在性。差异性必然导致斗争性、合作性和趋同性。在人类社会中，差异性必然导致斗争性、合作性和趋同性，斗争性与合作性是斗争方与合作方存在、发展与高级化的根，因此斗争性与合作性必然导致趋同性，而趋同性导致人类社会整体向好，必然导致人类命运共同体的必然性。一言以蔽之，负熵差这一宇宙样相的根必然导致事物多样性，生物多样性意味着人类命运共同体的现实性。

人类命运共同体将聚集世界各国各民族的更多的智慧，将为人类文明做出更伟大的贡献。因为，人类命运共同体更具文化的包容性、文明的互鉴性和制度与民族的互尊性。人类社会必将进入人类命运共同体时代，这是人类社会发展的必然规律，是根源于生物多样性的人类文明系统多样性所决定的必然规律。

人类命运共同体就是对不同的极大包容的世界格局，就是人类发展与繁荣所必须。在人类命运共同体构建的过程中，任何一个国家和民族都将起到至关重要的作用，都必然得到发展壮大。

综上所述，作者是不是人类命运共同体主义者并不重要，重要的是作者从人类创造活动的本质与逻辑关系出发，通过创造力本质属性的演绎逻辑、社会生产力提升、创造力节点关系系统整体向好性和人类文明多样性四条路径，都推导出人类社会发展的指向是人类命运共同体，证明了人类命运共同体的实现具有物理性根据。

创造力革命、大知识产权工程和人类命运共同体必将成为人类社会未来的基本特征和基本样相。人类社会必将进入创造力革命时代、大知识产权时代和人类命运共同体时代，进而驶向更美好的明天。人类创造活动水平的革命性提升是人类社会驶向更美好明天的根本所在。对人类创造活动的本质与逻辑关系的研究、认知、理解与尊重，必将使人类社会更快地驶向更美好的明天。

作者撰写本《创造论》，旨在为人类揭示战胜人类面临的日益严峻挑战的根本途径，以使人类社会早日驶向更美好的明天。

■ 软件比硬件硬，逻辑比软件硬，思想则无坚不摧，思想是行动的根，思想在手，战无不胜。

■ 一切已知都不完美，一切未知都魅力无穷，一切未知都比已知更重要，不追获未知，必将无所作为。

■ 无论如何生产制造、无论如何建设、无论如何泡沫，如不能创造，企将不企，国将不国，人将不人。

■ 放纵该放纵的人，量化该量化的人，是企业强盛、国家强盛和人类社会走向更加辉煌的必经之路。

■ 世间一切过程都是正熵过程，而人类的使命是逆流而上、竭尽可能地创造负熵过程。

■ 任何问题的背后都一定存在着解决这一问题的逻辑，任何问题也都在等待着被这一逻辑所解决。

■ 不精行事，止于寄生，不精逻辑，不可制物，不精哲学，不可驭世，深精哲学，无不可驭。